"十二五"普通高等教育本科国家级规划教材

U0184385

JIXIE ZHITU

机械制图

（第3版）

主 编
丁 一 罗远新

副主编
王永泉 钟宏民 张政武 汪 勇

重庆大学出版社

内容提要

本书是根据教育部高等学校工程图学课程教学指导委员会 2021 年制订的"普通高等院校工程图学课程教学基本要求",集多所高校多位作者多年来机械制图课程教学改革的经验编写而成的。本书共 11 章,包括制图基本知识、投影法基础、基本体及其体表面交线的投影、组合体、轴测图、机件常用表达方法、机械工程基础、标准件与常用件、零件图、装配图及其他图样表达。与本书配套的《机械制图习题集》也同时出版。

本书可作为高等院校机械类各专业机械制图课程的教材,也可供其他类型院校相关专业的 70~110 学时机械制图课程选用,还可供工程技术人员参考。

图书在版编目(CIP)数据

机械制图/丁一,罗远新主编.--3 版.--重庆:
重庆大学出版社,2023.1(2023.9 重印)
机械设计制造及其自动化专业本科系列教材
ISBN 978-7-5689-3405-3

Ⅰ.①机… Ⅱ.①丁… ②罗… Ⅲ.①机械制图—高
等学校—教材 Ⅳ.①TH126

中国版本图书馆 CIP 数据核字(2022)第 112286 号

机械制图
(第 3 版)

主 编 丁 一 罗远新

副主编 王永泉 钟宏民 张政武 汪 勇

策划编辑:杨粮菊

责任编辑:李定群 版式设计:杨粮菊

责任校对:关德强 责任印制:张 策

*

重庆大学出版社出版发行

出版人:陈晓阳

社址:重庆市沙坪坝区大学城西路 21 号

邮编:401331

电话:(023) 88617190 88617185(中小学)

传真:(023) 88617186 88617166

网址:http://www.cqup.com.cn

邮箱:fxk@ cqup.com.cn(营销中心)

全国新华书店经销

重庆华林天美印务有限公司印刷

*

开本:787mm×1092mm 1/16 印张:21.75 字数:552千 插页:8 开 1 页
2023 年 1 月第 3 版 2023 年 9 月第 13 次印刷
印数:64 001—69 000
ISBN 978-7-5689-3405-3 定价:49.80 元

第 3 版前言

人类生存在一个有形的世界,自然界万物千姿百态、五彩缤纷,人类为自身发展不断运用科学和技术创造工程产品。全球化发展至今,绝大多数的工程产品和工程项目都需要分工合作,机械工程图样是工程上最主要的信息载体,熟练掌握准确的信息交流方法是工程技术人员的基本要求。

本书根据教育部高等学校工程图学课程教学指导分委员会 2021 年修订的"普通高等院校工程图学课程教学基本要求",集多所高校的多位编者多年来机械制图课程教学改革与实践经验编写而成,适合 70~110 学时机械类或近机械类各专业选用。为适应我国新时代机械工程人才培养需求,本次再版在原有教材的基础上,主要做了以下 3 个方面的修订:

1. 为了增强传统教学内容的系统性,加强学生空间思维能力的培养以及更全面的工程基础培养,这次再版增加了部分画法几何内容,如直线与平面、平面与平面的相对位置、换面法、轴测剖视图画法、轴测图的尺寸标注、组合体的构型设计等内容;扩充了常用件表达的范围,如锥齿轮、蜗轮蜗杆的规定画法等内容,并重新撰写部分章节。

2. 为了扩充学生视野,融入立德教育,本次再版时在每一章末加入了部分与基础知识相对应的视野拓展内容。

3. 本次再版删去原有的 11 章 AutoCAD 软件简介,增加附录 5 计算机绘图简介,介绍中望 CAD 机械版软件,使计算机绘图更为便捷,使绘制的工程图样更符合我国国家标准。

为了便于教与学,与本教材配套的《机械制图习题集》也作了相应修改,再版后本书仍保留了以下编写特点:

1. 以掌握概念、强化应用、培养能力为教学重点。

2. 在机械工程图样的章节之前,仍保留"机械工程基础"一章,该章系统介绍机械工程的一些基础知识,为后续机械工程图样章节的学习奠定工程基础。

3. 配有丰富的数字化教学资源,全书采用套色印刷,使文本与图例的对应一目了然,以图代言,以例代理,易于阅读和理解,有利于学生自主学习能力的培养。

4. 采用最新颁布的《技术制图》和《机械制图》国家标准。

本书由重庆大学丁一、罗远新任主编,湖北汽车工业学院王永泉、四川轻化工大学钟宏民、陕西理工大学张政武、西华大学汪勇任副主编。编写分工如下:重庆大学罗远新(每章末的视野拓展);西华大学汪勇(第 1 章);陕西理工大学张政武(第 7 章);湖北汽车工业学院王永泉和四川轻化工大学钟宏民(第 10 章、第 11 章);重庆大学丁一(其余章节)。

教育部高等学校工程图学教学指导分委员会副主任,上海交通大学蒋丹教授认真审阅了本教材并提出了许多宝贵意见和建议,在此表示衷心感谢。

值本书第 3 版出版之际,我们向曾经为前两版教材出版作出过贡献而又未能参加本次修订的梁宁、陈家能、王萍、牟小云、李杰、陈洁老师,表示衷心感谢。

由于作者水平有限,书中疏漏在所难免,敬请读者和同仁提出宝贵意见。

编 者

2021 年 11 月

目　录

绪　论

（1）**课程的地位、性质和任务**

图形是准确表达产品和工程项目的形状、结构、位置及大小等信息的理想工具。在工程技术领域，设计者通过工程图样来描述设计对象，表达设计意图；制造者通过工程图样来了解设计要求，组织制造和施工；使用者通过工程图样来了解使用对象的结构和性能，进行保养和维修。工程图样是现代工业生产中必不可少的技术文件，在工程上起着类似文字语言的表达作用。因此，人们把工程图样称为"工程技术语言"。它是对人类语言表达的补充，也是人类的智慧和语言在更高发展阶段上的具体体现。

工程领域技术人员必须掌握绘制与阅读工程图样的能力。"机械制图"课程主要研究绘制与阅读机械工程图样的方法，是高等工科院校机械类、近机械类各专业学生必修的一门既有理论又有实践的重要技术基础课。其主要任务是：

①学习运用正投影图示空间物体的基本理论和方法，培养空间思维、形象思维能力。

②学习徒手绘图、仪器绘图和计算机绘图的方法和技术，掌握绘制和阅读机械工程图样的能力。

③学习《技术制图》《机械制图》等国家标准的有关规定，培养标准化意识，培养正确表达设计意图的能力。

④了解机械工程图样有关的机械设计和制造工艺等方面的基础知识。

⑤培养严谨的工作作风和认真负责的工作态度。

（2）**课程的内容和要求**

本课程包括画法几何、制图基础和机械制图3个部分。

1）画法几何

主要学习运用正投影图示空间物体的基本理论和方法。研究三维空间点、线、面及物体在二维平面上表达及度量，培养空间思维、形象思维能力。

2）制图基础

主要学习绘制工程图样的基本方法和基本技能。学习常用的几何作图方法，能正确使用绘图工具绘图，做到作图准确、图线分明、字体工整，图面整洁；学习运用形体分析法、线面分析法，进行物体的画图、读图和尺寸标注；学习《技术制图》和《机械制图》国家标准对工程图样绘制的基本规定，能通过自主学习与实践，形成绘图技能及图示能力。

3）机械制图

主要学习标准件、常用件、零件及部件的工程表达。掌握标准件、常用件的规定画法及标记；初步学习有关零件结构设计和加工工艺的知识，掌握零件的视图选择及尺寸标注，了解零件图的公称尺寸、几何公差、表面结构等含义，正确理解零件图的作用和表达内容；掌握部件表达的规定画法、特殊表达法及简化画法，掌握装配图的序号编写及尺寸标注，正确理解装配图的作用和表达内容。通过学习与绘图实践,形成绘制和阅读机械工程图样的能力。

(3)课程的学习方法

"机械制图"是一门实践性很强的技术基础课。本课程自始至终研究空间形体与平面图形之间的对应关系。绘图和读图是反映这一对应关系的具体形式。因此,在学习过程中要注意以下4点:

①本课程与中学的空间几何关联,需要较强的空间思维能力。在学习过程中,应注意将投影分析(即平面图形的分析)与空间想象结合起来,经常想象空间情况,自觉训练空间思维能力。

②本课程实践性较强,在掌握了基本概念和理论的基础上,必须通过做作业及大量的绘图、读图实践,不断地由物画图、由图想物,才能逐步掌握本课程的基本内容。因此,本课程每次课后都有绘图作业。做作业时,应注意遵循正确的作图方法和步骤,注意绘图基本技能的培养。

③工程图样是工程技术语言。《技术制图》与《机械制图》国家标准是工程图样的语法规则,是绘制和阅读工程图样的重要依据,是规范性的制图准则。因此,在学习和绘图实践中,要严格执行国家标准的有关规定。

④工程图样是产品生产和工程建设中表达设计意图的重要技术文件。绘图和读图的任何差错都会给工程带来损失。因此,学习本课程时,应注意培养工程设计人员必须具备的认真负责的工作态度和严谨细致的工作作风。

通过本课程的学习和训练,将为绘制和阅读机械工程图样以及后续专业课程的学习打下必要的理论基础及实践基础。

第 1 章　制图基本知识

本章主要介绍常用尺规绘图工具的使用方法,学习国家标准《技术制图》和《机械制图》中有关图纸幅面及格式、比例、字体、图线、尺寸标注等基本规定,这些标准是工程技术人员必须遵循的图形标准;同时,介绍常用几何作图方法及平面图形作图方法与步骤,以及徒手绘图的一些基本作图方法。

1.1　尺规绘图工具和仪器的使用方法

工程制图有 3 种绘图方式,即尺规绘图、徒手绘图和计算机绘图。尺规绘图工具和仪器一般包括图板、丁字尺、三角板、圆规、分规、铅笔等。正确、熟练地使用绘图工具和仪器、采用正确规范的绘图方法是保证图面质量和提高绘图速度的前提。本节主要介绍几种常用绘图工具和仪器及它们的使用方法。

1.1.1　绘图工具的使用方法

(1)图板
图板是用来铺放和固定图纸的,图板的工作表面必须平坦、光洁(见图 1.1)。图板的左边作为工作边用,必须光滑、平直。为了保护图板,应避免受热、受潮变形,避免在上面写字画画、刻线等。图板的规格尺寸有 0 号(900 mm × 1 200 mm)、1 号(600 mm × 900 mm)、2 号(450 mm × 600 mm)等,根据需要选用。

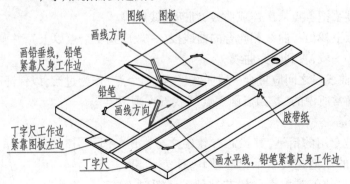

图 1.1　图板和丁字尺

(2)丁字尺
由尺头和尺身两部分垂直相交构成丁字形,主要用来绘制水平线。尺头的内边缘为丁字尺移动导向的工作边,尺身的上边缘为画线工作边,都要求平直光滑(见图 1.1)。

使用丁字尺画水平线时,可用左手握住尺头推动丁字尺沿图板左面的工作边上下移动,待移到要画水平线的位置后,用左手使尺头工作边靠紧图板左边,随即将左手移到画线部位将尺身压住,然后用右手执笔沿尺身工作边自左向右画线,笔尖应紧靠尺身,笔杆向右倾斜约30°。将丁字尺沿图板左边上下移动,可画出一系列互相平行的水平线,如图1.1所示。

(3)**三角板**

一副三角板包括一块底角为45°的等腰直角三角板和一块两个锐角分别是30°与60°的直角三角板。三角板与丁字尺配合使用,可画出一系列不同位置的竖直线,还可画出与水平方向成30°,45°,60°以及15°倍数角的各种倾斜线,如图1.2所示。

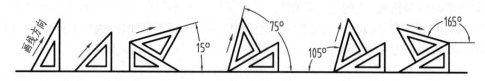

图1.2 三角板的用法

(4)**曲线板**

曲线板是用来描绘曲率半径不同的非圆曲线的工具,如图1.3(a)所示。绘制非圆曲线时,也可用可塑性材料或柔性金属芯条制成的柔性曲线尺来绘制。使用曲线板画曲线时,必须分几次完成,画曲线的步骤如图1.3(b)所示。

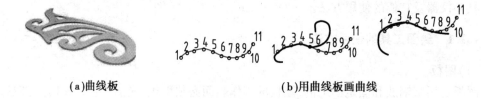

(a)曲线板   (b)用曲线板画曲线

图1.3 曲线板的使用

①为保证曲线条准确、光滑,作图时应先按相应的作图方法作出所画曲线上一定数量的点。

②用铅笔徒手把各点依次连成曲线,判断曲线趋势。

③在曲线板上找出与曲线相吻合的曲线段(一般应找4个点以上),并画出该线段;按同样的方法画出下一段,直到画完曲线。

注意:相邻曲线段之间应重合一段曲线(一般两个点)作为过渡,以保证画成的曲线是光滑的。这就是通常所说的"找四点画三点""找五点画四点"。

(5)**绘图铅笔**

绘图铅笔是专用的铅笔,其铅芯有软硬之分。B表示软度,B前的数值越大表示铅芯越软;H表示铅芯的硬度,H前的数值越大表示铅芯越硬。制图时,一般用H或2H的铅笔画底稿,用HB的铅笔写字,用HB或B,2B的铅笔加深图线。

写字或画细线时,铅芯削成圆锥状;加深粗线时,常将铅芯削成四棱柱状,如图1.4所示。

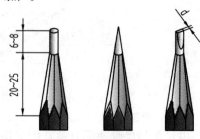

图1.4 铅笔的削法

（6）绘图纸

绘图纸要求纸面洁白、质地坚实，且橡皮擦拭不易起毛。绘图时，应鉴别正反面，使用经橡皮擦拭不易起毛的是正面。绘图纸应布置在图板的左下方，并在图纸下边缘留出足够放置丁字尺的宽度，如图1.1所示。图纸用胶带固定，不可使用图钉固定，以免损坏图板。

1.1.2 绘图仪器

常用的绘图仪器有圆规、分规等。

（1）圆规

圆规主要用来绘制圆和圆弧。圆规的一条腿上装有带台阶的小钢针，用来定圆心；另一条腿是活动的，装上铅芯插脚，用来画圆和圆弧；装上延伸杆，可画直径较大的圆。圆规的铅芯常削成斜口圆柱状或斜口四棱柱状，如图1.5所示。

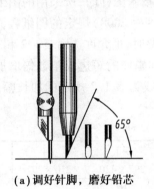
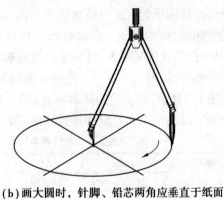

（a）调好针脚，磨好铅芯 　　　　（b）画大圆时，针脚、铅芯两角应垂直于纸面

图1.5 圆规的用法

（2）分规

分规主要用来量取线段和等分线段或圆弧。分规的两脚均装有钢针，当两脚合拢时，两针尖应合成一点，如图1.6所示。

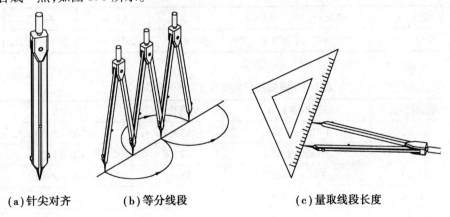

（a）针尖对齐 　　　（b）等分线段 　　　（c）量取线段长度

图1.6 分规的用法

1.2 《技术制图》与《机械制图》国家标准中的有关规定

图样是设计和制造产品过程中最重要的技术文件,是工程界交流技术思想与设计的"语言"。国家标准《技术制图》《机械制图》是我国颁布的一系列关于绘制、识读图样的重要技术标准,对图纸幅面和格式、比例、字体、图线、尺寸注法及图样画法等都作了统一规定。

国家标准中的每个标准均有专用代号。例如,GB/T 14689—2008,这里"GB"是国家标准代号,是"国标"汉语拼音的缩写;"T"表示推荐性标准;14689 为该标准的编号;短线后面的2008 则表示该标准是 2008 年颁布实施的,如果不写年代,表示最新颁布实施的国家标准。

1.2.1 图纸幅面和标题栏

(1)图纸幅面

图纸幅面指图纸的宽度与长度组成的图面大小。绘制技术图样时,所采用的图纸幅面应符合国家标准《技术制图 图纸幅面和格式》(GB/T 14689—2008)规定的图纸幅面。绘制技术图样时,应优先采用表1.1规定的图纸基本幅面。必要时,也允许选用表 1.2 和表 1.3规定的加长幅面,如图 1.7 所示。这些幅面的尺寸是由基本幅面的短边成整数倍增加后得出的。如图 1.7 所示,粗实线为基本幅面(第一选择),细实线为表 1.2 规定的加长幅面(第二选择),细虚线为表 1.3 规定的加长幅面(第三选择)。

表 1.1　图纸基本幅面尺寸(第一选择)/mm

幅面代号	A0	A1	A2	A3	A4
尺寸($B \times L$)	$841 \times 1\ 189$	594×841	420×594	297×420	210×297
e	20			10	
c	10			5	
a	25				

表 1.2　图纸加长幅面尺寸(第二选择)/mm

幅面代号	A3 ×3	A3 ×4	A4 ×3	A4 ×4	A4 ×5
尺寸($B \times L$)	420×891	$420 \times 1\ 189$	297×630	297×841	$297 \times 1\ 051$

表 1.3　图纸加长幅面尺寸(第三选择)/mm

幅面代号	尺寸($B \times L$)	幅面代号	尺寸($B \times L$)
A0 ×2	$1\ 189 \times 1\ 682$	A3 ×5	$420 \times 1\ 486$
A0 ×3	$1\ 189 \times 2\ 523$	A3 ×6	$420 \times 1\ 783$
A1 ×3	$841 \times 1\ 783$	A3 ×7	$420 \times 2\ 080$
A1 ×4	$841 \times 2\ 378$	A4 ×6	$297 \times 1\ 261$
A2 ×3	$594 \times 1\ 261$	A4 ×7	$297 \times 1\ 471$
A2 ×4	$594 \times 1\ 682$	A4 ×8	$297 \times 1\ 682$
A2 ×5	$594 \times 2\ 102$	A4 ×9	$297 \times 1\ 892$

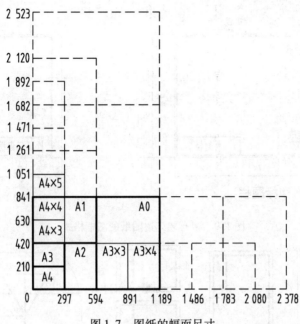

图 1.7 图纸的幅面尺寸

(2)图框格式

图框是指图纸上限定绘图区域的线框。在图纸上,必须用粗实线画出图框。其格式分为不留装订边和留有装订边两种。同一产品的图样只能采用同一种格式。

不留装订边的图纸,其图框格式如图 1.8 所示,尺寸按表 1.1 选用。

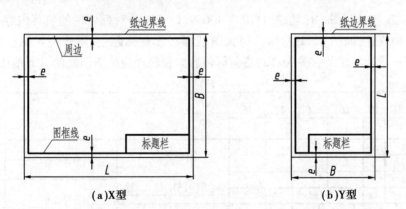

(a)X型　　　　　　　　　　(b)Y型

图 1.8 不留装订边图纸的图框格式

留有装订边的图纸,其图框格式如图 1.9 所示,尺寸按表 1.1 选用。

加长幅面的图框尺寸,按所选用的基本幅面大一号的图框尺寸确定。例如,A2×3 的图框尺寸,按 A1 的图框尺寸确定,即 e 为 20(或 c 为 10);而 A3×4 的图框尺寸,按 A2 的图框尺寸确定,即 e 为 10(或 c 为 10)。

为了使图样复制和缩微摄影时定位方便,表 1.1、表 1.2 和表 1.3 中的各号图纸均应在图纸各边长的中点处分别画出对中符号。对中符号用粗实线绘制,线宽不小于 0.5 mm,长度从纸边界开始至伸入图框内约 5 mm,如图 1.10(a)所示。当对中符号处在标题栏范围内时,则伸入标题栏部分省略不画,如图1.10(b)所示。

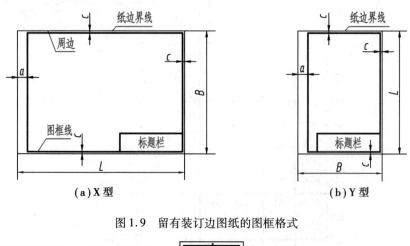

（a）X型 （b）Y型

图1.9 留有装订边图纸的图框格式

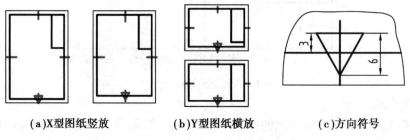

（a）X型图纸竖放 （b）Y型图纸横放 （c）方向符号

图1.10 对中符号和方向符号

（3）标题栏

国家标准《技术制图 标题栏》（GB/T 10609.1—2008）对标题栏的填写内容、尺寸与格式都作了明确规定,如图1.11所示。每张图纸都必须有标题栏,用来说明图样的名称、图号、零件材料、设计单位及有关人员的签名等内容。标题栏应位于图纸的右下角或右上角。

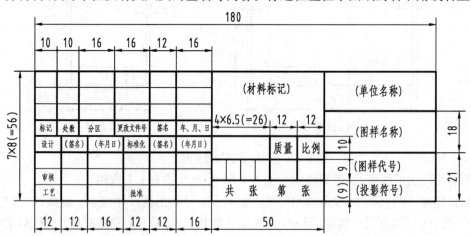

图1.11 国家标准中的标题栏格式

为了方便学生学习,在制图作业练习中可对标题栏进行简化,具体格式由学校自定。如图1.12所示的格式可供参考。

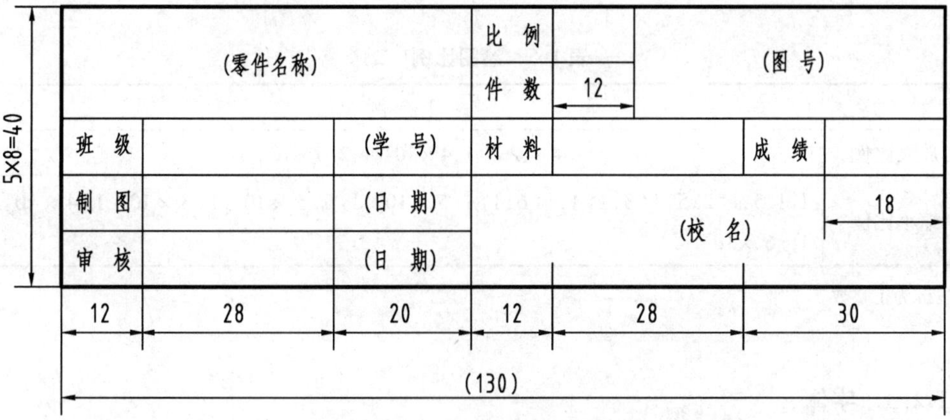

		比　例				
（零件名称）		件　数	12		（图　号）	
班　级		（学号）	材　料		成　绩	
制　图		（日　期）				18
审　核		（日　期）		（校　名）		

12	28	20	12	28	30

（130）

5×8=40

图1.12　学习用标题栏格式

标题栏的长边置于水平方向并与图纸的长边平行时,则构成 X 型图纸,如图1.8(a)、图1.9(a)所示。若标题栏的长边与图纸的长边垂直时,则构成 Y 型图纸,如图1.8(b)、图1.9(b)所示。上述两种情况下,看图方向与看标题栏方向一致。

有时,为了利用预先印制的图纸,允许将 X 型图纸的短边置于水平位置使用或将 Y 型图纸的长边置于水平位置使用,如图1.10(a)、图1.10(b)所示。此时,应在图纸的下边对中符号处画出一个方向符号,如图1.10(c)所示,表明看图方向。

1.2.2　比例

图中图形与其实物相应要素的线性尺寸之比,称为比例。国家标准《技术制图　比例》(GB/T 14690—1993)中规定,　比例符号应以":"表示,如1:1,1:2等。比例一般应标注在标题栏中的比例栏内,必要时可在视图名称下方或右侧标注。国家标准把比例分为以下3类:

①原值比例

比值为1的比例,称为原值比例,即1:1。

②放大比例

比值大于1的比例,称为放大比例,如2:1等。

③缩小比例

比值小于1的比例,称为缩小比例,如1:2等。

每张图纸都要注出所画图形采用的比例。绘图时,应优先在表1.4规定的系列中选取适当的比例,必要时也允许选取表1.5的比例。尽量采用1:1的比例。

表1.4　绘图比例(一)

种　类	比　例
原值比例	1:1
放大比例	$5:1,2:1,5\times10^n:1,2\times10^n:1,1\times10^n:1$
缩小比例	$1:2,1:5,1:10,1:2\times10^n,1:5\times10^n,1:1\times10^n$

注:n为正整数。

表 1.5　绘图比例(二)

种　类	比　例
放大比例	$4:1,2.5:1,4 \times 10^n:1,2.5 \times 10^n:1$
缩小比例	$1:1.5,1:2.5,1:3,1:4,1:6,1:1.5 \times 10^n,1:2.5 \times 10^n,1:3 \times 10^n,1:4 \times 10^n,$ $1:6 \times 10^n$

注:n 为正整数。

1.2.3　字体

字体是指图样中文字、字母和数字的书写形式。

在图样上除了表示机件形状的图形外,还要用文字和数字来说明机件的大小、填写标题栏、技术要求等。

国家标准《技术制图　字体》(GB/T 14691—1993)规定了图样上和技术文件中所用汉字、数字、字母的字体和规格,并且要求书写必须做到:字体工整、笔画清楚、间隔均匀、排列整齐。

字体高度 h 的公称尺寸系列为 $1.8,2.5,3.5,5,7,10,14,20$ mm。如需更大字体,字高应按照 $\sqrt{2}$ 的比率递增。国家标准用字体高度表示字体的号数。例如,2.5 号字表示字高为 2.5 mm。

(1)汉字

汉字应写成长仿宋体,并采用国家正式公布推行的简化字。汉字的高度 h 应不小于 3.5 mm,其字宽约为字高的 $h/\sqrt{2}$。

长仿宋体汉字示例如图 1.13 所示。

10 号字

字体工整 笔画清楚 间隔均匀 排列整齐

7 号字

横平竖直注意起落结构均匀填满方格

5 号字

技术制图机械电子汽车航空船舶土木建筑矿山井坑港口纺织服装

3.5 号字

螺纹齿轮端子接线飞行指导驾驶舱位挖填施工引水通风闸阀坝棉麻化纤

图 1.13　长仿宋体汉字示例

汉字的基本笔画为点、横、竖、撇、捺、挑、折、勾 8 种。长仿宋体汉字的书写要领是横平竖直,注意起落,结构匀称,填满方格。

(2)数字和字母

字母和数字分 A 型和 B 型。A 型字体的笔画宽度 d 为字高的 $1/14$,B 型字体的笔画宽

度 d 为字高的 1/10。在同一图样上,只允许选用一种形式的字体。

字母和数字可写成斜体和直体,同一张图样上必须统一,常用斜体。斜体字字头向右倾斜,与水平基准线成 75°角。下面是 A 型数字与字母示例。

①A 型斜体阿拉伯数字示例

0123456789

②A 型斜体大写拉丁字母示例

ABCDEFGHIJKLMNO

PQRSTUVWXYZ

③A 型斜体小写拉丁字母示例

abcdefghijklmnopq

rstuvwxyz

④A 型斜体罗马数字示例

ⅠⅡⅢⅣⅤⅥⅦⅧⅨⅩ

1.2.4 图线

(1)图线的形式及应用

在绘制图样时,图样上的线条应根据表达的需要,采用国家标准《技术制图 图线》(GB/T 17450—1998)和《机械制图 图样画法 图线》(GB/T 4457.4—2002)规定的线型,见表 1.6。各种图线的应用示例如图 1.14 所示。

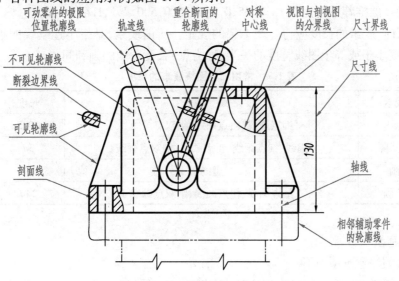

图 1.14 常用图线的应用示例

表1.6　常用工程图线的名称、线型、线宽和主要用途

线型名称	线型	线宽	主要用途
细实线	————————	$0.5d$	过渡线、尺寸线、尺寸界线、指引线和基准线、剖面线、重合断面的轮廓线等
波浪线	∼∼∼∼∼∼	$0.5d$	断裂处分界线,视图与剖视图的分界线。在一张图样上,一般采用一种线型
双折线	———⌐⌐———⌐⌐———	$0.5d$	
粗实线	————————	d	可见轮廓线、可见棱边线、相贯线等
细虚线	– – – – – –	$0.5d$	不可见轮廓线、不可见棱边线等
细点画线	—·—·—·—·—	$0.5d$	轴线、对称中心线、分度圆(线)、孔系分布的中心线等
粗点画线	▬·▬·▬·▬	d	限定范围表示线
细双点画线	—··—··—··	$0.5d$	相邻辅助零件的轮廓线、可动零件的极限位置的轮廓线、轨迹线等

　　在机械图样中,采用粗、细两种线宽。在同一图样中,同类图线的宽度应一致,使图样统一、清晰及阅读方便。粗线的宽度 d 应按图形的大小和复杂程度在 0.5～2 mm 选择,优先采用 $d=0.5$ mm 或 $d=0.7$ mm。细线的宽度为 $d/2$。当采用 3 种宽度的线条时,粗线、中粗线和细线的宽度比例为 4∶2∶1。

　　图线宽度 d 的推荐系列为 0.18,0.25,0.5,0.35,0.5,0.7,1,1.4,2 mm。

　　手工绘图时,线素的长度应符合表1.7的规定。所谓线素,是指不连续线的独立部分,如点(图线长度小于或等于图线宽度的一半,称为点)长度不同的画和间隔。

表1.7　常用工程图线线素的长度

线素	线型	长度
点	细点画线、粗点画线、细双点画线	$\leqslant 0.5d$
短间隔	虚线、细点画线、粗点画线、细双点画线	$3d$
画	虚线	$12d$
长画	细点画线、粗点画线、细双点画线	$24d$

（2）图线画法

图线画法的注意事项如下:

①在同一图样中同类图线的宽度应基本一致。细虚线、细点画线及细双点画线的点、画

和间隔长度应大致相等,见表1.6。

②两条平行线之间的距离应不小于粗实线的2倍宽度,其最小间隙不得小于0.7 mm。

③绘制圆的对称中心线时,圆心应为长画的交点。细点画线和细双点画线的首末两端应是长画,而不是点。

④在较小的图形绘制细点画线或细双点画线有困难时,可用细实线代替。

⑤图线之间相交、相切都应以画相交或相切。如细虚线与其他线相交时,应以画相交;细点画线应交于长画(见图1.15)。

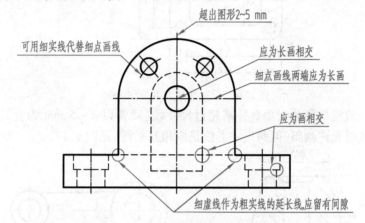

图 1.15　画图线注意事项

⑥当细虚线作为粗实线的延长线时,两者之间应留有空隙(见图1.15)。当细虚线圆弧与细虚线直线相切时,细虚线圆弧的画应画到切点,而细虚线直线需留有间隙。

⑦图形的对称线、中心线、轴线、双折线等两端一般应超出图形轮廓线 2 ~ 5 mm(见图1.15)。

1.2.5　尺寸注法

在图样上,图形只表示物体的形状,而机件的大小及各部分相互位置关系,则需要通过标注的尺寸来确定。国家标准《机械制图　尺寸注法》(GB/T 4458.4—2003)和《技术制图　简化表示法　第 2 部分:尺寸注法》(GB/T 16675.2—2012)规定了在图样中尺寸的注法。

(1)基本规则

①机件的真实大小应以图样上所标注的尺寸数值为依据,与绘图比例及绘图的准确度无关。

②图样中(包括技术要求和其他说明)的尺寸以 mm 为单位时,不需标注单位符号(或名称)。如采用其他单位,则应注明相应的单位符号。

③图样中所标注的尺寸为该图样所示机件的最终完工尺寸,否则应另加说明。

④机件的每一尺寸,一般只标注一次,并应标注在反映结构特征最清晰的图形上。

(2)尺寸组成

一个完整的尺寸由尺寸界线、尺寸线、尺寸线终端(箭头或斜线)及尺寸数字组成,如图1.16所示。

1)尺寸界线

尺寸界线用来表示所注尺寸的范围。尺寸界线用细实线绘制,由图形的轮廓线、轴线或对称中心线处引出,也可利用轮廓线、轴线或对称中心线作尺寸界线,如图1.16所示。

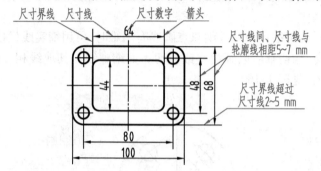

图1.16　尺寸组成及其标注示例

尺寸界线一般应与尺寸线垂直并略超过尺寸线(通常以 2 ~ 5 mm 为宜)。当尺寸界线过于贴近轮廓线时允许倾斜,但两尺寸界线仍应相互平行(见图1.17)。

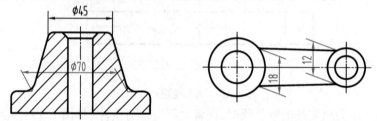

图1.17　倾斜引出的尺寸界线

2)尺寸线

尺寸线表示尺寸度量的方向。尺寸线用细实线在两尺寸界线之间绘制,不能用其他图线代替,一般也不得与其他图线重合或画在其延长线上。

标注线性尺寸时,尺寸线应与所标注的线段平行,且尺寸线与轮廓线及两平行尺寸线间的距离为5 ~ 7 mm(见图1.16)。当有几条互相平行的尺寸线时,大尺寸要注在小尺寸外面,以免尺寸线与尺寸界线相交。

在圆或圆弧上标注直径或半径尺寸时,尺寸线一般应通过圆心或其延长线通过圆心。

3)尺寸线终端

尺寸线终端表示尺寸的起止。其结构有箭头和斜线两种形式。

①箭头

箭头的形式如图1.18(a)所示,适用于各种类型的图样。

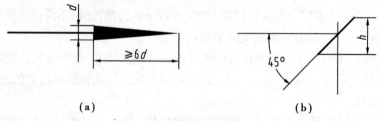

(a)　　　　　　　　　　　　　　　(b)

图1.18　箭头和斜线的画法

②斜线

斜线用细实线绘制,其方向和画法如图1.18(b)所示。当尺寸线的终端采用斜线形式时,尺寸线与尺寸界线应相互垂直。

机械图样中,一般采用箭头作为尺寸线的终端。同一张图样中只能采用一种尺寸线终端形式。

4)尺寸数字

水平方向线性尺寸数字注写在尺寸线的上方;竖直方向的线性尺寸数字注写在尺寸线左端,字头朝左,也允许注写在尺寸线的中断处。倾斜方向的线性尺寸数字按表1.8第一项中的方向注写。

标注尺寸时,尺寸数字不可被任何图线所通过,否则必须将该图线断开;标注参考尺寸时,应将尺寸数字加上圆括弧,如图1.19所示。

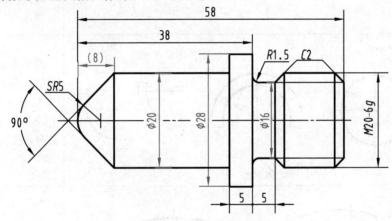

图1.19 线性尺寸的注法

(3)常见尺寸的标注方法

表1.8中列出了国家标准《机械制图 尺寸注法》(GB/T 4458.4—2003)和《技术制图 简化表示法 第2部分:尺寸注法》(GB/T 16675.2—2012)所规定的一些尺寸注法。

表1.8 常见尺寸的标注示例

标注内容	示 例		说 明
线性尺寸的数字方向	(a)	(b)	线性尺寸数字应按图(a)所示的方向注写,并尽可能避免在图示30°范围内标注尺寸。无法避免时,可按图(b)的形式标注

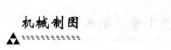

续表

标注内容	示 例	说 明
角度		1. 尺寸的数字一律水平书写。一般注写在尺寸线的中断处，必要时允许写在外面，或引出标注 2. 尺寸界线必须沿径向引出；尺寸线画成圆弧，圆心是该角的顶点
圆和圆弧		圆的直径尺寸和圆弧的半径尺寸一般应按左图示例标注。直径或半径尺寸数字前应分别注写符号"φ"或"R"
大圆弧	(a)　　　　　　(b)	在图纸范围内无法标出圆心位置时，可按图(a)标注。不需标出圆心位置时，可按图(b)形式标注
小尺寸		1. 当没有足够位置画箭头或写数字时，可将箭头布置在尺寸界线外面 2. 位置更小时，箭头和数字可都布置在尺寸界线外面 3. 狭小部位标注尺寸时，可用圆点或斜线代替箭头

标注内容	示　例	说　明
球面	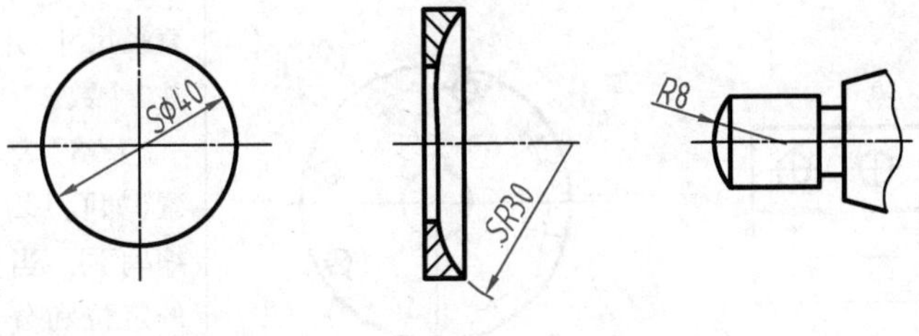	标注球面尺寸时,应在 ϕ 或 R 前加注"S"。不致引起误解时,则可省略,如图中 $R8$ 球面
弦长和弧长	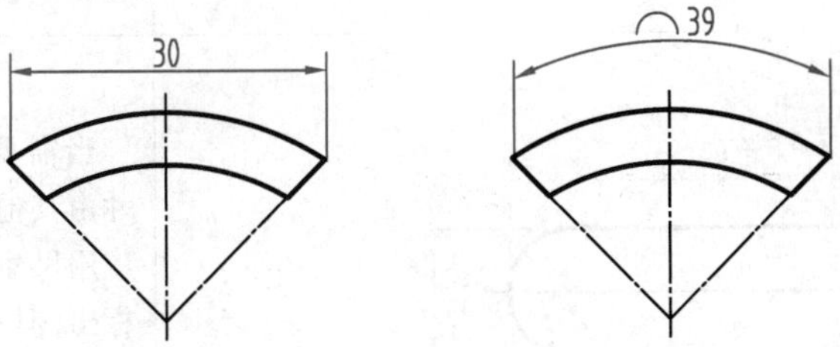	标注弧长时,应在尺寸数字前加符号"⌒";弧长和弦长的尺寸界线应平行于该弦的垂直平分线
对称机件	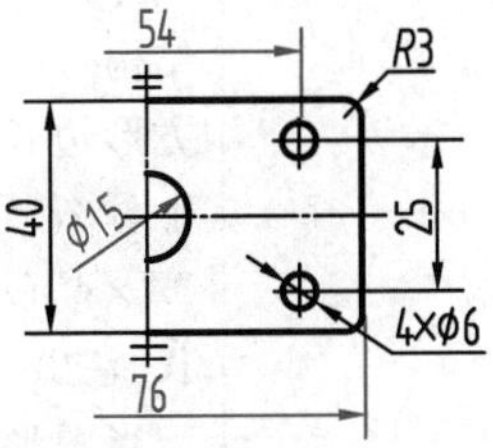 (a) 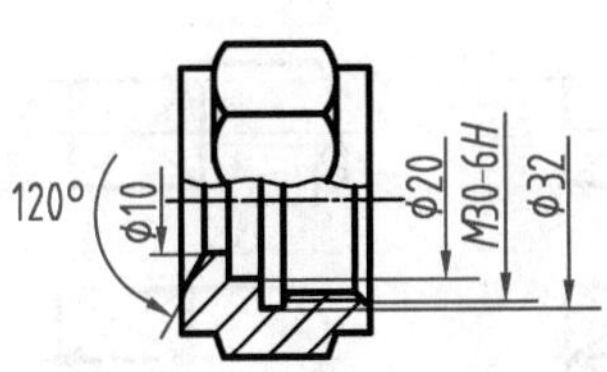　　　　　　(b)	对称机件的图形画出一半时,尺寸线应略超过对称中心线(见图(a));如画出多于一半时,尺寸线应略超过断裂线(见图(b))。以上两种情况都只在尺寸线的一端画出箭头
板状零件	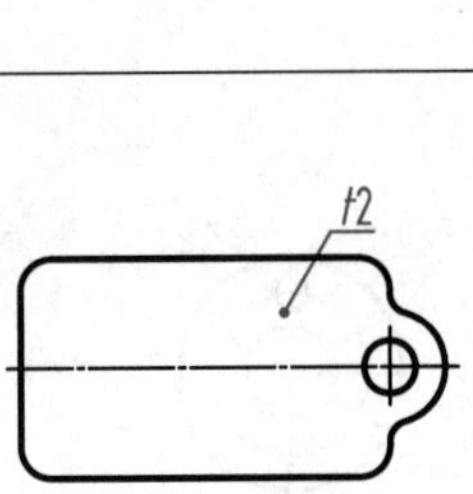	标注板状零件的尺寸时,可在尺寸数字前加注符号"t"表示均匀厚度板,而不必另画视图表示厚度

续表

标注内容	示 例	说 明
尺寸相同的孔、槽等要素		相同直径的圆孔只要在一个圆孔上标注直径尺寸，并在其前加注"个数×" "EQS"表示成组要素（如孔）均匀分布的缩写词。当成组要素的定位和分布情况在图形中已明确时，可不标注其角度并省略缩写词
半径尺寸有特殊要求		当需要指明半径尺寸由其他尺寸确定时，应用尺寸线和符号"R"标出，但不要注写尺寸数字
正方形结构		标注断面为正方形结构的尺寸时，可在正方形边长尺寸数字前加注符号"□"或用"$A \times A$"（A 为正方形边长）注出 当图形不能充分表达平面时，可用对角交叉的两条细实线表示
简化注法		标注尺寸时可采用带箭头的指引线 标注尺寸时也可采用不带箭头的指引线

续表

标注内容	示　例	说　明
简化注法	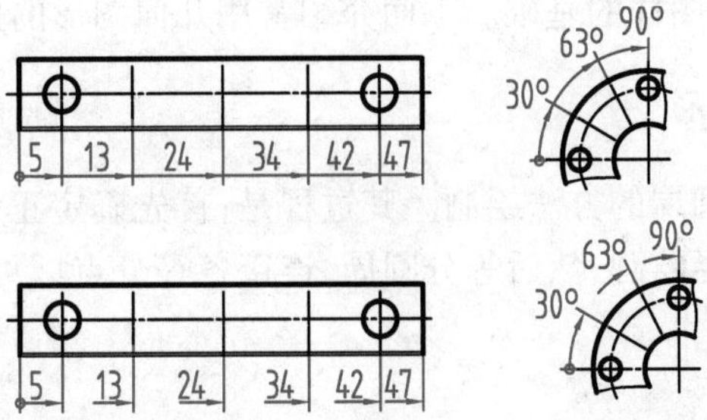	从同一基准出发的尺寸可按左图简化后的形式标注
	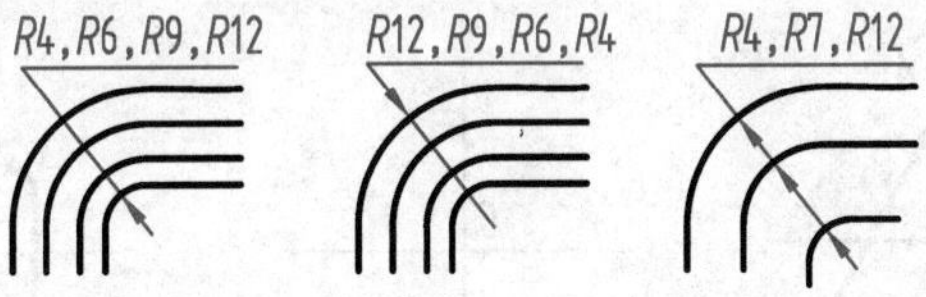	一组圆心位于一条直线上的多个不同心圆弧的尺寸,可用共用尺寸线箭头依次表示
	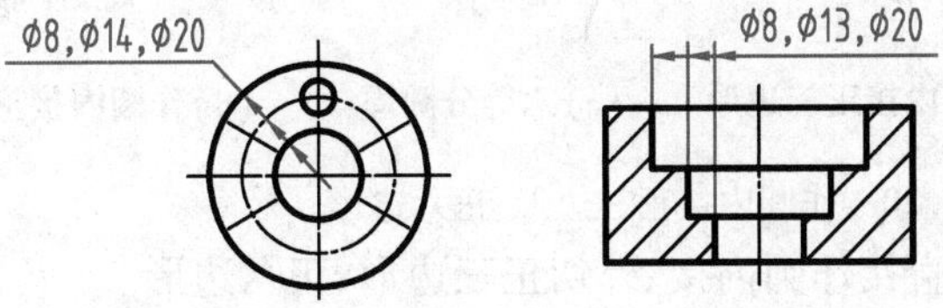	一组同心圆或尺寸较多的台阶孔的尺寸,也可用共用尺寸线和箭头依次表示
	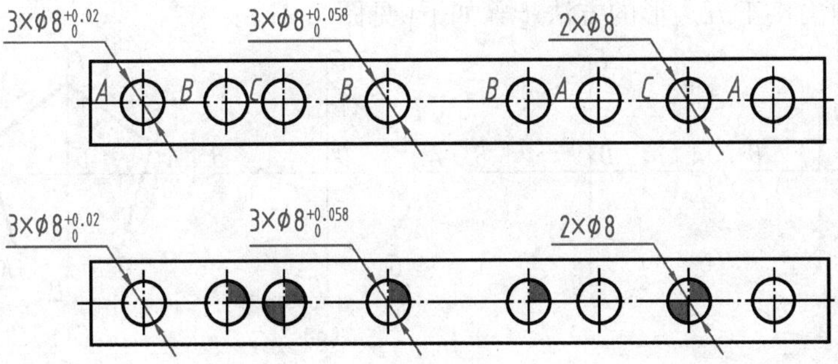	如在同一图形中有几种尺寸数值相近而又重复的要素(如孔等)时,可采用标记(如涂色等)或用标注字母的方法来区别
	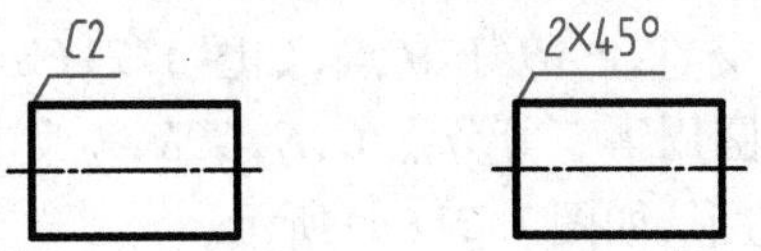	在不致引起误解时,零件图中的 45° 倒角可省略不画其尺寸,也可简化标注

1.3 常用几何作图方法

机械图样中的图形一般都是由直线、圆弧和一些曲线所组成的。因此,熟练地掌握这些几何图形的正确画法,是绘制机械图样的基础。下面介绍常用几何图形的作图方法。

1.3.1 等分圆周和作正多边形

作正多边形通常都是用等分圆周的方法绘制。其过程是:首先确定正多边形的中心,以中心到多边形的角点的距离为半径绘圆;然后等分圆周,连接各等分点即可完成正多边形的绘制。

(1)作正三边形、正六边形

已知圆的直径,三等分、六等分圆周及作圆内接正三边形、正六边形的作图方法,如图1.20所示。

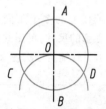 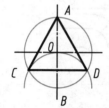 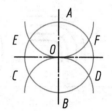 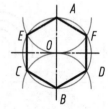

(a)三等分圆周　　　　(b)作圆内接正三边形　　(c)六等分圆周　　　(d)作圆内接正六边形

图1.20　作圆内接正三边形、正六边形

以60°三角板配合丁字尺可直接作圆内接、外切正三边形、正六边形。

(2)作正五边形

五等分圆周及作圆内接正五边形的方法步骤如下(见图1.21):

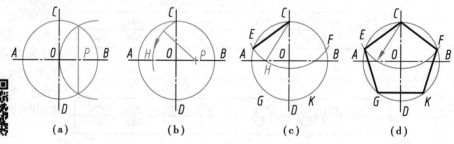

(a)　　　　　　　(b)　　　　　　　(c)　　　　　　　(d)

图1.21　五等分圆周及作圆内接正五边形

①作 OB 的垂直平分线交 OB 于点 P,如图1.21(a)所示。

②以 P 为圆心,PC 长为半径画弧交直径 AB 于 H 点,如图1.21(b)所示。

③CH 即为正五边形的边长,等分圆周得5等分点 C,E,G,K,F,如图1.21(c)所示。

④连接圆周各等分点,即成正五边形,如图1.21(d)所示。

(3)作正 n 边形

n 等分圆周及作圆内接正 n 边形的画法如图1.22所示(以 $n=7$ 为例)。

①将外接圆的垂直直径 AN 七等分,并标出顺序号1,2,3,4,5,6,如图1.22(a)所示。

②以 N 为圆心，AN 为半径画弧，与外接圆的水平中心线交于 P 和 Q，如图1.22(b)所示。

③由 P 和 Q 作直线与 AN 上每相隔一分点(如奇数点1,3,5)相连并延长与外接圆交于 B,C,D,E,F,G 各点，然后顺序连接各顶点，即得正七边形 $BCDENFG$，如图1.22(c)所示。

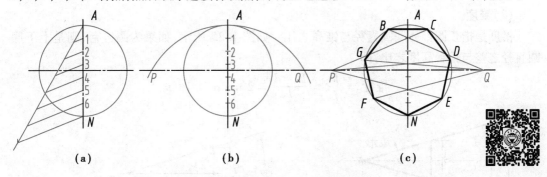

(a)　　　　　　　　(b)　　　　　　　　(c)

图1.22　七等分圆周及作圆内接正七边形

1.3.2　斜度和锥度

(1)斜度

斜度是指一直线(或平面)相对于另一条直线(或平面)的倾斜程度，其大小可用这两直线(或两平面)的夹角的正切值来表示，通常写成 $1:n$ 的形式，如图1.23(a)所示，即

$$斜度 = \frac{H}{L} = \tan \alpha = 1 : n$$

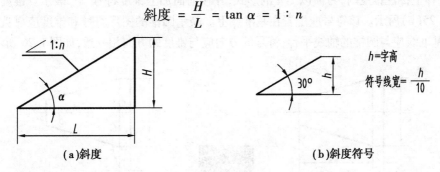

(a)斜度　　　　　　　　　　　(b)斜度符号

图1.23　斜度的定义

标注斜度时，在比值前应加斜度符号"∠"。斜度符号画法如图1.23(b)所示。其方向应与斜度的方向一致，如图1.23(a)、图1.24(a)所示。

(a)　　　　　　　　　　　(b)

图1.24　斜度的画法

绘制如图1.24(a)所示的图形，关键问题是斜度1:6的作图方法。其作图步骤如下(见图1.24(b))：

①自 A 点在水平线上取 6 个任意单位长度,得到 B 点。

②自 A 点在 AB 的垂线上取一个相同的单位长度得到 C 点。

③连接 B,C 两点即得 1:6 的斜度。

④过 K 点作 BC 的平行线,即画出图 1.24(a)。

(2)锥度

锥度是指正圆锥体底圆直径与锥高之比。如图 1.25 所示,如果为圆锥台,则是上下底圆直径之差与锥台高度之比,即

$$锥度 = \frac{D}{L} = \frac{D-d}{l} = 2\tan\alpha = 1:n$$

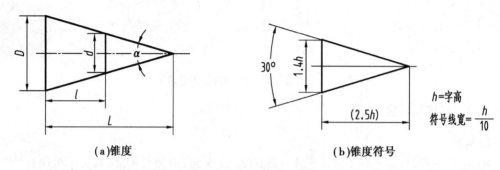

(a)锥度　　　　　　　　　(b)锥度符号

图 1.25　锥度及其符号

在图样上标注锥度时,习惯以 1:n 的形式,并在前面加上锥度符号"▷"表示。锥度符号画法如图 1.25(b)所示。该符号应配置在基准线上。表示圆锥的图形符号和锥度应靠近圆锥轮廓标注,基准线应与圆锥的轴线平行,符号的方向应与锥度的方向相一致,如图 1.26 所示。

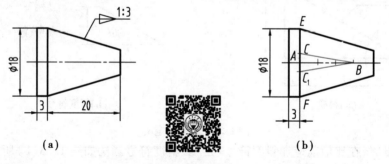

(a)　　　　　　　　　　(b)

图 1.26　锥度的画法

绘制如图 1.26(a)所示的图形,关键问题是锥度 1:3 的作图方法。其作图步骤如下:

①由 A 点沿轴线向右取 3 个任意单位长度得 B 点。

②由 A 沿垂线向上和向下分别取 1/2 个相同单位长度,得点 C,C_1。

③连接 BC,BC_1,即得 1:3 的锥度。

④过点 E,F 作 BC,BC_1 的平行线,即得所求圆锥台的锥度线。

1.3.3　圆弧连接

绘制图形时,经常需要用一圆弧光滑地连接相邻两已知直线或圆弧。这种用一圆弧光滑地连接相邻两线段的作图方法,称为圆弧连接。其连接形式如图 1.27 所示。

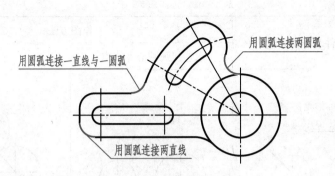

用圆弧连接一直线与一圆弧

用圆弧连接两圆弧

用圆弧连接两直线

图 1.27　挂轮架平面图形

圆弧连接的实质就是使连接圆弧与相邻线段相切。因此,关键问题就是求连接圆弧的圆心位置及切点。其作图方法与步骤如下:

①求连接圆弧的圆心。

②找出连接点即切点的位置。

③在两连接点之间作出连接圆弧。

圆弧连接的基本形式通常有 3 种,即两直线之间的圆弧连接、直线与圆弧间的圆弧连接、两圆弧间的圆弧连接。其作图步骤见表 1.9。

表 1.9　常见圆弧连接形式及作图步骤

连接形式	已知条件和作图要求	作图方法	
		求连接弧圆心和切点	作连接弧
用圆弧连接两已知直线	已知:直线 AB,CD 和连接弧半径 R 求作:作连接弧连接两已知直线	求圆心:作与已知两边分别相距为 R 的平行线,交点 O 即为连接弧圆心 求切点:过 O 点分别向已知两直线作垂线,垂足 T_1,T_2 即为切点	画连接弧:以 O 为圆心,R 为半径在两切点 T_1,T_2 之间画连接圆弧,即为所求

续表

连接形式		已知条件和作图要求	作图方法	
			求连接弧圆心和切点	作连接弧
用圆弧连接两已知圆弧	外切连接			
		已知:两圆弧的圆心 O_1, O_2, 半径 R_1, R_2 和连接弧半径 R 求作:作连接弧与两已知圆弧外切连接	求圆心:分别以 O_1, O_2 为圆心, $R+R_1$, $R+R_2$ 为半径画弧, 交点为连接弧圆心 O 求切点:分别连 OO_1, OO_2, 与两已知弧交点即为切点 A, B	画连接弧:以 O 为圆心, R 为半径在 A, B 间画弧, 即得所求
用圆弧连接两已知圆弧	内切连接			
		已知:两圆弧的圆心 O_1, O_2, 半径 R_1, R_2 和连接弧半径 R 求作:作连接弧与两已知圆弧内切连接	求圆心:分别以 O_1, O_2 为圆心, $R-R_1$, $R-R_2$ 为半径画弧, 交点为连接弧圆心 O 求切点:分别连 OO_1, OO_2, 延长 OO_1, OO_2 与两已知弧交点即为切点 A, B	画连接弧:以 O 为圆心, R 为半径在 A, B 间画弧, 即得所求

续表

连接形式	已知条件和作图要求	作图方法	
		求连接弧圆心和切点	作连接弧
用圆弧连接一直线和一圆弧	已知：直线 L，圆弧的圆心 O_1，半径 R_1，连接弧半径 R 求作：作连接弧连接直线并与已知圆弧外切连接	求圆心：作与已知直线相距为 R 的平行线，与以 O_1 为圆心、$R+R_1$ 为半径画弧所得交点为连接弧圆心 O 求切点：过 O 点作直线 L 的垂线，垂足为 A，连接 OO_1 交已知圆弧于 B，A，B 即为切点	画连接弧：以 O 为圆心，R 为半径在 A，B 间画弧，即得所求

1.3.4　非圆曲线

（1）椭圆

椭圆是最常见的非圆曲线，有两条相互垂直且对称的轴，即椭圆的长轴和短轴。若已知椭圆的长轴和短轴，则可采用以下两种画法绘制椭圆：

①理论画法（同心圆法）

先求出曲线上一定数量的点，再用曲线板光滑地连接起来。

②近似画法（四心近似法）

先求出画椭圆的 4 个圆心和半径，再用 4 段圆弧近似地代替椭圆。

已知椭圆长轴 AB 和短轴 CD，用同心圆法、四心近似法求椭圆的作图步骤见表 1.10。

表 1.10　椭圆作图步骤

作图方法	作图过程		
同心圆法	以长轴 AB 和短轴 CD 为直径画两同心圆，然后过圆心作一系列中心角相同的直径与两圆分别相交	自大圆交点 $1'$ 作铅垂线，小圆交点 1 作水平线，得到的交点 P_1 就是椭圆上的点	相同的方法作其他点，用曲线板光滑地连接各点，即得所求椭圆

续表

作图方法	作图过程		
四心近似法			
	画出相互垂直且平分的长轴 *AB* 和短轴 *CD*。连接 *AC*，以 *O* 为圆心，*OA* 为半径作弧与 *OC* 的延长线交于 *E* 点；以 *C* 为圆心，*CE* 为半径作弧交 *AC* 于点 *F*	作 *AF* 的中垂线，与长、短轴分别交于 O_1，O_2 两点，再作其对称点 O_3，O_4，该 4 点为 4 段圆弧的圆心	分别以 O_1，O_2，O_3，O_4 各点为圆心，O_1A，O_2C，O_3B，O_4D 为半径，分别画弧，即得近似的椭圆，注意连接处的光滑过渡

（2）圆的渐开线

当一直线在圆周上作无滑动的滚动时，直线上一点的运动轨迹即该圆的渐开线，齿轮的齿形曲线大多数是渐开线。表 1.11 为已知基圆直径的渐开线画法。

表 1.11 渐开线作图步骤

作图方法	作图过程		
圆的渐开线			
	先画基圆，并将基圆圆周分成任意等分，再将基圆周长 π*D* 作相同等分（图中为 12 等分）	过圆周上各等分点作圆的切线，在第一条切线上，自切点起量取基圆周长的一个等份得点 1；在第二条切线上自切点起量取基圆周长的两等份得点 2，以此类推，即得其余各点	用曲线板光滑连接点 1 到 12；即得圆的渐开线

1.4 平面图形的画法及尺寸标注

如图 1.28 所示,平面图形是由各种线段(直线或圆弧)连接而成的,这些线段之间的大小与相对位置靠给定的尺寸和连接关系来确定。因此,如何绘制平面图形,其关键问题是作图顺序。画图时,只有通过分析尺寸、分析线段,找出线段之间的关系,才能正确绘制平面图形。

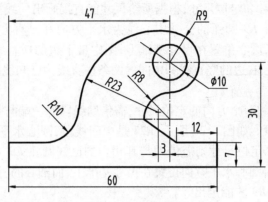

图 1.28 平面图形

1.4.1 平面图形的画法

(1)平面图形的尺寸分析

平面图形中的尺寸根据所起作用的不同,可分为定形尺寸和定位尺寸两类。在分析和标注尺寸时,首先必须确定尺寸基准。

1)尺寸基准

所谓尺寸基准,就是度量尺寸的起点。平面图形的尺寸有水平(X 方向)和垂直(Y 方向)两个方向,因而就有水平和垂直两个方向的尺寸基准。图形中的尺寸都是以尺寸基准为出发点标注。一般平面图形常用的尺寸基准有以下 3 种:

①图形对称中心线

如图 1.30 所示的平面图形是以水平对称中心线作为水平方向的尺寸基准。

②较长的直线

如图 1.28 所示的平面图形可以底面水平线段作为垂线方向的尺寸基准。

③较大的圆的中心线等

如图 1.28 所示的平面图形是以 $\phi10$ 圆的中心线作为水平方向的尺寸基准。

2)定形尺寸

定形尺寸是用来确定平面图形中各部分几何形状大小的尺寸。例如,直线段的长度、倾斜线的角度、圆或圆弧的直径和半径等。在图 1.28 中,$\phi10$ 确定圆的大小,$R8,R9,R10,R23$ 确定圆弧的大小,尺寸 7,12,60 确定直线的长度,这些尺寸都是定形尺寸。

3)定位尺寸

定位尺寸是用来确定图形中各组成部分与尺寸基准之间相对位置的尺寸。在图 1.28 中,可将最左边的竖直线和最下边的横直线或 $\phi10$ 圆、$R9$ 圆弧的公共中心线定为水平、竖直方向的尺寸基准,尺寸 30,47 确定 ϕ10 圆的位置;尺寸 3 确定 R23 圆弧水平方向的位置,尺寸 7,60 确定尺寸为 12 直线的位置,这些尺寸都是定位尺寸。

分析尺寸时,通常可见同一尺寸既有定形尺寸的作用又有定位尺寸的作用。在图 1.28 中,尺寸 7,60 既是图形下部的定形尺寸,也是确定尺寸为 12 的直线的定位尺寸。

（2）平面图形的线段分析

平面图形中的线段按照所给的尺寸情况可分为以下 3 类:

1）已知线段

具有完全的定形尺寸和定位尺寸,根据所给尺寸能直接画出的线段,称为已知线段。如图 1.28 所示,以 ϕ10 圆、R9 圆弧的公共中心线为水平方向和竖直方向两个尺寸基准。其中,R9,ϕ10 是已知线段,圆心位置在尺寸基准上,图中最下边的横直线为已知线段,定位尺寸为 47,30。同理,最左、右边的竖直线和中间的两条横直线为已知线段。

2）中间线段

具有完全定形尺寸和一个方向的定位尺寸,需借助线段的一端与相邻线段相切,才能画出的线段,称为中间线段。如图 1.28 所示,R23 是中间线段,圆心水平方向的定位尺寸 3 是已知的,而圆心的另一个定位尺寸则需借助与其相切的已知圆弧 R9 才能定出。同理,在图 1.28 中,R8 是中间线段,圆心水平方向位置在尺寸基准上,而圆心的另一个定位尺寸则需借助与其相切的已知圆弧 R9 才能定出。

3）连接线段

只有定形尺寸而无定位尺寸,需借助线段的两端与相邻线段相切,才能画出的线段,称为连接线段。如图 1.28 所示,R10 是连接线段（常称连接弧）,圆心的两个定位尺寸都没有注出,需借助与其两端相切的线段（R23 圆弧和左边水平直线）,求出圆心后才能画出。

（3）平面图形的绘图步骤

首先进行尺寸分析和线段分析,然后画图。以如图 1.28 所示的平面图形为例,其尺寸与线段分析如上所述。其作图步骤如下（见图 1.29）:

①画出尺寸基准线,以确定图形及各部分位置,如图 1.29（a）所示。

②根据给出的定形、定位尺寸,画出所有已知线段,如图 1.29（b）所示。

③根据给出的定形、定位尺寸,画出中间线段,中间线段 R23 与已知线段 R9 的圆心连线与 R9 圆弧的交点即二者切点,如图 1.29（c）所示。

④根据给出的定形尺寸,画出连接线段,如图 1.29（d）所示。

⑤标注尺寸、加粗图线,结果如图 1.28 所示。

1.4.2　平面图形的尺寸注法

（1）标注平面图形尺寸的基本要求

标注平面图形尺寸的基本要求是正确、完整、清晰。

①正确

正确是指标注尺寸要按国家标准的规定标注,尺寸数值不能写错和出现矛盾。

②完整

完整是指尺寸要注写齐全,既不遗漏尺寸,也没有重复尺寸。

③清晰

清晰是指尺寸的位置要安排在图形的明显处,标注清晰、布置整齐。

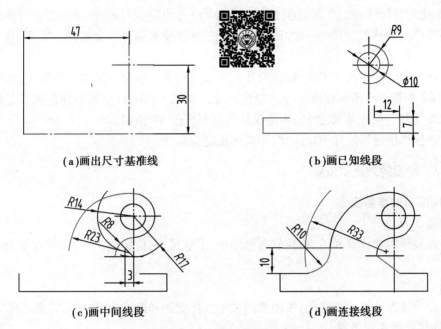

(a)画出尺寸基准线　　　　　　　　　　(b)画已知线段

(c)画中间线段　　　　　　　　　　(d)画连接线段

图 1.29　平面图形的画图步骤

(2)标注平面图形尺寸的方法和步骤

①分析图形

确定水平和垂直方向的尺寸基准。

②分析图形

确定已知线段、中间线段、连接线段。

③标注尺寸

分别标注已知线段定形、定位尺寸、中间线段的定形、定位尺寸、连接线段的定形尺寸。

例如,标注如图 1.30(a)所示平面图形的尺寸。其步骤如下:

①整个图形左右是对称的,故选择图形的左右对称中心线为水平方向尺寸基准;垂直方向选大圆 $\phi16$ 的中心线为尺寸基准。

②分析图形,确定已知线段为 $\phi8$ 的 3 个小圆、$\phi16$ 大圆,$R8$ 两段圆弧,中间线段为 $R26$ 两段圆弧、连接线段为 $R22$ 圆弧、$R18$ 两段圆弧。

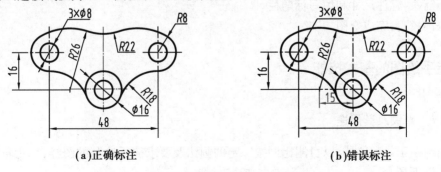

(a)正确标注　　　　　　　　　　(b)错误标注

图 1.30　平面图形的尺寸标注

③标注尺寸。平面图形的尺寸标注如图 1.30(a)所示。

标出已知段线定形尺寸 $3\times\phi8$,$\phi16$,$R8$(标注一处),$\phi16$ 和一个 $\phi8$ 的圆心在尺寸基准上,不需标注定位尺寸,而 R8 两段圆弧与两个 φ8 应标出定位尺寸 16,48;注意对称图形选对称中心线作尺寸基准,但标注尺寸时应从一个被标注要素到另一个被标注要素,故要标注尺寸 48。

标出中间段线定形尺寸 R26(标注一处),垂直方向定位在尺寸基准上不标注,水平方向位置由与 R8 相切确定不标注水平方向定位尺寸。如图 1.30(b)所示标注的错误是标出中间段线 R26 水平方向定位尺寸 15,不能保证与已知线段 R8 相切。

标注连接线段定形尺寸 R22,R18,不需标注定位尺寸。

1.4.3　绘图的方法和步骤

(1)绘图前的准备工作
1)准备工具
准备好画图用的仪器和工具;用软布把图板、丁字尺、三角板擦干净;按照线型要求削好铅笔。
2)固定图纸
首先分析图形的尺寸和线段,按图形的大小选择比例和图纸幅面,然后将图纸固定。
(2)底稿的画法和步骤
①安排图面,根据图形大小及标注尺寸的需要,在图框中的适当位置安排好各个图形,画出主要尺寸基准线、轴线、中心线和主要轮廓线,按先画已知线段,再画中间线段和连接线段的顺序依次进行绘制工作,直至完成图形。
②画尺寸界线和尺寸线。
③仔细检查底稿,改正图上的错误,轻轻擦去多余的线条。
(3)描深底稿的方法和步骤
底稿描深应做到:线型正确、粗细分明、连接光滑、图面整洁。一般步骤如下:
①描深图形:
a.先曲后直,保证连接光滑。
b.先细后粗,保证图面清洁,提高效率。
c.先水平(从上到下),后垂、斜(从左到右先垂后斜)。
d.先小(圆弧半径)后大,保证图形准确。
②画箭头,标注尺寸和填写标题栏。
③修饰校对,完成全图。

1.5　徒手绘图的基本技能

1.5.1　草图及其用途

不用绘图工具和仪器,以目测比例按一定的画法及要求徒手绘制的图样,称为草图。草图常用于以下场合:
①在初步设计阶段,常用草图表达设计方案。
②在机器修配或仿制时,需要在现场测绘,徒手绘出草图,再根据草图绘制正式工作图。

③在参观访问或技术交流时,草图是一个很好的表达工具。

因此,工程技术人员应具备徒手绘图的能力。

徒手绘图应基本上做到:图形正确、线型分明、比例匀称、字体工整、图面整洁。

1.5.2　草图的绘制方法

(1)直线的画法

画直线时,首先标出直线的两端点,然后执笔悬空沿直线方向比画一下,掌握好方向和走势后再落笔画线。画较短的线段时,小手指及手腕不宜紧贴纸面;画较长线段时,眼睛看着线段终点,轻轻移动手腕沿着要画的方向画直线,如图1.31所示。

图1.31　直线的画法

(2)常用角度的画法

画45°,30°,60°等常用角度时,首先根据两直角边的比例关系,在两直角边上定出两点,然后连接而成。

(3)圆和圆角的画法

画圆时,应过圆心先画两条垂直的中心线,再根据半径大小用目测在中心线上定出4点,然后过这4点画圆。画较大圆时,可过圆心加两条45°的斜线,在斜线上再定4点,然后过这8点画圆,如图1.32所示。

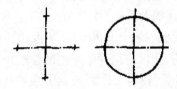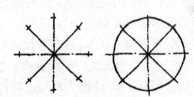

图1.32　圆的画法

画圆角的方法如图1.33所示。其画法步骤是:首先根据圆角半径的大小,在分角线上定出圆心位置;然后过圆心分别向两边引垂线定出圆弧的起点与终点,同时在分角线上也定一个圆弧上的点;最后过这3点作圆弧。

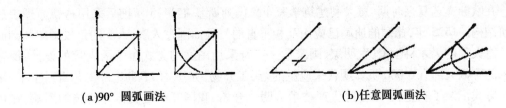

(a)90°圆弧画法　　　　　　　　　　　(b)任意圆弧画法

图1.33　圆角的画法

(4)椭圆的画法

椭圆的画法如图 1.34 所示。其画法步骤是:首先画椭圆长、短轴,定出长、短轴顶点;然后过 4 个顶点画出矩形;最后徒手作椭圆与此矩形相切。

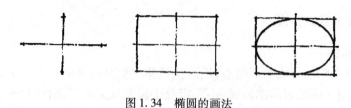

图 1.34 椭圆的画法

视野拓展

工程图学发展史

人类生存与社会生产力发展水平的密切相关,科技创新驱动着历史车轮飞速旋转,为人类文明进步提供了不竭动力源泉。科技创新是改变世界的重要力量,工程和产品是它的直接成果,不断地造福人类。

在人类不断发展过程中,几何和图学作为人类表达与交流的重要途径,在人类发展史中写下辉煌的篇章。公元前 35000 年到公元前 3000 年的新石器时代,人类已学会用图形记录日常生活,古埃及人、中国人使用石头在岩石上刻画,记录当时的生活场景。

公元前 600 年到前 400 年,古希腊就在几何上取得了丰富的成就。泰勒斯发现了直径对应的圆周角为直角,即若 A,B,C 是圆周上的 3 点,且 AC 是该圆的直径,那么 $\angle ABC$ 必然为直角。墨子在《墨经》中也给出了圆的定义:"圆,一中同长也。"随后,毕达哥拉斯发现了以它名字命名的毕达哥拉斯定理,几乎同一时期中国《周髀算经》中称为"勾股定理"。

公元前 400 年到前 100 年,古希腊几何学的集大成者欧几里得完成了古代几何的著名著作《几何原本》,阿基米德发明了螺旋线。这一时期,我国也出现了早期的建筑规划图。公元前 100 年到公元 100 年,欧洲古罗马维特鲁威创作了《建筑十讲》,成就了古罗马建筑巅峰时期。我国汉代张苍归纳了战国、秦、汉时期的数学成就,编写了《九章算术》。

宋崇宁二年(1103 年),李诚在两浙工匠喻皓《木经》基础上编成《营造法式》。它是中国第一本详细论述建筑工程做法的官方著作,书中规范了各种建筑做法,解决了透视图的数学原理。元代薛景石在 1261 年梓人遗制中,以图文并茂的方式描述了很多古代木制机具的设计;王祯在皇庆二年(1313 年)编成的农书,记录了大量农具和纺织机械的设计。

在欧洲文艺复兴时期,意大利建筑学家布鲁内列斯基在 1435 年前后采用透视原理表达建筑结构。1525 年,德国的迪勒已应用互相垂直的三画面画过人脚、人头的正投影图和剖面图。意大利的天才科学家、发明家、画家达·芬奇采用图文的方式留下的大量的设计,保存下来的手稿大约有 6 000 页。明代宋应星的《天工开物》是中国 17 世纪的工艺百科全书,用图文方式记录了农业、手工业等生产技术。明代开始,我国开始受到西方科技的影响,在传教士帮助下王徽完成了《远西奇器图说》,全面介绍西方机械设计。雍正七年(1729),年希尧在意大利传教士郎世宁的帮助下完成《视学》,图文并茂地阐述透视原理。

1798 年,法国数学家蒙日创立了画法几何学,奠定了工程图形设计的理论基础。它是课程核心的学习内容之一,后面会详细阐述。1871 年,我国著名清末科学家徐寿引进和传播国外的先进的科学技术,设计制造了我国第一台蒸汽机和轮船。

进入 19 世纪,欧美等发达国家开始制订工程图的标准,为大规模工业生产奠定了基础。

20 世纪 50 年代,MIT 在 Tom Waston 主导下开始制造的数字化时代,推动了计算机图形学发展;随着计算机集成电路的发展,70 年代美国出现了 MicroCAD;80 年代出现了 Auto-CAD 等工程绘图软件;90 年代出现了 Solidworks,Catia,Pro/E 等三维设计软件,使传统基于平面二维设计方法发生了革命性的变化。

进入 21 世纪,出现了 3D 打印、计算机模拟、数字化工厂等以数字化为代表的新科技领域。近年来,数字化城市、VR/AR 技术成为图形学领域的研究热点。

第 2 章　投影法基础

投影法是绘制和识读工程图样的基础理论。点、直线、平面是构成立体的基本几何要素。它们的投影特性和规律反映了图与物的转换和对应关系。本章主要介绍投影法的基本知识,点直线平面的投影特性,以及直线、平面间的相互位置、从属关系及投影变换。

2.1　投影法及三视图的形成

2.1.1　投影法的基本知识

在生活中,人们发现物体在光线的照射下会在地面或墙面上产生物体的影子。人们从这一现象中得到启示,并通过科学的抽象,总结出影子与物体的几何关系,逐步形成了把空间物体表示在平面上的基本方法。

如图 2.1 所示,光源点 S 称为投射中心;预设的平面 P 称为投影面;发自投射中心且通过被表示物体上各点的直线如 SA,SB,SC,称为投射线;投射线 SA 与投影面 P 的交点 a,称为点 A 在 P 平面上的投影或投影图。投射线通过物体,向选定的投影面投射,并在该平面上获得物体图形的方法,称为投影法。根据投影法所得到的图形,称为投影或投影图。有关投影法的更多术语和内容可查阅相关国家标准。

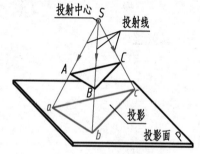

图 2.1　中心投影法

2.1.2　投影法的分类

投影法可分为中心投影法和平行投影法两类。

（1）**中心投影法**

如图 2.1 所示,投射线从投射中心出发,在投影面上获得物体投影的方法,称为中心投影法;所得的投影,称为透视投影、透视图或透视。工程中,常用中心投影法画建筑物或产品的富有立体感的辅助图样,用于反映物体的立体形状。

（2）**平行投影法**

若投射中心位于无限远处,则所有投射线都变成互相平行。用相互平行的投射线,在投影面上获得物体投影的方法,称为平行投影法。

平行投影法可分为斜投影法和正投影法。

1)斜投影法

投射线倾斜于投影面的平行投影法,称为斜投影法。用斜投影法获得的投影,称为斜投影,如图 2.2(a)所示。

2)正投影法

投射线垂直于投影面的平行投影法,称为正投影法。用正投影法得到的投影,称为正投影,如图 2.2(b)所示。由于正投影法度量性好,作图方便,能正确地反映物体的形状和大小。因此,工程图样多数用正投影法绘制。在以后各章节中,如无特殊说明,"投影"均指"正投影"。

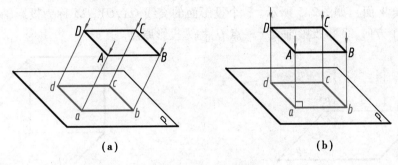

图 2.2 平行投影法

2.1.3 正投影的基本性质

(1)真实性

当直线或平面与投影面平行时,则直线的投影反映实长,平面的投影反映实形,如图 2.3(a)所示。

(2)积聚性

当直线或平面垂直于投影面时,则直线的投影积聚成一点,平面的投影积聚成一直线,如图 2.3(b)所示。

(3)类似性

当直线或平面倾斜于投影面时,直线的投影仍为直线,但小于实长;如平面是多边形,则该多边形的投影面积变小,其投影形状与原来的形状类似(边数、平行关系、直曲形状相同),如图 2.3(c)所示。

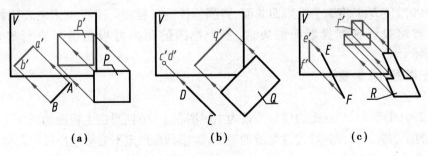

图 2.3 正投影的基本性质

2.1.4 三视图的形成及其对应关系

(1)三投影面体系的建立

如图 2.4 所示,点的一面投影不能确定该点的空间位置。同理,只根据物体的一个投影,也不能完整表达物体形状,必须增加由不同投射方向,在不同的投影面上所得到的几个投影互相补充,才能把物体表达清楚。

工程中,通常采用三面正投影图来表达物体的形状,即在空间建立互相垂直的 3 个投影面:正立投影面 V(简称正面或 V 面)、水平投影面 H(简称水平面或 H 面)和侧立投影面 W(简称侧面或 W 面),如图 2.5 所示。3 个投影面的交线 OX,OY,OZ 称为投影轴,分别代表长、宽、高 3 个方向。3 根投影轴交于一点 O,称为投影原点。

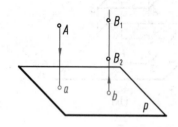

图 2.4　点的投影

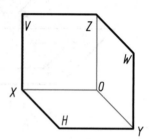

图 2.5　三投影面体系

(2)三视图的形成

国家标准《机械制图》中规定,物体向投影面作正投射所获得的图形,称为视图。物体在三投影面体系中正投射所得到的图形,称为物体的三视图。

如图 2.6(a)所示,将物体放在三投影面体系中(使之处于观察者与投影面之间),分别向 3 个投影面进行正投射,就可获得物体的 3 个视图。

主视图——由前向后投射,在正面上所得的投影,称为正面投影或主视图。

俯视图——由上向下投射,在水平面上所得的投影,称为水平投影或俯视图。

左视图——由左向右投射,在侧面上所得的投影,称为侧面投影或左视图。

在视图中,物体可见轮廓的投影画粗实线,不可见轮廓的投影画细虚线。

为了方便画图和表达,必须使处于空间位置的三视图在同一个平面上表示出来。如图 2.6(b)、图 2.6(c)所示,规定 V 面不动,将 H 面绕 OX 轴向下旋转 90°,将 W 面绕 OZ 向右旋转 90°,使 H,V,W 3 个投影面共面,得到物体的三视图。工程中用来表达物体的三视图一般省略投影轴和投影面的边框,各个视图的距离可根据需要自行确定,如图 2.6(d)所示。

(3)三视图的投影规律

1)位置关系

如图 2.6(d)所示,三视图的位置关系为主视图在上,俯视图在主视图的正下方,左视图在主视图的正右方。按照这种位置配置的视图,国家标准规定不需标注视图的名称。

2)尺寸关系

为了便于讨论问题,我们规定:X 轴方向为左、右方位,简称为长;Z 轴方向为上、下方位,简称为高;Y 轴方向为前、后方位,简称为宽。

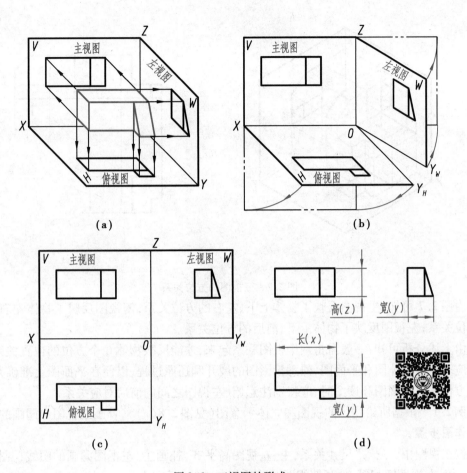

图 2.6　三视图的形成

由图 2.6(c)、图 2.6(d)可知,一个视图只能反映物体长、宽、高中的两个方向的尺寸。主视图反映物体的长 x 和高 z;俯视图反映物体的长 x 和宽 y;左视图反映物体的宽 y 和高 z。

由于投射过程中物体的大小不变、位置不变。因此,三视图之间有以下的关系:

主、俯视图反映物体的长度,应在长度方向上保持对正,即"主、俯视图长对正"。

主、左视图反映物体的高度,应在高度方向上保持平齐,即"主、左视图高平齐"。

俯、左视图反映物体的宽度,应在宽度方向上保持相等,即"俯、左视图宽相等"。

如图 2.7(b)所示,三视图之间存在"长对正、高平齐、宽相等"的"三等"尺寸关系,是物体三面正投影图的投影规律,不仅整个物体的投影要符合这一规律,物体的局部投影也必须符合这条规律,这也是画图和读图必须遵循的依据。

3)方位关系

如图 2.7(a)所示,物体具有上、下、左、右、前、后 6 个方位。

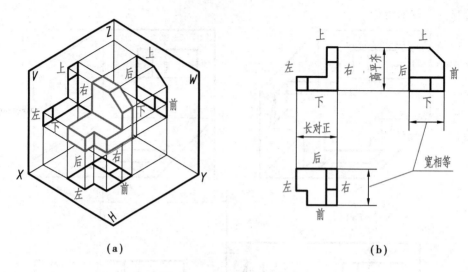

（a）　　　　　　　　　　　　　　　　（b）

图 2.7　三视图的方位关系

由图 2.7 可知，主视图反映了物体上下、左右的方位关系；俯视图反映了物体左右、前后的方位关系；左视图反映了物体上下、前后的方位关系。

由上述分析可知，一般需将两个视图联系起来，才能反映物体 6 个方位的位置关系。初学者应多对照立体图和平面图，熟悉投影图的展开和还原过程，以便在平面图上准确判断物体的方位关系。画图和读图时，应特别注意俯、左视图之间的前后对应关系。

例 2.1　根据所给物体的视图和立体示意图（见图 2.8（a）），补画三视图中漏画的图线。

作图步骤：

按三视图中"三等"尺寸关系，主、左视图高平齐，补画主、左视图漏画的图线（见图 2.8（b））；俯、左视图宽相等，补画俯视图漏画的两条图线（见图 2.8（c））。

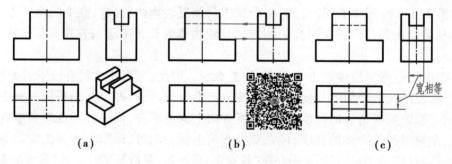

（a）　　　　　　　　　　（b）　　　　　　　　　　（c）

图 2.8　补画三视图中漏画的图线

2.2　点、直线、平面的投影

任何物体的表面都是由点、线（直线或曲线）、面（平面或曲面）等几何元素所组成的。因此，需掌握好点、直线、平面的投影规律及作图方法，为正确绘制和阅读物体的三视图打下基础。

2.2.1 点的投影

(1)点的三面投影形成

如图 2.9(a)所示,过空间点 A 分别向 3 个投影面作垂线,其垂足 a,a',a'' 即为点 A 在 3 个投影面上的投影。如前述将投影面体系展开(见图 2.9(b)),去掉投影面的边框,保留投影轴,便得到点 A 的三面投影图,如图 2.9(c)所示。其中, a_x,a_y,a_z 分别是点的投影连线与投影轴 OX,OY,OZ 的交点。

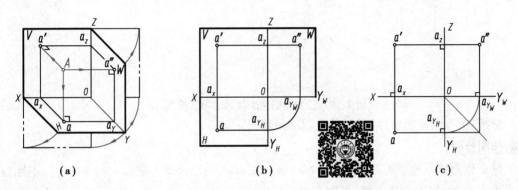

图 2.9 点的三面投影形成

规定:空间元素用大写英文字母 $A,B,C,\cdots$ 或罗马字母 Ⅰ,Ⅱ,Ⅲ,$\cdots$ 表示,其水平投影用相应的小写字母 $a,b,c,\cdots$ 表示;正面投影用相应的小写字母加一撇表示,如 $a',b',c',\cdots$;侧面投影用相应的小写字母加两撇表示,如 a'',b'',c'' 等。

(2)点的三面投影规律

从图 2.9(b)、图 2.9(c)可得出点的三面投影规律:

点 A 的 V 面、H 面投影连线垂直于 OX 轴,即 $aa'\perp OX$ (长对正)。

点 A 的 V 面、W 面投影连线垂直于 OZ 轴,即 $a'a''\perp OZ$ (高平齐)。

点 A 的 H 面投影到 OX 轴的距离等于点 A 的侧面投影到 OZ 轴的距离,即 $aa_x = a''a_z$ (宽相等)。这种关系可用画 1/4 的圆弧或 45°斜线作图来保证(见图 2.9(c))。

(3)点的三面投影与直角坐标的关系

若把三面投影体系看成直角坐标系,则投影轴、投影面、投影原点 O 分别是坐标轴、坐标面和坐标原点,则点的空间位置可用点的 3 个坐标 $A(x_A,y_A,z_A)$ 确定。

空间点的任一投影,均反映了该点的两个坐标值,即 $a(x_A,y_A),a'(x_A,z_A),a''(y_A,z_A)$ 。因此,点的两个投影就包含了点的 3 个坐标,即确定了空间点的位置。

空间点的每一个坐标值反映了点到对应投影面的距离。换言之,点的投影到投影轴的距离等于该点的某一坐标值,也就是该点到相应投影面的距离(见图 2.9(a))。

点 A 到 W 面的距离为 $Aa'' = a'a_z = aa_y = x_A$ 。

点 A 到 V 面的距离为 $Aa' = aa_x = a''a_z = y_A$ 。

点 A 到 H 面的距离为 $Aa = a'a_x = a''a_y = z_A$ 。

根据上述投影特性,在点的三面投影中,只要知道点的任意两个面的投影,就可求出第三面投影,也可写出空间点的坐标和点到某投影面的距离。

例2.2 如图2.10(a)所示,已知点 A 的正面投影和水平投影,求其侧面投影。

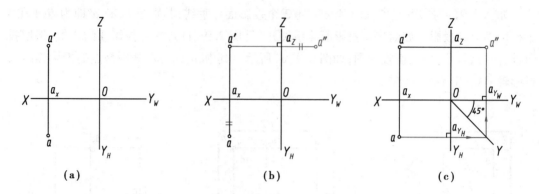

(a)   (b)   (c)

图2.10 已知点的两个投影求第三投影

分析: 由点的投影特性可知, $a'a'' \perp OZ$, $aa_X = a''a_Z$ 。

作图步骤:

过 a' 作直线垂直于 OZ 轴,交 OZ 轴于 a_z,在 $a'a_z$ 的延长线上量取 $a''a_z = aa_X$ 。本题也可采用作 $45°$ 斜线的方法求解(见图2.10(c))。

例2.3 已知空间点 A 到3个投影面 W,V,H 的距离分别为20,10,15,求作点 A 的三面投影。

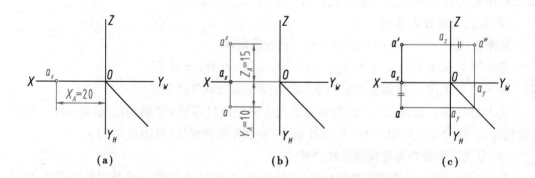

(a)   (b)   (c)

图2.11 求点的三面投影

分析: 由点的投影特性可知,点到3个投影面 W,V,H 的距离分别等于点的 x,y,z 3个坐标值。

作图步骤:

① 画投影轴,在 X 轴上量取20,定出点 a_x (见图2.11(a))。

② 过点 a_x 作 OX 轴的垂线,自 a_x 顺 OY_H 方向量取10,作出点 A 的水平投影 a ;顺 OZ 轴方向在垂线上向上量取15,作出点 A 的正面投影 a' (见图2.11(b))。

③ 根据点的投影规律,由 a,a' 作出点 A 的第三面投影 a'' 。(见图2.11(c))。

（4）**两点的相对位置与重影点**

1）两点的相对位置

两点的相对位置是指空间两点的上下、前后、左右位置关系。这种位置关系可通过两点的同面投影的相对位置或坐标的大小来判断,即 x 坐标大的在左、y 坐标大的在前、z 坐标大的在上;反之,x 坐标小的在右、y 坐标小的在后、z 坐标小的在下。

由图 2.12 可知,$x_A > x_B$,故点 A 在点 B 的左方。同理,点 A 在点 B 前方($y_A > y_B$)、下方($z_B > z_A$);反之,点 B 在点 A 的右、后、上方。两点的相对位置也可用两点的坐标差来确定,如图 2.12(b)所示。

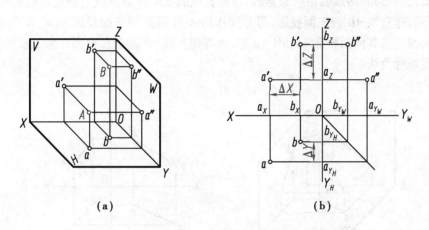

图 2.12　两点的相对位置

2）重影点及其投影的可见性

若空间两个或两个以上的点在某一投影面上的投影重合,则称这些点为该投影面的重影点。

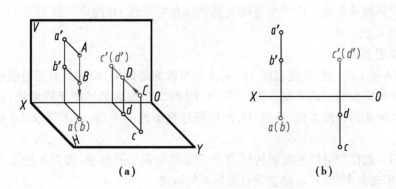

图 2.13　重影点

如图 2.13(a)所示,点 A 位于点 B 的正上方,即 $x_A = x_B$,$y_A = y_B$,$z_A > z_B$,A,B 两点在同一条 H 面的投射线上,故它们的水平投影重合于一点 $a(b)$,则称点 A,B 为 H 面的重影点。同理,位于同一条 V 面投射线上的两点称为 V 面的重影点;位于同一条 W 面投射线上的两点称为 W 面的重影点。

两点重影,必有一点被"遮挡",故有可见与不可见之分。对正面投影、水平投影、侧面投影的重影点的重合投影的可见性,应按照"前遮后、上遮下、左遮右"来判断,被遮挡住的为不可见,为了表示点的可见性,被遮挡住的点的投影字母应加括号。如图2.13(b)所示,因点 A 在点 B 的上方,故点 A 的水平投影 a 为可见,点 B 的水平投影 b 为不可见。同理,C,D 两点在 V 面上重影,C 在前,D 在后,故 c' 可见,d' 不可见,不可见投影字母加括号表示,如(d')。

2.2.2 直线的投影

(1)直线的三面投影形成

由平面几何可知,两点确定一条直线,因此直线的投影可由直线上两点的投影确定。如图2.14所示,作直线 AB 的三面投影,可分别作出 A,B 两点的三面投影 a,a',a'' 和 b,b',b'',然后用粗实线连接其同面投影 $ab,a'b',a''b''$,则得到直线 AB 的三面投影。为了叙述方便,本书将直线段统称直线。

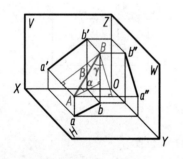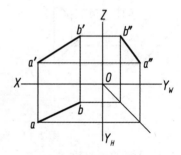

图2.14 直线的三面投影

(2)各类直线的投影特征

根据直线在三投影面体系中的相对位置不同,可将直线分为3类:一般位置直线、投影面平行线和投影面垂直线。后两类直线又称特殊位置直线,并规定直线对 H 面、V 面、W 面的倾角分别用 α,β,γ 来表示。

1)一般位置直线

如图2.14所示的一般位置直线 AB,对3个投影面都倾斜,两端点分别沿前后、上下、左右方向对3个投影面的距离差都不等于零,故 AB 的3个投影都倾斜于投影轴,其投影的长度比空间线段的实际长度缩短,并且 AB 的投影与投影轴的夹角,也不等于 AB 对投影面的倾角。

由此可得一般位置直线的投影特征:3个投影都倾斜于投影轴;投影长度小于直线的实长;投影与投影轴的夹角,不反映直线对投影面的倾角。

2)投影面平行线

平行于某一投影面而与另两投影面倾斜的直线,称为投影面平行线。其中,平行于 V 面的直线,称为正平线;平行于 H 面的直线,称为水平线;平行于 W 面的直线,称为侧平线。表2.1列出了3种投影面平行线的立体图、投影图和投影特征。

表 2.1　投影面平行线的投影特征

名称	正平线 ($/\!/V$面,对H,W面倾斜)	水平线 ($/\!/H$面,对V,W面倾斜)	侧平线 ($/\!/W$面,对V,H面倾斜)
立体图	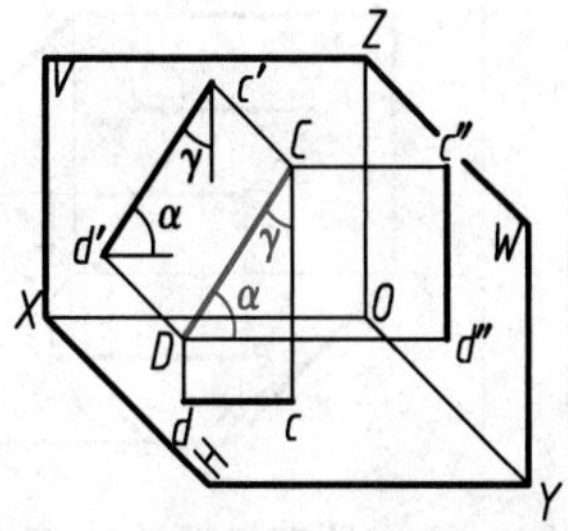 CD上所有点的Y坐标相等	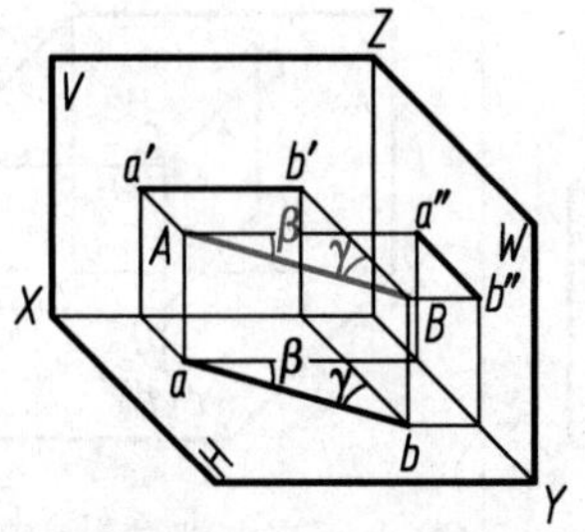 AB上所有点的Z坐标相等	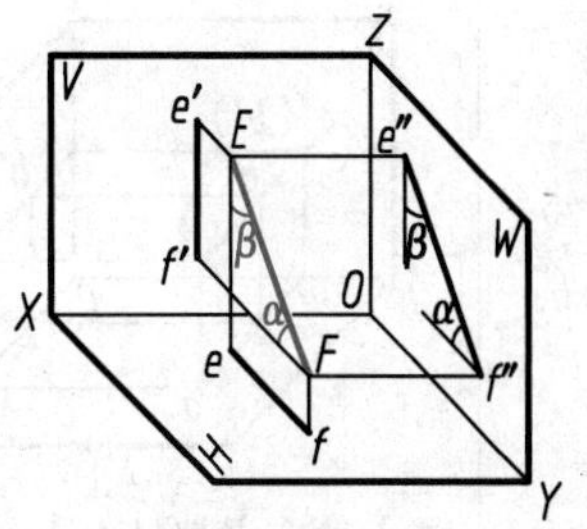 EF上所有点的X坐标相等
投影图	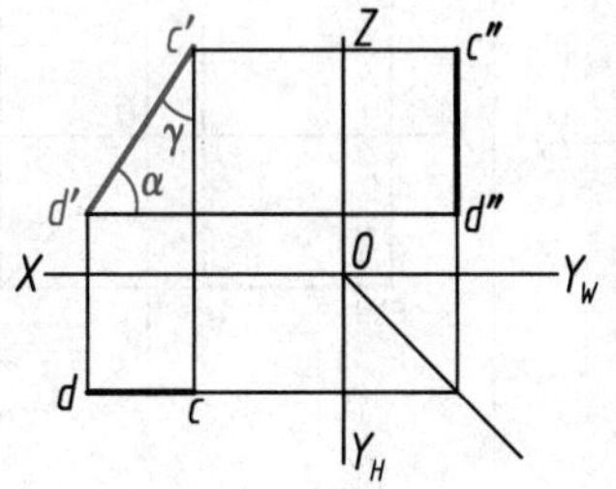	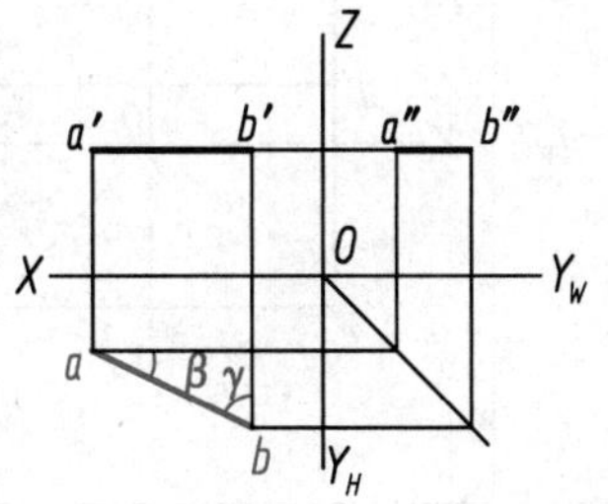	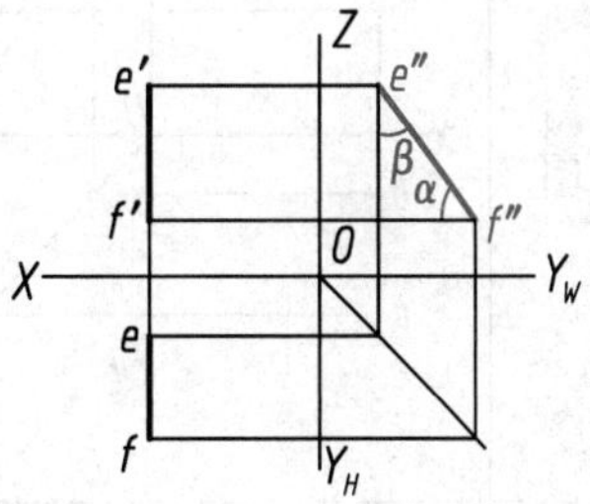
投影特征	1. $c'd'$反映实长和真实倾角α,γ 2. $cd/\!/OX,c''d''/\!/OZ$,长度缩短	1. ab反映实长和真实倾角β,γ 2. $a'b'/\!/OX,a''b''/\!/OY_W$,长度缩短	1. $e''f''$反映实长和真实倾角α,β 2. $e'f'/\!/OZ,ef/\!/OY_H$,长度缩短

从表 2.1 可概括出投影面平行线的投影特征:

投影面平行线在所平行的投影面上的投影反映实长;它与投影轴的夹角,分别反映直线对另两投影面的真实倾角。

投影面平行线在另两个投影面上的投影,平行于相应的投影轴,且长度缩短。

3)投影面垂直线

垂直于某一投影面而与另两投影面平行的直线称为投影面垂直线。其中,垂直于V面的直线,称为正垂线;垂直于H面的直线,称为铅垂线;垂直于W面的直线,称为侧垂线。表 2.2 列出了 3 种投影面垂直线的立体图、投影图和投影特征。

表 2.2 投影面垂直线的投影特征

名称	正垂线 （⊥V面，//H面，//W面）	铅垂线 （⊥H面，//V面，//W面）	侧垂线 （⊥W面，//V面，//H面）
立体图	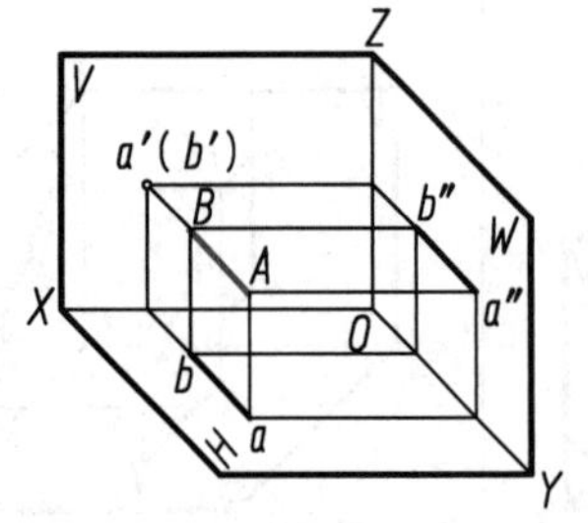 AB 上所有点都是 V 面的重影点	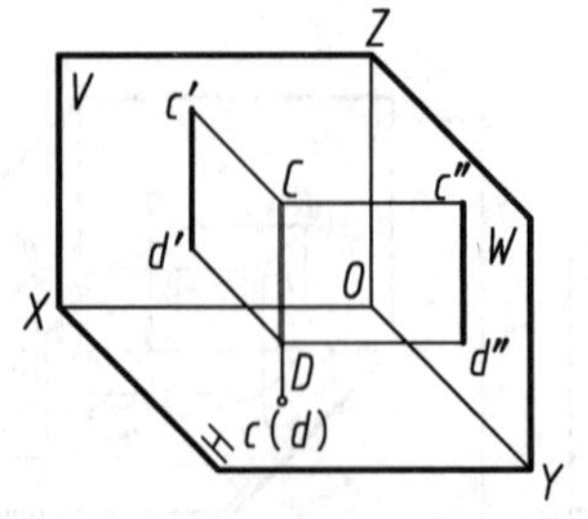 CD 上所有点都是 H 面的重影点	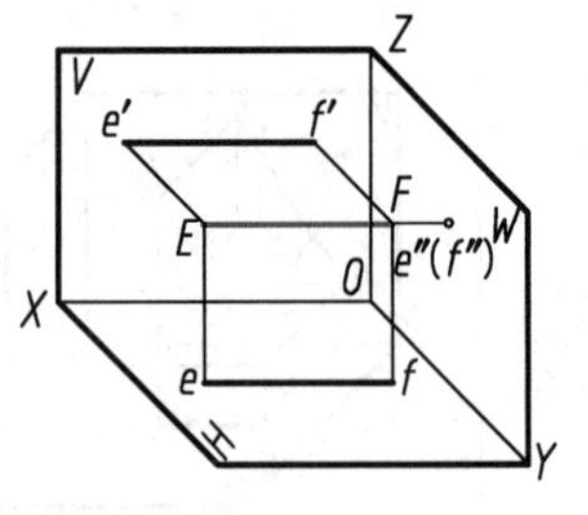 EF 上所有点都是 W 面的重影点
投影图	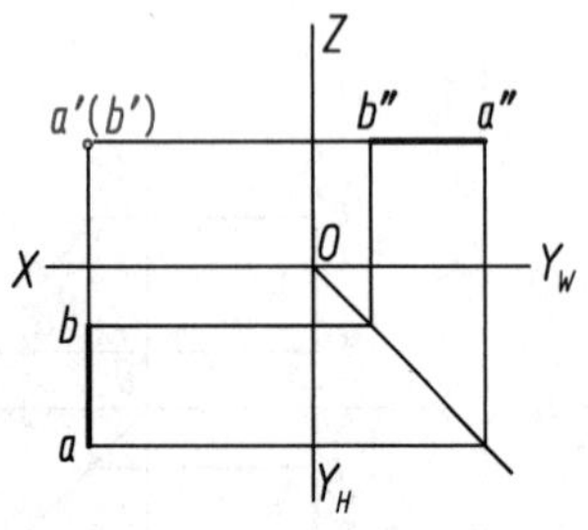	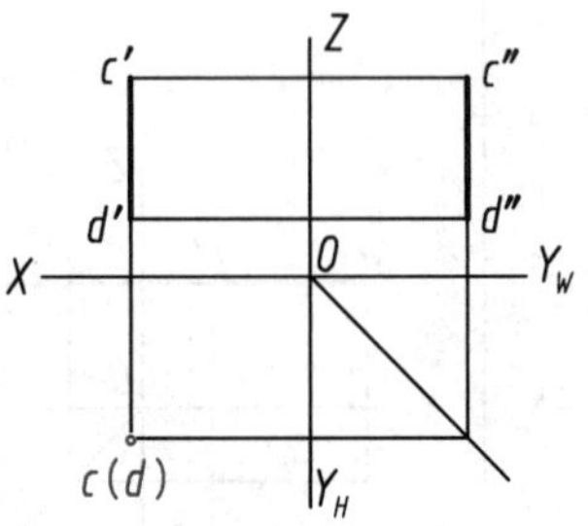	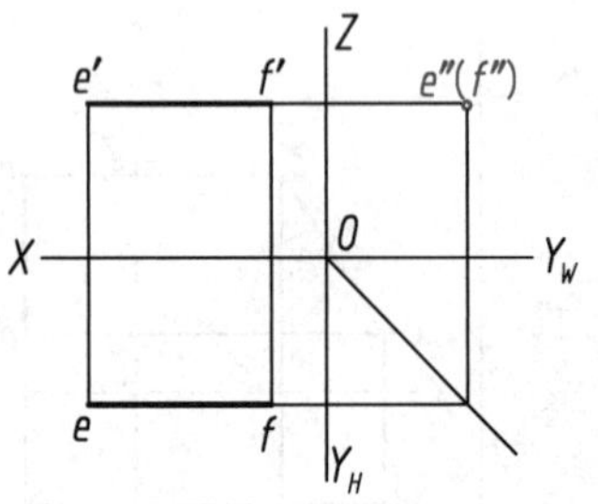
投影特征	1. a'b'积聚成一点 2. ab // OY_H，a"b" // OY_W，都反映实长	1. cd 积聚成一点 2. c'd' // OZ，c"d" // OZ，都反映实长	1. e"f"积聚成一点 2. ef // OX，e'f' // OX，都反映实长

从表 2.2 可概括出投影面垂直线的投影特征：

投影面垂直线在所垂直的投影面上的投影积聚成一点。

投影面垂直线在另两投影面上的投影，平行于相应的投影轴，且反映实长。

（3）直线上的点

直线上的点有以下特性：

①若点在直线上，则点的投影一定在直线的同面投影上，反之亦然。如图 2.15 所示，点 K 在直线 AB 上，则点 K 的三面投影 k，k'，k''分别在直线 AB 的三面投影 ab，$a'b'$，$a"b"$上，且 k，k'，k''符合一个点的投影规律。

②若点在直线上，则点的投影将直线的同面投影分割成与空间线段相同的比例（定比定理），反之亦然。即 $ak:kb = a'k':k'b' = a"k":k"b" = AK:KB$。

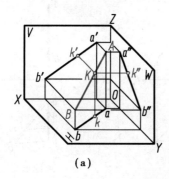
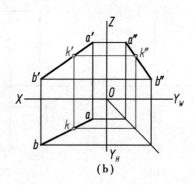

（a）　　　　　　　　　　　　　　　　（b）

图 2.15　直线上的点

例 2.4　如图 2.16（a）所示，已知直线 AB 的两面投影，点 K 分 AB 为 $AK:KB=1:2$，求分点 K 的两面投影。

分析　由点在直线上的定比定理可知，$AK:KB=ak:kb=a'k':k'b'=1:2$，用比例作图法可求得 k 和 k'。

作图步骤：

①过 a 任作一射线，在该射线上截取 3 个单位长，得到 B_0，并取靠近 a 端的第一单位长处标记为 K_0 点。

②将 bB_0 相连，过点 K_0 作 $K_0k /\!/ B_0b$，交 ab 于 k，交点 k 即 K 点的水平投影。

③过 k 作 OX 轴的垂线，与 $a'b'$ 交于 k'，交点 k' 即为点 K 的正面投影。

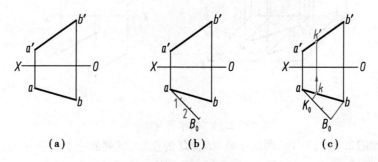

（a）　　　　　　　　　　（b）　　　　　　　　　　（c）

图 2.16　直线上取点

例 2.5　如图 2.17（a）所示，已知侧平线 AB 及点 K 的正面投影和水平投影，判断点 K 是否在直线 AB 上。

作图步骤：

方法 1：补画直线和点的侧面投影，如果点 K 在直线 AB 上，则 k'' 必在 $a''b''$ 上。从如图 2.17（b）所示可知，k'' 不在 $a''b''$ 上，故点 K 不在直线 AB 上。

方法 2：根据定比定理作图判断（见图 2.17（c）），如果点 K 在直线 AB 上，必有 $a'k':k'b'=ak:kb$。

①过 a 任作一射线，在该射线上截取 $aK_0=a'k'$，截取 $K_0B_0=k'b'$。

②将 B_0b 相连，过点 K_0 作 B_0b 的平行线交 ab 于一点，该点与 k 不重合，说明等式 $a'k':k'b'=ak:kb$ 不成立，即点 K 不在直线 AB 上。

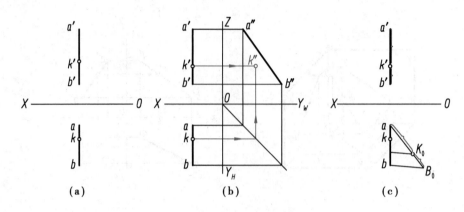

图 2.17 判断点是否在直线上

(4)两直线的相对位置

空间两直线的相对位置有 3 种:平行、相交和交叉。由于相交两直线或平行两直线在同一平面上,因此它们也称共面直线;交叉两直线不在同一平面上,也称异面直线。

1)平行两直线

根据正投影的投影特性,空间两平行直线的各同面投影必定互相平行;反之亦然。如图 2.18 所示,由于 $AB /\!/ CD$,则必有 $ab /\!/ cd$,$a'b' /\!/ c'd'$。

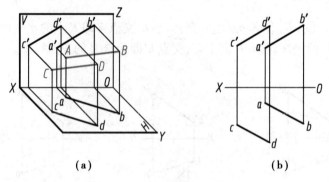

图 2.18 两平行直线

例 2.6 如图 2.19(a)所示两侧平线 AB,CD 的投影,试判断它们是否平行。

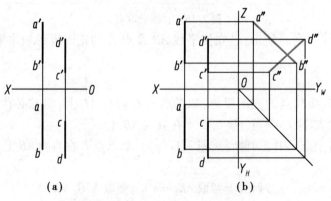

图 2.19 判断两直线是否平行

分析：对一般位置直线，根据两个投影就可以判断两直线在空间是否平行。但当两直线均为投影面平行线时，要判断它们是否平行，则取决于两直线在所平行的投影面上的投影是否平行。

作图步骤：

补投影判别，即补出两直线在所平行的投影面上的投影。如图 2.19(b)所示，作出 $a''b''$ 和 $c''d''$。若 $a''b'' // c''d''$，则 $AB // CD$；否则 AB 与 CD 不平行。按作图结果可判定 AB 与 CD 不平行。

本题另外还有共面法、定比定理法两种解题方法，请读者自行思考。

2）相交两直线

空间两相交直线的各同面投影必定相交，且交点符合空间点的投影规律；反之亦然。相交两直线的交点是两直线的共有点，因此交点也应满足直线上点的投影特性。如图 2.20 所示，AB 与 CD 相交，则 ab 与 cd，$a'b'$ 与 $c'd'$ 必定分别交于 k,k'，且符合一个点 K 的投影规律。

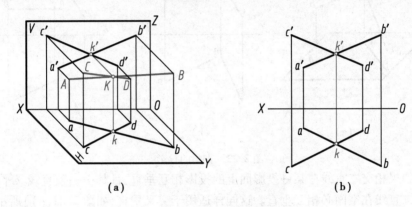

(a)　　　　　　　　　　(b)

图 2.20　相交两直线

3）交叉两直线

交叉两直线是既不平行又不相交的异面两直线。

交叉两直线的同面投影也可能相交，但其"交点"不符合点的投影规律。交叉两直线的同面投影的交点是两直线上一对重影点的投影，用它可判断空间两直线的相对位置。如图 2.21 所示，ab 与 cd 的交点 1(2) 是直线 AB 上的点 I 和 CD 上的点 II（对 H 面的重影点）的水平投影，由于点 I 在上，点 II 在下，因此该处 AB 在 CD 的上方。同理，$a'b'$ 与 $c'd'$ 的交点

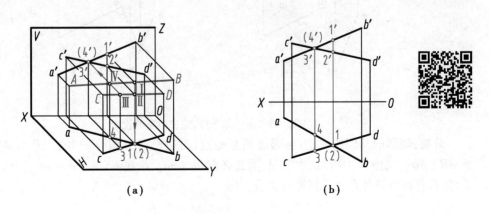

(a)　　　　　　　　　　(b)

图 2.21　交叉两直线

$3'(4')$是直线 AB 上的点Ⅳ和 CD 上的点Ⅲ（对 V 面的重影点）的正面投影，由于点Ⅲ在前，点Ⅳ在后，因此该处 CD 在 AB 的前方。

（5）直角的投影

二直线垂直（相交垂直或交叉垂直），一般情况下，其投影不反映直角。但如果这垂直二直线中有一直线为投影面平行线时，则该二直线在所平行的这个投影面上的投影反映直角。证明如下（见图2.22（a））：

已知：水平线 AB 垂直于倾斜线 AC（相交垂直），求证：$ab \perp ac$。

证明：因 $AB \perp AC$（已知），$AB \perp Aa$（投影形成可知），故 $AB \perp$ 平面 $AacC$。

又因 $AB /\!/ H$ 面，故 $ab /\!/ AB$，$ab \perp$ 平面 $AacC$，故 $ab \perp ac$，即 $\angle bac$ 为直角（见图2.22（b））。

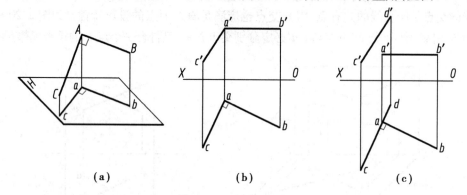

图 2.22　直角的投影

反之，如果相交二直线在某一投影面上的投影相互垂直，且其中一条直线又平行于该投影面，则该二直线在空间必相互垂直。这同样适用于交叉垂直，如图2.22（c））所示。

例2.7　如图2.23（a）所示，已知矩形 $ABCD$ 之 AB 边（$a'b' /\!/ OX$），并知其顶点 D 在已知直线 EF 上，试完成该矩形两面投影。

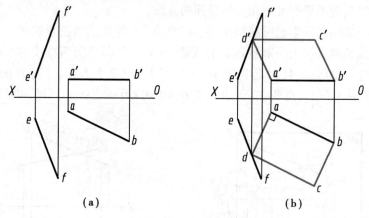

图 2.23　由已知条件，完成矩形的投影

分析：矩形的几何特性是：各邻边相互垂直，对边平行且相等。由于 AB 与 AD 相邻，因此 $AB \perp AD$。又由于 AB 边是水平线，因此必有 $ab \perp ad$。D 在 EF 上，d 必在 ef 上。由 d 求作 d'，然后利用矩形各对边平行即可完成作图。

作图步骤(见图2.23(b)):

①作 $ad \perp ab$,交 ef 于 d。

②由 d 求作 d',连接 $a'd'$。

③分别过 b,b' 作 $ad,a'd'$ 的平行线,过 d,d' 作 $ab,a'b'$ 的平行线,二者的交点即为顶点 C 的两面投影。

④顺序连接点 A,B,C,D 的同面投影,擦去多余作图线得所求。

(6)用直角三角形法求一般位置直线的实长及其对投影面的倾角

一般位置直线的三面投影都不反映其实长和对投影面的倾角。如需解决这类度量问题,可采用直角三角形法来求得直线的实长及倾角。

在图2.24(a)中,AB 为一般位置线,过点 B 作 $BA_0 /\!/ ab$,得直角三角形 BAA_0。其中,直角边 $BA_0 = ab$,$AA_0 = z_A - z_B$,斜边 AB 就是所求实长,AB 与 BA_0 的夹角就是 AB 对 H 面的倾角 α。同理,过点 A 作 $AB_0 /\!/ a'b'$,得直角三角形 ABB_0,AB 与 AB_0 的夹角就是 AB 对 V 面的倾角 β。

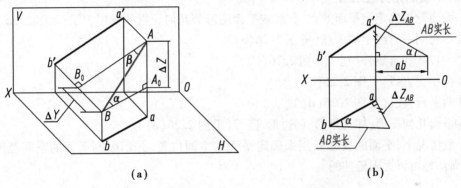

图2.24 求一般位置直线的实长及其对投影面的倾角

在投影图上的作图法如图2.24(b)所示,直角三角形画在图纸的任意地方都可以。为作图简便,可将直角三角形画在如图2.24(b)所示的正面投影或水平投影的位置。

直角三角形法的作图可归结为:

①以线段某一投影的长度为一直角边。

②以线段的两端点相对于该投影面的坐标差作为另一直角边(坐标差在另一投影面上量取)。

③所作直角三角形的斜边即为线段的实长。

④斜边与该投影的夹角即线段与该投影面的倾角。

例2.8 已知直线 AB 对 H 面的倾角 $\alpha = 30°$,AB 的正面投影 $a'b'$ 及点 A 的水平投影 a(见图2.25(a)),试作出线段 AB 的水平投影。

分析:由于 Δz_{AB} 和 α 已知,因此本题可采用如图2.24(b)所示正面投影直角三角形的作图方法。

作图步骤:

①在正面投影中作直角三角形(见图2.25(b)),得线段 AB 水平投影长 ab。

②在水平投影中,以 a 为圆心,ab 长为半径画弧得端点 B 的水平投影,该题有两解(见图2.25(b))。

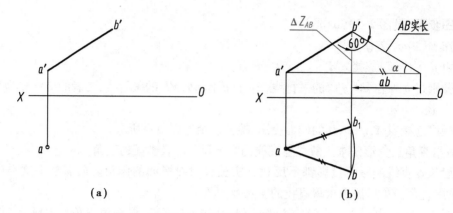

(a)   (b)

图 2.25　求直线的水平投影

2.2.3　平面的投影

(1)平面的几何表示法

平面通常用确定该平面的点、直线或平面图形等几何元素的投影表示,如图 2.26 所示。

①不在同一直线上的 3 点(见图 2.26(a))。

②一直线和直线外一点(见图 2.26(b))。

③两相交直线(见图 2.26(c))。

④两平行直线(见图 2.26(d))。

⑤平面几何图形,如三角形、四边形、圆等(见图 2.26(e))。

一般情况下,平面的投影只用来确定平面的空间位置,并不限制平面的空间范围。因此,平面都是可以无限延伸的。

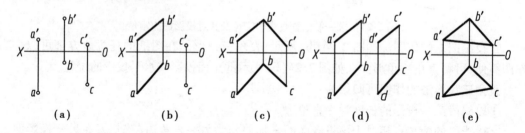

(a)　　　　　　(b)　　　　　　(c)　　　　　　(d)　　　　　　(e)

图 2.26　用几何元素表示平面

(2)各类平面的投影特征

根据平面在三投影面体系中的相对位置不同,可将平面分为 3 类:一般位置平面、投影面平行面和投影面垂直面。后两类平面又称特殊位置平面,并规定平面对 H 面、V 面、W 面的倾角分别用 α,β,γ 来表示。

1)一般位置平面

对 3 个投影面都倾斜的平面,称为一般位置平面。如图 2.27 所示,$\triangle ABC$ 对 H 面、V 面、W 面都倾斜。因此,它的三面投影 $\triangle abc$,$\triangle a'b'c'$,$\triangle a''b''c''$ 都为缩小的类似形,其投影也不反映平面与投影面的 α,β,γ 角。

由此可得一般位置平面的投影特征:3 个投影都是平面缩小的类似形;投影都不反映平面对投影面的真实倾角。

2）投影面垂直面

垂直于某一个投影面而与另两个投影面倾斜的平面,称为投影面垂直面。其中,垂直于 V 面的平面,称为正垂面;垂直于 H 面的平面,称为铅垂面;垂直于 W 面的平面,称为侧垂面。表 2.3 列出了 3 种投影面垂直面的立体图、投影图和投影特征。

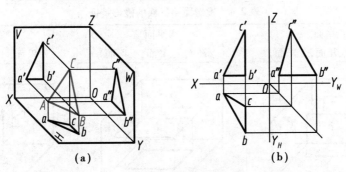

图 2.27　一般位置平面

表 2.3　投影面垂直面的投影特征

名称	正垂面 （⊥V 面,对 H 面,W 面倾斜）	铅垂面 （⊥H 面,对 V 面,W 面倾斜）	侧垂面 （⊥W 面,对 V 面,H 面倾斜）
立体图			
投影图			
投影特征	1. 正面投影积聚成直线,并反映真实倾角 α,γ 2. 水平投影、侧面投影仍为平面图形,面积缩小,具有类似性	1. 水平投影积聚成直线,并反映真实倾角 β,γ 2. 正面投影、侧面投影仍为平面图形,面积缩小,具有类似性	1. 侧面投影积聚成直线,并反映真实倾角 α,β 2. 正面投影、水平投影仍为平面图形,面积缩小,具有类似性

从表 2.3 中可总结出投影面垂直面的投影特性:

投影面垂直面在其所垂直的投影面上的投影积聚成一条斜直线;该直线与相应投影轴的夹角反映了平面对另两投影面的真实倾角。

投影面垂直面在所不垂直的另两投影面上的投影都是缩小的类似形。

3)投影面平行面

平行于某一个投影面,而与另两个投影面垂直的平面称为投影面平行面。其中,平行于 V 面的平面,称为正平面;平行于 H 面的平面,称为水平面;平行于 W 面的平面,称为侧平面。表 2.4 列出了 3 种投影面平行面的立体图、投影图和投影特征。

表 2.4　投影面平行面的投影特征

名称	正平面 ($/\!/V$ 面,$\perp H$ 面,$\perp W$ 面)	水平面 ($/\!/H$ 面,$\perp V$ 面,$\perp W$ 面)	侧平面 ($/\!/W$ 面,$\perp V$ 面,$\perp H$ 面)
立体图	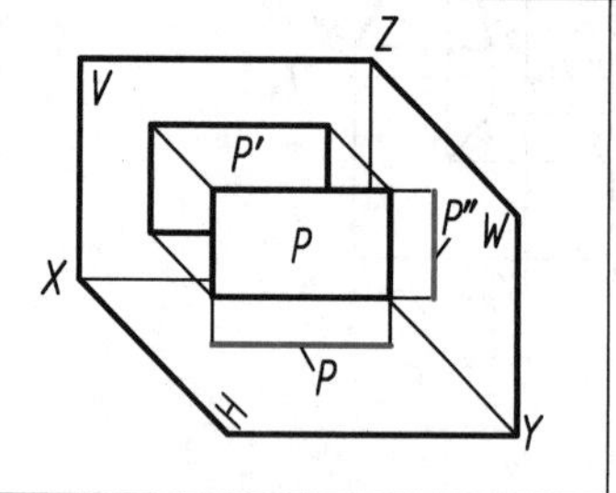	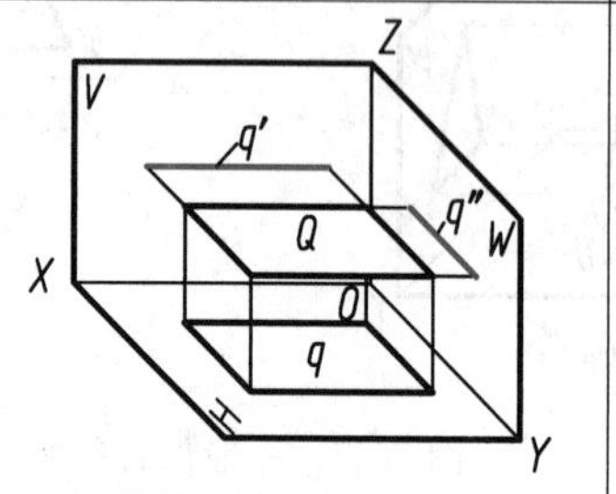	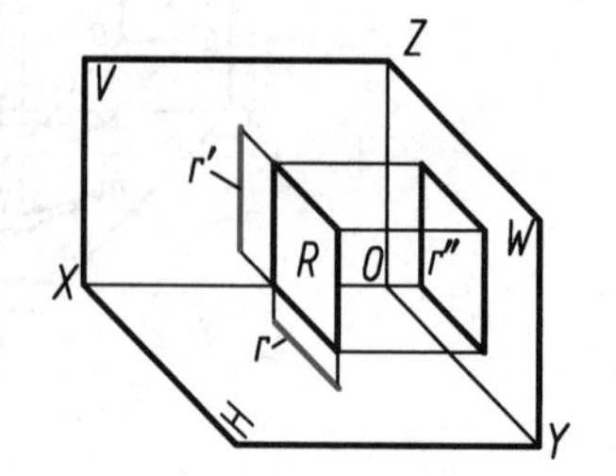
投影图	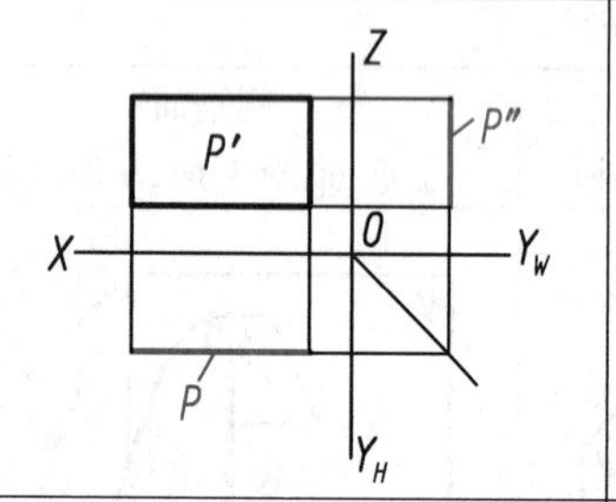	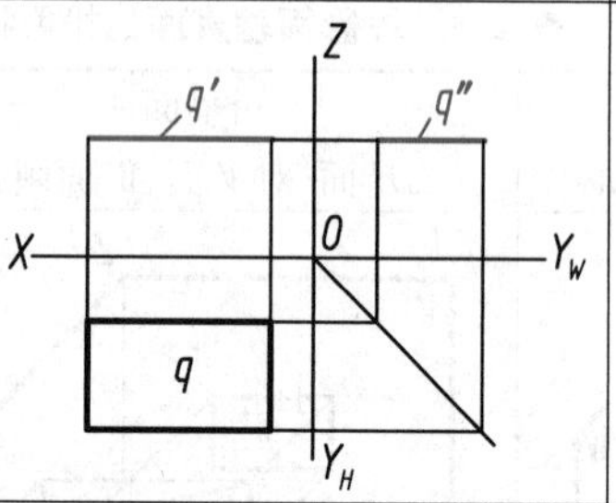	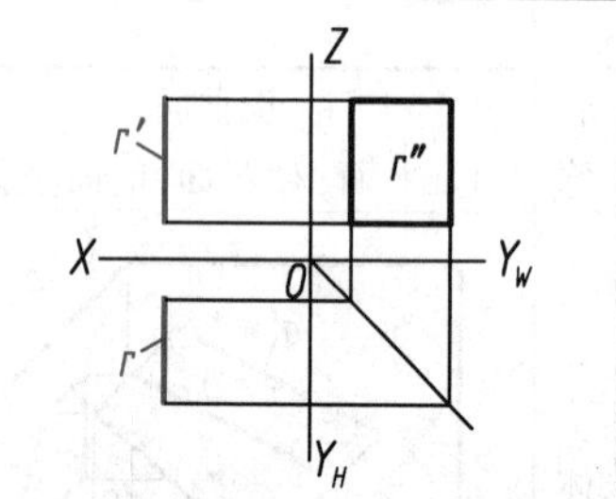
投影特征	1. 正面投影反映真实形状 2. 水平投影 $/\!/OX$,侧面投影 $/\!/OZ$,分别积聚成直线	1. 水平投影反映真实形状 2. 正面投影 $/\!/OX$,侧面投影 $/\!/OY_W$,分别积聚成直线	1. 侧面投影反映真实形状 2. 正面投影 $/\!/OZ$,水平投影 $/\!/OY_H$,分别积聚成直线

从表 2.4 中可总结出投影面平行面的投影特性:

投影面平行面在所平行的投影面上的投影反映真实形状。

投影面平行面在另两投影面上的投影,分别积聚成直线,并且平行于相应的投影轴。

(3)平面的迹线表示法

平面延伸后与投影面的交线,称为平面的迹线。迹线的符号用平面名称的大写字母附加投影面名称的注脚表示。如图 2.28(a)所示,平面 P 与 V 面、H 面、W 面的交线分别用 P_V(正面迹线)、P_H(水平迹线)、P_W(侧面迹线)表示。

用平面的 3 条迹线 P_V,P_H,P_W 的投影来表示平面的空间位置,平面的这种表示法称为平面的迹线表示法。由于迹线是平面与投影面的共有线,因此,每条迹线的一个投影与迹线本身重合,另两个投影必与相应的投影轴重合。如迹线 P_H,它既在 H 面上,又在平面 P 上,因而它的 H 面投影与自身重合,V 面投影与 OX 轴重合,W 面投影与 OY_W 轴重合。为了简化平面的迹线表示,一般不画迹线与投影轴重合的投影(见图 2.28(b))。

一般位置平面的 3 条迹线都与投影轴倾斜,每两条迹线分别相交于相应的投影轴上的同一点。因此,在用迹线表示该平面时,可用任意两条迹线来表示这个平面(见图 2.28 (b))。

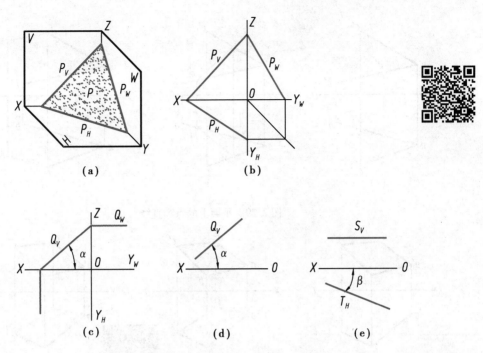

图 2.28 平面的迹线表示法

投影面垂直面在所垂直的投影面上的迹线有积聚性,另两投影面上的迹线分别垂直于相应的投影轴(见图 2.28(c))。因此,在用迹线表示投影面垂直面时,只用一条倾斜于投影轴的有积聚性的迹线表示该平面,不再画出其他两条垂直于相应投影轴的迹线,如图 2.28(d)、图 2.28(e)所示的正垂面 Q 和铅垂面 T。

投影面平行面在平行的投影面上无迹线,另两投影面上的迹线有积聚性,且平行于相应的投影轴。因此,在用迹线表示投影面平行面时,可只用一条平行于投影轴的有积聚性的迹线表示该平面,如图 2.28(e)所示的水平面 S。在解题中,常用有积聚性的迹线来表示特殊位置平面。

（4）平面上的点和直线

1）点和直线在平面内的几何条件

①点在平面内的任一直线上,则该点在此平面上。

②直线在平面上,则该直线必定通过平面上的两个点;或通过平面上的一个点,且平行于平面上的另一直线。

如图 2.29(a)所示,点 D 在平面 ABC 的直线 AB 上;直线 MN 通过平面 ABC 上的两个点 M,N(见图 2.29(b));直线 CE 通过平面 ABC 上的点 C,且平行于平面 ABC 上的直线 AB(见图 2.29(c))。因此,点 D 和直线 MN,CE 都位于相交两直线 AB,CD 所确定的平面 ABC 上。

例 2.9 如图 2.30(a)所示,已知四边形 $ABCD$ 的 V 面投影及 AB,BC 的 H 面投影,试完成四边形的 H 面投影。

分析:四边形 $ABCD$ 的 4 个顶点在同一平面上,而 A,B,C 3 点的两投影为已知,即该平面的位置已经确定,根据在平面上取点的方法即可求出 d。

作图步骤:

①连 $a'c',ac$,将 A,B,C 3 点连成三角形,点 D 在平面 ABC 上,可作直线 BD。

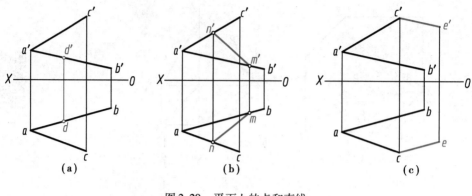

图 2.29 平面上的点和直线

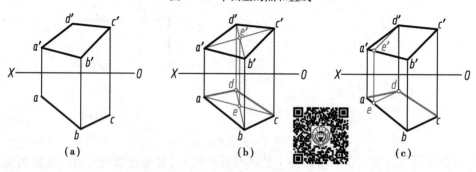

图 2.30 完成平面图形的投影

②连 $b'd'$,并与 $a'c'$ 交于 e',在 ac 上作出 e,连 be 并延长作出 d。

③连 ad,cd 即为所求(见图 2.30(b))。

此题也可利用两平行直线的投影特性来求解(见图 2.30(c)),请读者自行思考。

2)平面内的投影面平行线

既位于平面内又与某一投影面平行的直线,称为平面内的投影面平行线。其投影既有投影面平行线的投影特性,又与平面有从属关系。

例 2.10 如图 2.31(a)所示,在平面 $\triangle ABC$ 上取一点 K,使点 K 在 H 面之上 30 mm,在 V 面之前 20 mm。试作出点 K 的两面投影。

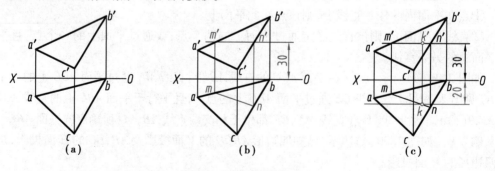

图 2.31 在平面上取点

分析:一般位置平面上存在一般位置直线和投影面平行线,不存在投影面垂直线。由投影面平行线的投影特性可知,平面内的水平线是平面内与 H 面等距离的点的轨迹。因此,可先在 $\triangle ABC$ 上取位于 H 面之上 30 mm 的水平线 MN,再在 MN 上取位于 V 面之前 20 mm 的

点 K。

作图步骤：

①先在 OX 之上 30 mm 处作 $m'n'(m'n'\,/\!/\,OX)$，再由 $m'n'$ 作 mn（见图 2.31(b)）。

②在 mn 上取位于 OX 之前 20 mm 的点 k，即为所求点 K 的水平投影。由 k' 在 $m'n'$ 上作出点 K 的正面投影 k'（见图 2.31(c)）。

3）平面内的最大斜度线

属于平面并垂直于该平面内的投影面平行线的直线，称为该平面内的最大斜度线。属于平面且垂直于平面内的水平线，称为平面对 H 面的最大斜度线；属于平面且垂直于平面内的正平线，称为平面对 V 面的最大斜度线；属于平面且垂直于平面内的侧平线，称为平面对 W 面的最大斜度线。

平面内对某投影面的最大斜度线的倾角就是该平面对该投影面的倾角。因此，平面内的最大斜度线可用来求一般位置平面对投影面的倾角，具体见例 2.11。

例 2.11　已知平面 $\triangle ABC$ 的两个投影，求平面 $\triangle ABC$ 对 V 面的倾角 β（见图 2.32(a)）。

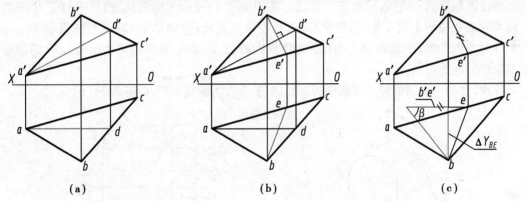

(a)　　　　　　　　(b)　　　　　　　　(c)

图 2.32　求一般位置平面的 β 角

分析： 平面 $\triangle ABC$ 对 V 面的倾角 β，即为该平面对 V 面最大斜度线的倾角 β。

作图步骤：

①在平面 $\triangle ABC$ 内取正平线 AD（见图 2.32(a)）。

②在平面 $\triangle ABC$ 内作一条垂直于正平线 AD 的直线 BE，该直线 BE 即为该平面对 V 面的最大斜度线（见图 2.32(b)）。

③在水平投影中，用直角三角形法求出 BE 的 β 即为所求（见图 2.32(c)）。

(5)圆的投影

1）与投影面平行的圆

当圆平行于某一投影面时，圆在该投影面上的投影仍为圆，反映真实形状；其余两投影均积聚成直线，长度等于直径，且平行于相应的投影轴。如图 2.33 所示为圆心是 O 的一个水平圆的立体图和投影图。

2）与投影面倾斜的圆

当圆倾斜于投影面时，其在投影面上的投影是椭圆。圆的每一对互相垂直的直径，投影成椭圆的一对共轭直径。在椭圆的各对共轭直径中，有一对互相垂直，成为椭圆的对称轴，也就是椭圆的长轴和短轴。根据投影特性可知，椭圆的长轴是平行于投影面的直径的投影，

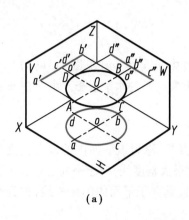

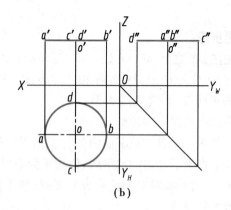

（a） （b）

图 2.33 水平圆的投影

短轴则是与其相垂直的直径的投影。

如图 2.34 所示为圆心为 O 的一个正垂圆的三面投影。由图 2.34（a）可知,正垂圆在 V 面上的投影积聚成一直线,长度等于直径。在 H 面上的投影为椭圆:长轴是平行于 H 面的直径 CD（在正垂圆上的正垂线）的投影 cd,长度等于直径;短轴是与 CD 垂直的直径 AB（在正垂圆上的正平线）的投影 ab。当作出投影椭圆的长、短轴后,可采用第 1 章表 1.10 的四心近似法作出近似椭圆。

同理,这个正垂圆的侧面投影椭圆的长轴是 $c''d''$,短轴是 $a''b''$,如图 2.34（b）所示。

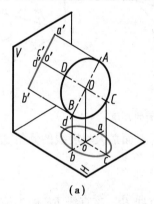

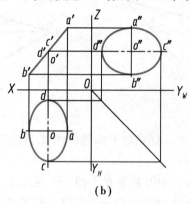

（a） （b）

图 2.34 正垂圆的投影

2.3 直线与平面、平面与平面的相对位置

直线与平面、平面与平面的相对位置有平行和相交两种情况。垂直是相交的特殊情况。

2.3.1 平行关系

（1）直线与平面平行
直线与平面平行的几何条件是:若直线平行于平面内的一直线,则该直线与平面平行。

例 2.12 已知平面 $\triangle ABC$ 和面外一点 M（见图 2.35（a））,试过点 M 作一正平线平行于平面 $\triangle ABC$。

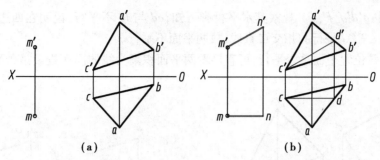

(a)   (b)

图 2.35   作正平线与已知平面平行

分析: 在平面 $\triangle ABC$ 内任取一条正平线,再过点 M 作此正平线的平行线即为所求。

作图步骤:

①在平面 $\triangle ABC$ 内取正平线 CD。

②过点 M 作 $MN /\!/ CD$(N 为任取),$m'n' /\!/ c'd'$,$mn /\!/ cd$,直线 MN 即为所求。

当直线与特殊位置平面平行时,则直线与特殊位置平面积聚为线的同面投影平行。如图 2.36 所示,直线 $MN /\!/$ 正垂面 $\triangle ABC$,则 $m'n' /\!/ a'b'c'$。同样,直线 EF 也平行于正垂面 $\triangle ABC$。

(2) 平面与平面平行

两个平面平行的几何条件是:若一平面内的两相交直线对应地平行于另一平面内的两相交直线,则这两平面相互平行。

例 2.13   试过点 D 作一平面平行于平面 $\triangle ABC$(见图 2.37)。

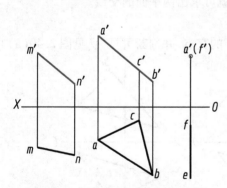

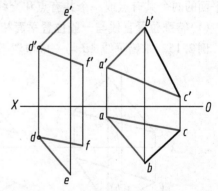

图 2.36   直线与特殊位置平面平行   图 2.37   作平面与已知平面平行

分析: 根据两平面平行的几何条件,只要过点 D 作两相交直线对应平行于平面 $\triangle ABC$ 内任意两相交直线即可。

作图步骤:

在图中,作 $d'e' /\!/ a'b'$,$d'f' /\!/ a'c'$,$de /\!/ ab$,$df /\!/ ac$,则 DE 和 DF 所确定的平面即为所求(见图 2.37)。

判断两一般位置平面是否平行,实际上就是看在一平面内能否作出两条相交直线与另一平面内的两条相交直线分别平行。若这样的直线存在,则两平面平行,否则不平行。

例 2.14   判断如图 2.38 所示的两一般位置平面是否平行。

分析及作图:

在四边形 $ABCD$ 平面的正面投影中,作 $a'h' /\!/ f'e'$。求出其水平投影可知,ah 与 fe 不平行;正面投影中 $a'd' /\!/ f'g'$。观察其水平投影可知,ad 与 fg 不平行,说明在四边形 $ABCD$ 平面内不存在与 $\triangle EFG$ 平行的相交二直线,故两平面不平行。

判断两特殊位置平面是否平行,可直接看两平面积聚为线的同面投影是否平行即可,如图 2.39 所示。

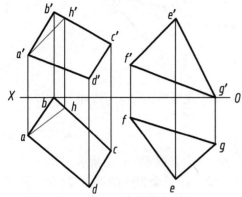 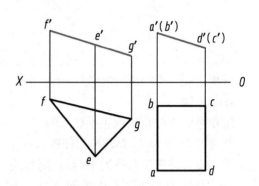

图 2.38　判断两一般位置平面是否平行　　　　图 2.39　两特殊位置平面平行

2.3.2　相交关系

直线与平面相交,交点是直线与平面的共有点,它既在直线上,又位于平面内。

平面与平面相交的交线是一条直线,它是两平面的共有线。求两平面的交线,只要求出两平面的两个共有点或一个共有点和交线的方向,就可求出两平面的交线。

(1)特殊位置直线与一般位置平面相交

例 2.15　求铅垂线 AB 与一般位置平面 $\triangle CDE$ 的交点,并判断可见性(见图 2.40(a))。

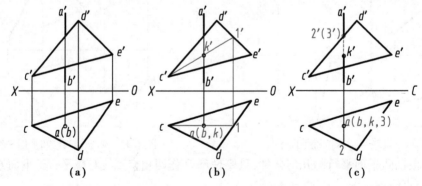

(a)　　　　　　　　(b)　　　　　　　　(c)

图 2.40　铅垂线与一般位置面相交

分析:铅垂线水平投影积聚为一个点,交点 K 是铅垂线上的点。因此,交点 K 的水平投影 k 重合在直线 AB 水平投影积聚的点上。交点 K 也是平面 $\triangle CDE$ 上的点,利用在平面 $\triangle CDE$ 内取点即可求得交点 K 的正面投影。

作图步骤:

①在平面 $\triangle CDE$ 内取直线 $C\mathrm{I}$,$c'1'$ 正面投影与 $a'b'$ 的交点即为交点 K 的正面投影 k'(见图 2.40(b))。

②判断可见性:从水平投影可知,CD 位于 AB 前方,CD 的正面投影 $c'd'$ 为可见,因此以

交点 K 为分界,正面投影中直线 AB 的 AK 段与平面 $\triangle CDE$ 重叠部分为不可见,画细虚线(见图 2.40(c))。

（2）一般位置直线与特殊位置平面相交

例 2.16　求一般位置直线 AB 与铅垂面 $\triangle CDE$ 的交点,并判断可见性(见图 2.41)。

分析与作图:

铅垂面水平投影具有积聚性,直线 AB 的水平投影 ab 与铅垂面 $\triangle CDE$ 水平投影积聚的直线 cde 的交点即为直线 AB 与铅垂面 $\triangle CDE$ 交点的水平投影 k。再根据点与直线的从属关系,即可求出交点 K 的正面投影 k'。分析二者的水平投影可知,直线 AB 的 BK 段位于铅垂面的前方,因此 BK 段的正面投影为可见,AK 段的正面投影与平面 $\triangle CDE$ 正面投影重叠部分为不可见,画细虚线(见图 2.41)。

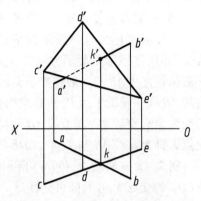

图 2.41　一般位置线与铅垂面相交

（3）一般位置平面与特殊位置平面相交

例 2.17　如图 2.42 所示,求平面 $\triangle ABC$ 与铅垂面 $DEFG$ 的交线,并判断二者投影的可见性。

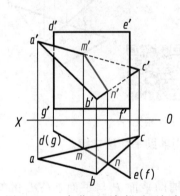

图 2.42　一般位置面与铅垂面相交

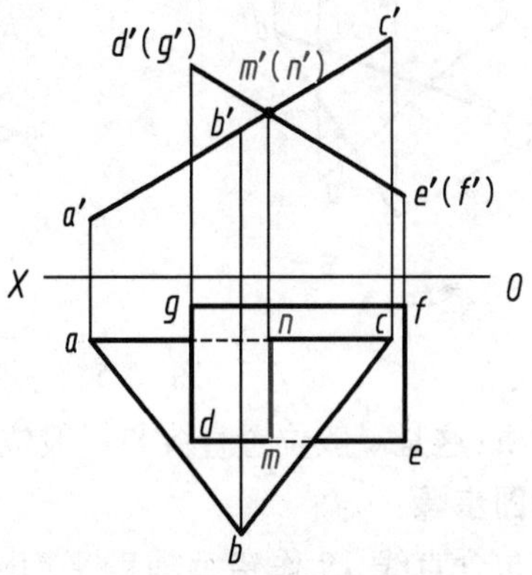

图 2.43　两正垂面相交

1）分析与作图

铅垂面 $DEFG$ 的水平投影积聚为一条直线。根据交线的共有性,铅垂面 $DEFG$ 与平面 $\triangle ABC$ 的水平投影的共有线段 mn,即为交线 MN 的水平投影。交线的两个端点分别在 $\triangle ABC$ 的 CA、CB 边上,对应求出其正面投影 m' 和 n',连线即得交线的正面投影。

2）判断可见性

因铅垂面的水平投影具有积聚性,故水平投影的可见性不需判断。正面投影的可见性可由水平投影直接判定,由于 $amnb$ 位于铅垂面的前方,因此正面投影 $a'm'n'b'$ 为可见。交线 MN 的另一侧平面 $\triangle ABC$ 与铅垂面正面投影重叠部分为不可见,铅垂面的 DG 边正面投影也有小段不可见,都画成细虚线。

（4）**两个特殊位置平面相交**

如图 2.43 所示为两正垂面相交。正垂面正面投影具有积聚性,交线是正垂线。两平面正面投影积聚的两条直线的交点,即交线 MN 的正面投影 $m'(n')$,水平投影为 mn。

由于正面投影积聚,因此正面投影可见性不需判断。水平投影的可见性可由正面投影直观判定,交线右侧 c′ 在上,则平面 △ABC 在交线右侧部分为可见,左侧部分为不可见。而平面 GDFE 情况相反,交线左侧部分可见,右侧部分不可见。不可见的线段画细虚线。

(5)一般位置直线与一般位置平面相交

一般位置直线与一般位置平面的投影都没有积聚性,需要用作辅助平面的方法求交点。如图 2.44 所示,一般位置直线 AB 与一般位置平面 △CDE 相交,首先包含直线 AB 作一辅助平面 P,然后求出辅助平面 P 与 △CDE 的交线 MN,交线 MN 与直线 AB 均位于平面 P 内,二者的交点 K 即为直线 AB 与平面 △CDE 的交点。

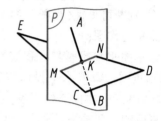

图 2.44 辅助平面法求交点的原理

例 2.18 如图 2.45(a)所示,求直线 AB 与平面 △CDE 的交点 K,并判断可见性。

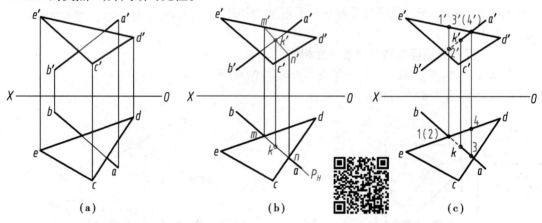

(a)   (b)   (c)

图 2.45 一般位置直线与一般位置平面相交

分析:这是一般位置直线与一般位置平面的相交,采用辅助平面法求解。

作图步骤:

①包含直线 AB 作铅垂辅助平面 $P(P_H)$,求出铅垂辅助平面 P 与平面 △CDE 的交线 MN,MN 与 AB 的交点即为直线 AB 与平面 △CDE 的交点 K(见图 2.45(b))。

②利用重影点判可见性。

判断正面投影的可见性:在正面投影中取直线 AB 与平面的 DE 边重影点 3′(4′),求出其水平投影 3,4 可知,此处直线 AB 在前。因此,AK 段正面投影为可见,BK 段与平面 △CDE 重叠部分为不可见,画细虚线(见图 2.45(c))。

判断水平投影的可见性:在水平投影中取直线 AB 与平面的 DE 边重影点 1(2),求出其正面投影 1′,2′ 可知,此处平面的 DE 边在上。因此,BK 段与平面 △CDE 重叠部分为不可见,AK 段水平投影为可见,不可见部分画成细虚线(见图 2.45(c))。

(6)两个一般位置平面相交

两个一般位置平面相交,可用求一般位置直线与一般位置平面交点的方法求两平面的交线。在其中的一个平面内取两条边线,经两次求交点作图,分别求出两个共有点,其连线即两平面的交线。

例 2.19　如图 2.46(a)所示,求两个一般位置平面 △ABC 和 △DEF 的交线,并判断可见性。

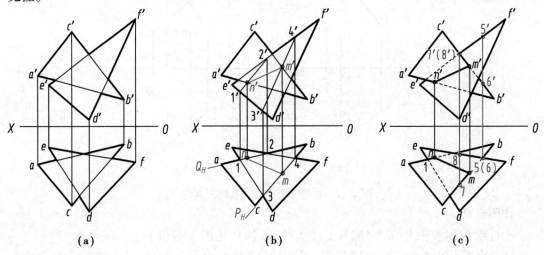

(a)　　　　　　　　(b)　　　　　　　　(c)

图 2.46　两一般位置平面相交

分析:在平面 △ABC 内取两条直线 BA,BC,求出 BA,BC 与平面 △DEF 的交点,连接这两个交点的同面投影,即可得两平面交线投影。

作图步骤:

①包含直线 BA 作铅垂辅助平面 Q(Q_H),求出 BA 与平面 △DEF 的交点 N(n,n′)(见图 2.46(b))。

②包含直线 BC 作铅垂辅助平面 P(P_H),求出 BC 与平面 △DEF 的交点 M(m,m′)(见图 2.46(b))。

③连接 MN 的同面投影,即得交线 MN 的两面投影(见图 2.46(b))。

④判断可见性:

判断水平投影的可见性:在水平投影中取重影点 5(6),求出其正面投影 5′,6′。由此可知,△DEF 的 EF 边在 △ABC 的 BC 边上方。因此,△DEF 水平投影在交线 mn 的右后侧为可见,左前侧为不可见,在两平面重叠区域内,不可见的边线画成细虚线。△ABC 的可见性与之相反(见图 2.46(c))。

同理,在正面投影中取重影点 7′(8′),可判断两平面正面投影的可见性(见图 2.46(c))。

2.3.3　垂直关系

(1)直线与平面垂直

直线与平面垂直的几何条件是:如果一条直线垂直于平面内的任意两条相交直线,则直线垂直于该平面;反之,如果一条直线垂直于一个平面,则它必垂直于平面上的所有直线,其中包括平面上的投影面平行线。

例 2.20　如图 2.47(a)所示,过点 K 作平面垂直于直线 AB。

分析:过点 K 分别作垂直于直线 AB 的正平线和水平线,这两条相交的直线即过点 K 垂直于已知直线 AB 的平面。

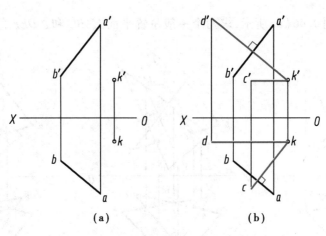

(a)　　　　　　　　(b)

图 2.47　过已知点作已知直线的垂面

作图步骤:

①过点 K 作水平线 $KC \perp AB(kc \perp ab, k'c' /\!/ X$ 轴$)$(见图 2.47(b))。

②过点 K 作正平线 $KD \perp AB(k'd' \perp a'b', kd /\!/ X$ 轴$)$(见图 2.47(b))。

注意:上述所作的垂面,并没求出该垂面与直线 AB 的交点。如需求出交点,可利用求一般位置直线与一般位置平面的交点的方法求解。

当直线与特殊位置平面(投影面平行面或投影面垂直面)相垂直时,直线一定平行于该平面所垂直的投影面(见图 2.48,铅垂面的垂线即水平线),同时在该平面所垂直的投影面上反映直角(见图 2.48)。如图 2.49 所示,水平面的垂线即铅垂线,正面投影反映直角。

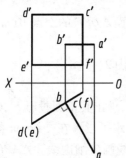

图 2.48　直线垂直于铅垂面

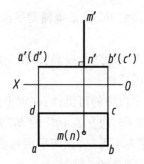

图 2.49　直线垂直于水平面

(2)平面与平面垂直

如果一条直线垂直于一平面,则包含此直线所作的一切平面都垂直于该平面;反之,如果两平面互相垂直,则由第一个平面上的任意点向第二个平面作垂线,该垂线一定位于第一个平面内。

在图 2.50 中,KL 直线垂直于平面 P,则包含直线 KL 的平面 Q 和 R 都垂直于平面 P,如果由平面 Q 上的一点 A 向平面 P 作垂线 AB,则垂线 AB 一定位于平面 Q 内。

例 2.21　如图 2.51(a)所示,包含直线 DE 作一平面,使它垂直于平面 $\triangle ABC$。

分析:过直线 DE 上任一点 E 作一直线 EF,使 EF 垂直于平面 $\triangle ABC$,则相交两直线 DE 和 EF 所确定的平面即为所求。

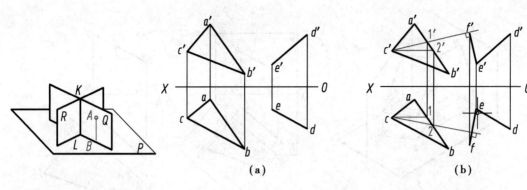

图 2.50　两平面垂直　　　　　图 2.51　包含直线作已知平面的垂面

作图步骤:

①在平面 $\triangle ABC$ 内取水平线 $C\,\mathrm{II}$,求出其两面投影 $c'2'$ 和 $c2$;取正平线 $C\,\mathrm{I}$,求出其两面投影 $c1$ 和 $c'1'$(见图 2.51(b))。

②过直线 DE 的端点 E 作平面 $\triangle ABC$ 的垂线 EF($ef\perp c2$,$e'f'\perp c'1'$),则 EF 和 DE 所确定的平面即为所求。

当两个相互垂直的平面,同时垂直于某个投影面时,两平面有积聚性的同面投影相互垂直。如图 2.52所示为两垂直的铅垂面。

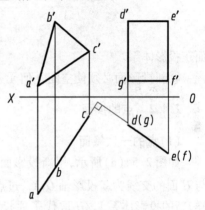

图 2.52　两垂直的铅垂面

2.4　换面法

由前面的学习可知,当直线或平面与投影面处于特殊位置(平行或垂直)时,其投影能反映直线或平面的某种特性(如实长、实形、倾角等),可方便解决某些度量问题和定位问题(如求距离、交点、交线等)。换面法就是解决如何通过更换投影面改变空间几何元素对投影面的相对位置实现简化解题的一种方法。

2.4.1　换面法的概念

空间几何元素的位置保持不动,用新的投影面(辅助投影面)代替原来的某一投影面,使空间几何元素对新投影面处于有利于解题的某种特殊位置,这种方法称为变换投影面法,简称换面法。

如图 2.53(a)所示,求一般位置直线 AB 的实长及对 H 面的倾角,取平行于直线 AB 且垂直于 H 面的 V_1 平面作为新投影面代替 V 面,则 V_1 面和 H 面构成一个新的投影体系 V_1/H,直线 AB 在这个新投影体系中为正平线,其在 V_1 面的投影 $a_1'b_1'$ 反映直线 AB 的实长和对 H 面的倾角。

在进行投影变换时,新投影面不是任意选择的,新投影面的选择必须符合以下两个基本条件:

①新投影面必须垂直于原投影体系中的一个原有的投影面,与其一起构成一个新的两

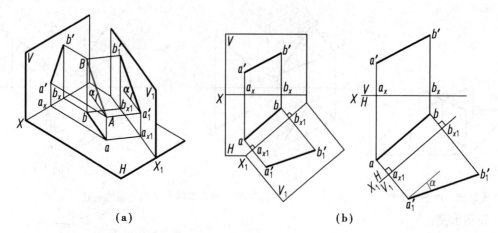

（a）　　　　　　　　　　　　（b）

图 2.53　换面法的原理

面正投影体系。

②新投影面必须使空间几何元素处于最利于解题的位置。

2.4.2　点的换面

（1）点的一次换面

如图 2.54(a)所示，用新投影面 V_1 更换 V 面，使 $V_1 \perp H$ 组成新的投影体系 V_1/H，V_1 面与 H 面的交线为新投影轴 O_1X_1，过点 A 向 V_1 面作投射线，得点 A 在 V_1 面的正投影 a_1'。这样，新的投影体系 V_1/H 取代了原投影体系 V/H，H 面为保留投影面。由图 2.54(a)可知，$a_1'a_{x1} = Aa = a'a_x$，将 V_1 面绕新轴 O_1X_1 旋转 90° 与 H 面重合（见图 2.54(b)），此时 $aa_1' \perp O_1X_1$。

根据上述分析，得出点的投影变换规律如下：

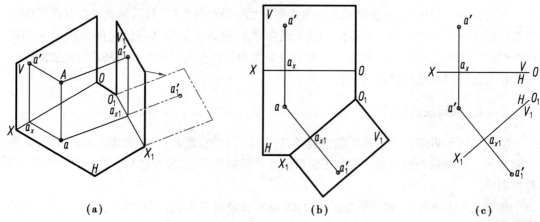

（a）　　　　　　　　　　（b）　　　　　　　（c）

图 2.54　点的一次换面(更换 V 面)

①点的新投影和其保留投影的连线垂直于新投影轴（$aa_1' \perp O_1X_1$）。

②点的新投影到新投影轴的距离等于被更换的投影到原投影轴的距离（$a_1'a_{x1} = a'a_x$）。

根据点的投影变换规律，点在换 V 面时的作图步骤如下（见图 2.54(c)）：

①作新投影轴 O_1X_1。

②过 a 作新投影轴 O_1X_1 的垂线,垂足为 a_{x1}。

③延长该垂线并截取 $a'_1a_{x1}=a'a_x$,即得点 A 在 V_1 面上的新投影 a'_1。

同理,也可保留投影面 V 而更换 H 面,如图 2.55(a)所示。设立一个垂直于 V 面的新投影面 H_1 面来代替原 H 面,组成新的投影体系 V/H_1,变换过程中 V 面保持不动,所以点 A 到 V 面的距离不变,即 $a_1a_{x1}=aa_x=Aa'$,且 $a_1a'\perp O_1X_1$(见图 2.55(b))。

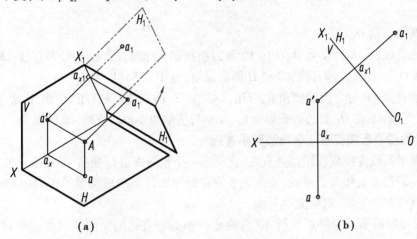

(a)　　　　(b)

图 2.55　点的一次换面(更换 H 面)

(2)点的二次换面

换面法在解决实际问题时,有时经一次换面还不能完全解决问题,还必须经过两次或多次换面。两次换面是在一次换面的基础上进行的,作图原理和方法与一次换面完全相同。如图 2.56(a)所示为点的两次换面直观图。第一次用 V_1 更换 V 面,组成 V_1/H 新投影体系,新投影轴为 O_1X_1,求得新投影 a'_1;第二次用 H_2 更换 H 面,组成 V_1/H_2 新投影体系,新投影轴为 O_2X_2,求得新投影 a_2。投影面展开后投影如图 2.56(b)所示。这时,$a'_1a_2\perp O_2X_2$ 新轴,$a_2a_{x2}=aa_{x1}$。

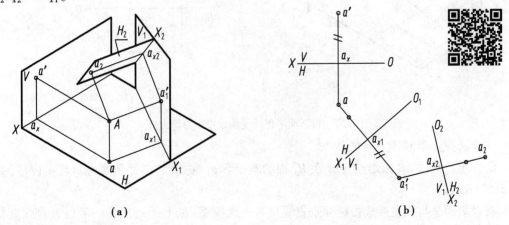

(a)　　　　(b)

图 2.56　点的两次换面

两次换面时,也可先换 H 面,再换 V 面。但必须注意,在多次换面时,新投影面的选择除符合前述的两个条件外,还必须是在一个投影变换完后,在新的两面投影体系中交替更换另一个。

2.4.3 换面法的基本作图

（1）一般位置直线变换成新投影面平行线

如图 2.53（a）所示，为了求出直线 AB 的实长和对 H 面的倾角，用一个既垂直于 H 面又平行于直线 AB 的 V_1 面更换 V 面，通过一次换面即可达到目的。具体作图如下（见图 2.53（b））：

①作新投影轴 $O_1X_1 // ab$。

②作出直线段 AB 两端点 A，B 在 V_1 面的新投影 a_1' 和 b_1'，连线 $a_1'b_1'$ 即直线 AB 的实长，$a_1'b_1'$ 与新轴 O_1X_1 的夹角即直线 AB 对 H 面的倾角（见图 2.53（b））。

如需求直线 AB 对 V 面的倾角 β，可用 $//AB$ 的 H_1 面来替换原有的 H 面，构成 V/H_1 投影体系，求出直线 AB 在 H_1 面的新投影 a_1b_1，a_1b_1 与新轴的夹角即直线 AB 的 β 角。

（2）投影面平行线变换成新投影面垂直线

投影面平行线变换成投影面垂直线，选择哪一个投影面进行变换，要根据已知直线的位置来确定。若已知直线是正平线，要使正平线在新投影体系中成为垂直线，则应变换 H 面；若已知的直线是水平线，则应变换 V 面。

如图 2.57（a）所示为将正平线 AB 变换成投影面垂直线的空间情况。这里只有变换 H 面为 H_1 面，才能做到新投影面 H_1 既垂直于 AB 又垂直于 V 面。具体作图如下（见图 2.57（b））：

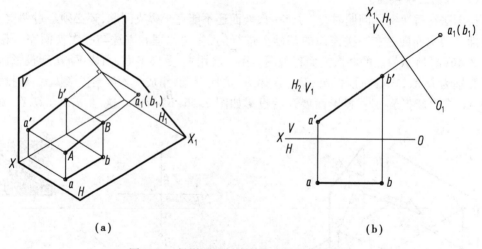

（a）　　　　　　　　　　　　　（b）

图 2.57　投影面平行线变换成投影面垂直线

①作新投影轴 $O_1X_1 \perp a'b'$。

②作出直线段 AB 两端点 A，B 在 H_1 面的新投影 a_1 和 b_1，它必然积聚为一点 $a_1(b_1)$（见图 2.57（b））。

将投影面平行线变换成投影面垂直线只需一次换面（见上例），而将一般位置直线变换成投影面垂直线则需要两次换面，需先将一般位置直线变换成投影面平行线，再将该投影面平行线变换成投影面垂直线。

（3）一般位置平面变换成新投影面垂直面

如图 2.58（a）所示，$\triangle ABC$ 为一般位置平面，要将它变换成新投影面垂直面，则新投影

面必须垂直于平面△ABC。根据两平面相互垂直的关系可知,新投影面应垂直于平面△ABC
内的一条直线。要将一般位置直线变换成投影面垂直线需要两次换面,而将投影面平行线
变换成投影面垂直线只需一次换面。因此,首先在平面△ABC 内任取一条投影面平行线,如
水平线 AD,然后作 V_1 面垂直于这条水平线,则 V_1 面就垂直于 H 面,同时也垂直于平面
△ABC。具体作图如下(见图 2.58(b)):

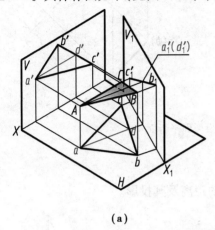
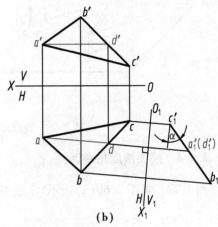

$$(a) \qquad\qquad (b)$$

图 2.58　一般位置平面变换成投影面垂直面

①在△ABC 内作水平线 AD,其投影为 $ad,a'd'$。

②确定新投影轴 O_1X_1 的位置,作 $O_1X_1 \perp ad$。

③作出 A,B,C 各点在 V_1 面上的新投影 a_1',b_1',c_1',连接 $a_1'b_1'c_1'$ 即得平面△ABC 具有积聚
性的新投影,该新投影 $a_1'b_1'c_1'$ 与新轴 O_1X_1 的夹角即为平面△ABC 与 H 面的倾角 α(见图
2.58(b))。

同理,如果要求平面△ABC 对 V 面的倾角 β,可在△ABC 内先取一条正平线,再作 H_1 面
垂直于该正平线,则平面△ABC 在 H_1 面上的投影积聚为一条直线,该直线与新轴 O_1X_1 的夹
角即该平面的 β 角。

(4)投影面垂直面变换成新投影面平行面

投影面垂直面变换成新投影面平行面,要由已知平面的位置确定。若已知平面为正垂
面,要使正垂面在新投影体系中成为投影面平行面,只能变换 H 面;而要使铅垂面在新投影
体系中成为投影面平行面,只能变换 V 面。

图 2.59(a)中,△ABC 为铅垂面,取新投影面 $V_1 /\!/ △ABC$,则 V_1 面必垂直于 H 面。具体
作图如下(见图 2.59(b)):

①作新投影轴 $O_1X_1 /\!/ abc$。

②求出点 A,B,C 的新投影 a_1',b_1',c_1',连线得△$a_1'b_1'c_1'$,△$a_1'b_1'c_1'$ 即平面△ABC 的实形。

投影面垂直面变换成投影面平行面只需一次换面,一般位置平面变换成投影面平行面
则需两次换面:首先将一般位置平面变换成投影面垂直面,然后将投影面垂直面变换成投
影面平行面。

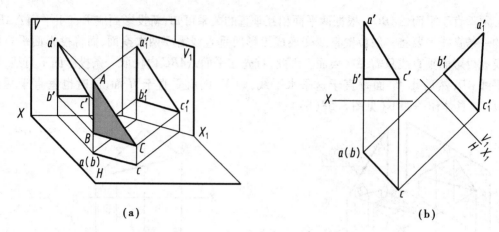

(a)　　　　　　　　　　　　　　　(b)

图 2.59　投影面垂直面变换成投影面平行面

2.4.4　换面法应用举例

例 2.22　如图 2.60(a)所示,求点 C 到直线 AB 的距离及其投影。

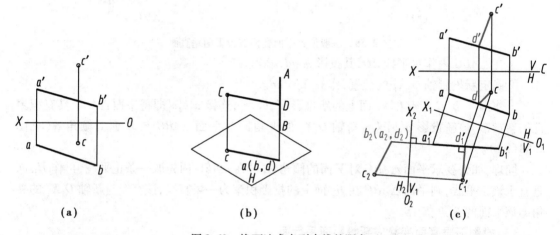

(a)　　　　　　　(b)　　　　　　　(c)

图 2.60　换面法求点到直线的距离

分析:若所给直线 AB 是一条垂直于某个投影面的直线(如铅垂线),则从点 C 向 AB 作垂线 CD,该垂线 CD 一定是该投影面的平行线(水平线)(见图 2.60(b)),同时 CD 在该投影面上的投影反映点 C 到直线 AB 的实际距离。由于直线 AB 是一般位置直线,因此,需两次换面才能将其变换为投影面垂直线。

作图步骤:

①作 $O_1X_1 /\!/ ab$,求出直线 AB 及点 C 在 V_1 面的新投影 a'_1,b'_1 和 c'_1(见图 2.60(c))。

②作 $O_2X_2 \perp a'_1b'_1$,求出直线 AB 及点 C 在 H_2 面的新投影 a_2,b_2 和 $c_2,b_2(a_2)$ 积聚为一点。c_2 和 $b_2(a_2)$ 的连线即距离 CD 的实长,垂足 d_2 必与 $b_2(a_2)$ 重合(见图 2.60(c))。

③求距离 CD 的投影。在 V_1/H_2 体系中,从点 C 作直线 AB 的垂线 CD,即有 $c'_1d'_1 /\!/ O_2X_2$ 得到 d'_1,由 d'_1 返回原投影,得 d 和 d',连接 cd,c'd' 即得点 C 到直线 AB 距离的投影(见图 2.60(c))。

视野拓展

蒙日与画法几何学

1746 年,法国数学家蒙日生于博恩的一个平民家庭。他青少年时代就勤于动手,勇于探索,早已显露出非凡的几何才华和创造精神。14 岁时,他曾为博恩镇制造了一架消防用的灭火机。16 岁时,完全靠自己的智慧制作各种测量工具,为博恩镇绘制了一幅精彩的大比例地图。1762 年,他被推荐到梅济耶尔皇家军事工程学院学习,被分到测量和制图专业学习,7 年之后成为该学院的教师,讲授画法几何长达 15 年。1795 年巴黎高等师范学校成立,蒙日应邀讲授画法几何学,讲授过程中他不断地融入自己科研的实例和理论成果,创立了画法几何学,推动了空间解析几何学的独立发展,奠定了空间微分几何学的宽厚基础,创立了偏微分方程的特征理论,引导了纯粹几何学在 19 世纪的复兴。此外,他在物理学、化学、冶金学、机械学方面也取得了卓越的成就。

在蒙日诞生之前,欧洲已开始研究用二维的平面图形来表示通常三维空间中的立体和其他图形。16 世纪,德国迪勒采用多个二维投影表示人体特征;17 世纪末,意大利人波茨措所著《透视图与建筑》中介绍了先画物体的二正投影图,并根据正投影图画透视图的方法。蒙日的最大贡献在于用"投影"(或"射影")的观点对这些方法进行了几何的分析,从中找出规律,形成体系,使经验上升为理论;同时,使作图方法也形成了体系,形成他的著作《画法几何学》(见图 2.61)。

在蒙日看来,画法几何学是每一个设计人员和技术工人必须具备的一种通用语言。按照这种语言,设计人员可把自己头脑中设想的机器部件用一张图纸上的两幅平面图形表示出来;图纸到了工厂,熟练的技术工人根据这两幅平面图形立即想象出该部件的实际形状应该是什么样子,并把它制造出来。蒙日创作的《画法几何学》为 19 世纪大规模的工业生产奠定理论基础。

图 2.61　法国数学家蒙日与《画法几何》

第3章 基本体及其体表面交线的投影

任何立体都是由表面(平面或曲面)所构成的。单一的几何立体,称为基本体。常见的基本体分为平面体和曲面体两类。表面均为平面的立体,称为平面体。常见的平面体有棱柱、棱锥、棱台等;表面为曲面或既有曲面又有平面的立体,称为曲面体。常见的曲面体有回转体,如圆柱、圆锥、球及圆环等。本章主要讨论基本体的投影以及平面与基本体相交、基本体与基本体相交产生交线的投影作图方法。从本章开始省去表示不可见点投影的括号。

3.1 平面体的投影

立体的投影图是立体各表面同面投影的总和。平面体的表面由若干个多边形平面所围成。因此,绘制平面体的投影就是绘制它所有多边形表面的投影,即绘制这些多边形的边和顶点的投影。运用前面所学的点、直线和平面投影特征,就可完成平面体的投影作图。注意,多边形的边即平面体的轮廓线。作图时,应判别轮廓线的可见性。当轮廓线的投影为可见时,画粗实线;不可见时,画细虚线;当粗实线与细虚线重合时,应画粗实线。

3.1.1 棱柱

棱柱由两个底面和若干个侧棱面组成,底面为多边形,侧棱线互相平行(侧棱面与侧棱面的交线,称为侧棱线)。常见的棱柱有三棱柱、四棱柱、六棱柱等。下面以如图 3.1(a)所示的正六棱柱为例,来分析棱柱的投影特征和作图方法。

（1）投影分析

在对立体进行投影分析时,为方便画图和看图,要将立体自然稳定放置,并让立体更多的表面和棱线平行或垂直于投影面。如图 3.1(a)所示正六棱柱的摆放,这样正六棱柱的顶面和底面为水平面,它们的水平投影反映实形,为重合的正六边形;正面及侧面投影都积聚成一直线。6 个侧棱面中的前后棱面为正平面,其正面投影重合且反映实形,水平及侧面投影都积聚成一直线;其他 4 个侧棱面为铅垂面,其水平投影积聚为直线,正面及侧面投影为类似性(矩形)。6 个侧棱面的水平投影积聚为正六边形的 6 条边。

六棱柱的顶面、底面各有 6 条底棱线,其中两条为侧垂线(如 DE),4 条为水平线(如 AD,BC);而 6 条侧棱线均为铅垂线(如 AB,CD),其水平投影积聚成一点。

（2）作图步骤

①画对称中心线(即画对称面的投影)。用细点画线画出立体对称面有积聚性的投影。正六棱柱前后对称面为正平面,用细点画线画出该平面有积聚性的 H 面、W 面投影。同理,用细点画线画出正六棱柱左右对称面的 V 面、H 面投影(见图 3.1(b))。

②画顶、底面的投影。先画反映实形的水平投影,再画有积聚性的正面、侧面投影(见图3.1(b))。

③画6个侧棱面的投影。6个侧棱面的投影如图3.1(c)所示。

④检查、加深图线。按线型线宽的要求对图线进行加粗、描深。注意:细点画线应超出图形轮廓线2~3 mm(见图3.1(d))。

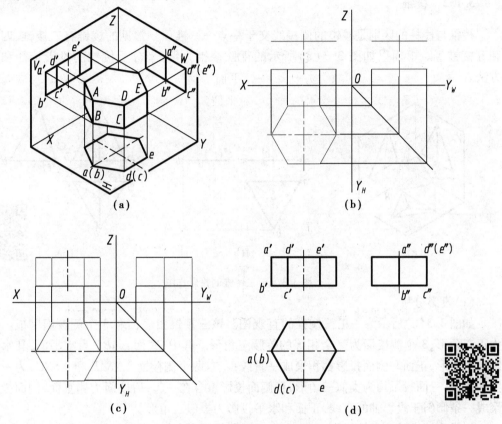

图3.1 正六棱柱的投影作图

棱柱的投影特征:一面投影为多边形,其边是各棱面的积聚性投影;另两面投影均为一个或多个矩形线框拼成的矩形线框。

如图3.2所示为常见棱柱的三面投影示例。图3.2(a)为正三棱柱;图3.2(b)为五棱柱;图3.2(c)为四棱柱;图3.2(d)为缺角带槽的四棱柱。

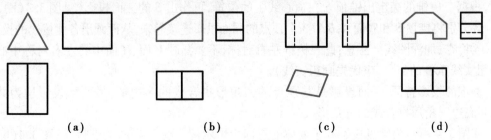

图3.2 棱柱的投影示例

作棱柱投影图时,一般先画出反映棱柱底面实形的多边形,再根据投影规律作出其余两个投影。在作图时,要严格遵守"V面、H面投影长对正;V面、W面投影高平齐;H面、W面投影宽相等"的投影规律。注意:H面、W面的投影关系,可直接量取平行于宽度方向且前后对应的相等距离作图;也可添加45°辅助线作图。

3.1.2 棱锥

棱锥与棱柱的区别是棱锥的侧棱线交于一点——锥顶。常见的棱锥有三棱锥、四棱锥和五棱锥等。下面以如图3.3(a)所示的正三棱锥为例,来分析棱锥的投影特征和作图方法。

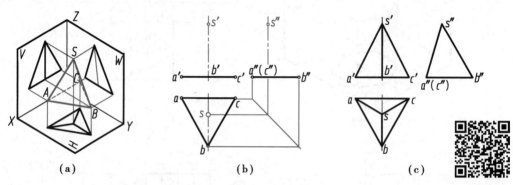

图3.3 正三棱锥的投影作图

(1)投影分析

如图3.3(a)所示为一正三棱锥的直观图。该三棱锥由底面和3个侧棱面围成。底面为正三角形,3个侧棱面为完全相等的等腰三角形。其中,底面△ABC为水平面,其水平投影反映实形,正面和侧面投影都积聚成一直线;左右两个侧棱面(△SAB和△SBC)为一般位置平面,其三面投影均为类似三角形,且侧面投影重合在一起;后棱面为侧垂面,侧面投影积聚成一条倾斜于投影轴的直线、正面和水平投影为类似三角形。

组成三棱锥的6条棱线中,SA,SC为一般位置直线,SB是侧平线,AB和BC为水平线,AC为侧垂线。

(2)作图步骤

①画出反映底面△ABC实形的水平投影,再画有积聚性的另两面投影(见图3.3(b))。

②确定锥顶S的三面投影。锥顶位于顶心线上(过锥顶与底面垂直的直线,称为顶心线),根据三棱锥的高定出锥顶S在顶心线上的位置,再作出S的三面投影(见图3.3(b))。

③分别将锥顶S和底面A,B,C 3个顶点的同面投影连接起来,从而画出各侧棱线的投影。

④检查、加深图线。注意:此三棱锥左右对称,不要漏画V面、H面中的左右对称中心线(与粗实线重叠的部分,应优先画粗实线)。

棱锥的投影特征:一面投影是共顶点的三角形拼合成的多边形;另两面投影均为共顶点、共底边三角形拼合成的三角形。

如图3.4所示为常见棱锥和平面体的三面投影示例。图3.4(a)为三棱锥;图3.4(b)为四棱锥;图3.4(c)为正五棱锥;图3.4(d)为正六棱锥;图3.4(e)为四棱台;图3.4(f)为楔形块;图3.4(g)为缺角的丁字形柱。

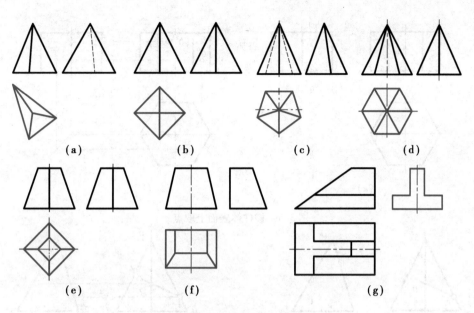

图 3.4 常见棱锥和平面体的投影示例

3.1.3 平面体表面上取点和取线

平面体的表面都是平面。因此,在平面体表面上取点和取线的作图,与平面上取点、取线的作图方法相同。但是,由于立体表面的投影存在相互遮挡,因此在平面体表面取点、取线,需要判断点、线投影的可见性。若点、线所在的面的投影可见(或有积聚性),则点、线在该面上的投影也可见。

例 3.1 如图 3.5(a)所示,已知六棱柱体表面上 A,B 两点的正面投影,求其另两个投影,并判别可见性。

分析:由图3.5(a)可知,点 A 的正面投影可见,因此点 A 在六棱柱的左前棱面上;点 B 的正面投影不可见,因此点 B 在六棱柱的后棱面上。两棱面的水平投影均积聚成直线(六边形的边),并且后棱面的侧面投影也积聚成直线。

作图步骤:

①由 $a'、b'$ 向 H 面作投影连线,分别在左前棱面和后棱面的水平积聚性投影上求得 a,b(见图 3.5(b))。

②由 $a'、b'$ 向 W 面作投影连线,在后棱面的侧面积聚性投影上求得 b'';按"宽相等且前后对应"的投影关系求得出 a''(见图 3.5(b))。

③判别可见性:根据点 A、点 B 所在棱面的投影特征可知,点 A、点 B 的 H 投影和 W 投影均为可见,即 a 和 a'',b 和 b'' 可见。

例 3.2 如图 3.6(a)所示,完成三棱锥表面线段 MN 的水平和侧面投影。

分析:由图 3.6(a)可知,线段 MN 是一段两折线,其转折点 K 在棱线 SB 上(见图 3.6(b));点 M 在棱线 SA 上;直线段 MK 位于三棱锥的左棱面 $\triangle SAB$ 上,KN 位于三棱锥的右棱面 $\triangle SBC$ 上。要完成折线 MN 的水平和侧面投影,关键是求 M,K,N 3 点的水平和侧面投影。

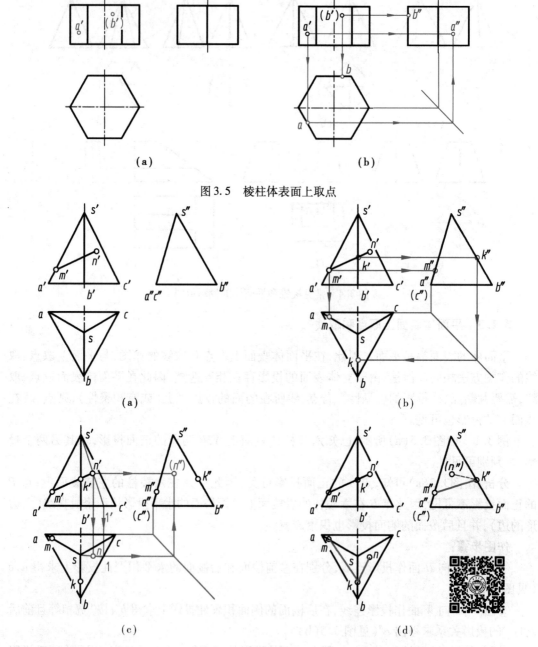

图 3.5 棱柱体表面上取点

图 3.6 棱锥体表面上取线

作图步骤:

①点 M,K 分别位于棱线 SA,SB 上,由此求得 m,m'' 和 k'',k(见图 3.6(b))。

②点 N 在侧棱面 $\triangle SBC$ 上,该面三面投影都没有积聚性。因此,必须通过作辅助线求点 N 的另两个投影。由锥顶 S 过点 N 作辅助线 $S \text{I}$,点 N 在 $S \text{I}$ 上,则点 N 的投影必在 $S \text{I}$ 的同面投影上。连接 s',n' 延长交 $b'c'$ 于 $1'$,由 $s'1'$ 作出 $s1$,在 $s1$ 上得到 n,再由 n 和 n' 求出 n''(见图 3.6(c))。另外,过点 N 作 BC 的平行线为辅助线,再根据两直线平行的投影特性来

求解,具体作图步骤请读者自行思考。

③判别可见性并顺次连线。判别 M,K,N 3 点各个投影的可见性,分别将其同面投影顺次相连,完成所求。由于棱面 $\triangle SAB$ 的 H 面和 W 面投影可见,棱面 $\triangle SBC$ 的 H 面投影可见,因此 $mk,m''k'',kn$ 可见,应画粗实线;棱面 $\triangle SBC$ 的 W 面投影不可见,因此 $k''n''$ 不可见,应画细虚线(见图 3.6(d))。

3.2 回转体的投影

回转体是由回转面或回转面与平面所构成的立体。如图 3.7 所示,回转面一般是由一条运动的线(直线或曲线)绕某一定直线旋转一周而形成的。定直线称为回转轴(如 OO),简称轴线;运动的线称为母线(如 AB),母线的任一位置称为素线(如 AC,AD);母线上的点绕轴线旋转时,其轨迹是一个垂直于轴线且圆心位于轴线上的圆,该圆称为纬圆。

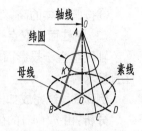

图 3.7 回转面的形成

在画回转体投影时,除了画出轮廓线和尖点(锥顶)的投影,还要画出回转面在该投影面上的转向轮廓线。如图 3.8(c)所示的圆柱正面投影 $a'a_1',b'b_1'$,是圆柱面正面投影可见的前半柱面与不可见的后半柱面的分界线(圆柱面上的最左、最右素线的正面投影),即是圆柱面正面投影的转向轮廓线。同理,$c''c_1'',d''d_1''$ 是圆柱面侧面投影可见的左半柱面与不可见的右半柱面的分界线(圆柱面上的最前、最后素线的侧面投影),即圆柱面侧面投影的转向轮廓线。

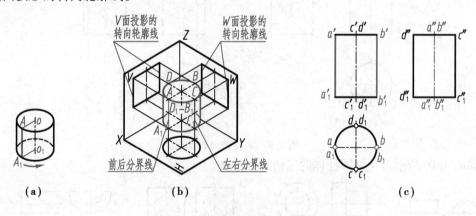

图 3.8 圆柱体的形成及三面投影

3.2.1 圆柱体

圆柱体表面由圆柱面、顶面和底面组成。圆柱面由直线 AA_1 绕与它相平行的轴线 OO_1 旋转而成(见图 3.8(a))。

(1)投影分析

如图 3.8(b)所示,当轴线为铅垂线时,圆柱面上所有素线都是铅垂线,圆柱面的水平投影积聚成一个圆;圆柱的顶面和底面是水平面,它们的水平投影重合,反映实形圆。

圆柱的正面投影为矩形。矩形的上下边是圆柱顶面、底面在正面的积聚投影;左右两侧边($a'a_1'$,$b'b_1'$)是圆柱面正面转向轮廓线AA_1,BB_1的投影,其侧面投影与轴线重合(注意:图中不画出,见图3.8(c))。

同理,圆柱的侧面投影也为矩形。矩形的上下边是圆柱顶面、底面在侧面的积聚投影;前后两侧边($c''c_1''$,$d''d_1''$)是圆柱面侧面转向轮廓线CC_1,DD_1的投影,其正面投影与轴线重合(见图3.8(c))。

(2)**作图步骤**

①用细点画线画水平投影圆的对称中心线以及轴线的正面和侧面投影(见图3.8(c))。

②画投影为圆的水平投影。

③按圆柱体的高,然后根据"三等"关系画出另两个投影(矩形)。

(3)**圆柱面上取点**

轴线垂直于投影面的圆柱,其表面投影有积聚性。因此,在圆柱表面取点,可利用积聚性直接求解。

例3.3 试完成如图3.9(a)所示的圆柱表面点M、点N的另两个投影。

分析:由m'(n'')的位置可知,点M位于前半个圆柱面的左侧,点N位于圆柱正面转向轮廓线(最右素线)上。圆柱轴线是铅垂线,圆柱面的水平投影积聚成圆。因此m,n均位于圆周上。

作图步骤:

①由m'求出m,再由m,m'求出m''。由点M的位置,判断m''可见(见图3.9(b))。

②由n''求出n,n'。由点N的位置,判断n,n'均可见(见图3.9(b))。

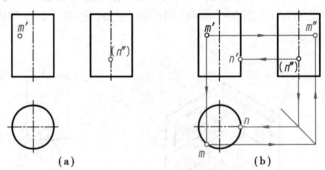

图3.9 圆柱表面取点

如图3.10所示为常见圆柱体的三面投影示例。

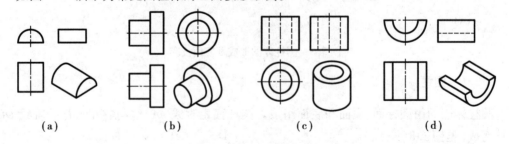

图3.10 常见圆柱体的三面投影示例

3.2.2 圆锥体

圆锥体是由圆锥面和底面所构成。圆锥面可看成由一条直母线SA绕与它相交的轴线

SO_1 旋转而形成(见图3.11(a))。

(1)**投影分析**

如图3.11(b)所示,当轴线为铅垂线时,圆锥的水平投影为圆,圆锥面的水平投影在这个圆内(圆锥面的三面投影均无积聚性);圆锥的底面是水平面,其水平投影反映真形圆,与锥面投影重合。

圆锥的正面投影为等腰三角形。其底边是圆锥底面在正面的积聚投影;左右两腰($s'a'$, $s'b'$)是圆锥面正面转向轮廓线 SA, SB 的投影,其侧面投影与轴线重合、水平投影与水平中心线重合(注意:图中不画出,见图3.11(c))。

同理,圆锥的侧面投影也为等腰三角形。其底边是圆锥底面在侧面的积聚投影;前后两腰($s''c''$, $s''d''$)是圆锥面侧面转向轮廓线 SC, SD 的投影,其正面投影与轴线重合、水平投影与竖直中心线重合(见图3.11(c))。

(2)**作图步骤**

①用细点画线画水平投影圆的对称中心线以及轴线的正面和侧面投影(见图3.11(c))。

②画圆锥底面的三面投影,一般先画投影是圆的图形。

③按圆锥体的高确定顶点 S 的投影 s' 和 s'',然后画出圆锥相应投影面转向轮廓线的投影,完成等腰三角形。

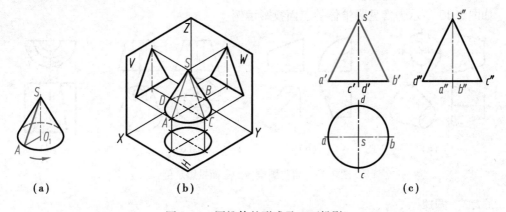

(a)   (b)   (c)

图 3.11 圆锥体的形成及三面投影

(3)**圆锥表面取点**

当圆锥轴线垂直于投影面时,底面的投影有积聚性;锥面的三面投影均无积聚性。因此,在锥面上取点需要作辅助线(素线或纬圆)。

例3.4 如图3.12(b)所示,已知圆锥的三面投影和圆锥面上的点 K 的正面投影,试作出点 K 的水平和侧面投影。

分析:由于点 K 位于圆锥面上,需要定点先取线。一种方法是素线法,过锥顶 S 和点 K 在圆锥面上作一条素线 SA,以 SA 为辅助线求点 K 的另两个投影;另一种方法是纬圆法,过点 K 在圆锥面上作一与底面平行的圆,该圆的水平投影是底面投影的同心圆,正面投影与侧面投影积聚成直线,如图3.12(a)所示。

作图步骤:

方法1:素线法(见图3.12(b))

①连接 s', k' 并延长与底边交于 a'。

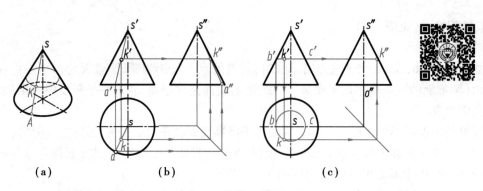

（a） （b） （c）

图 3.12 圆锥表面取点

②求 SA 的水平投影 sa，在 sa 上求出点 K 的水平投影 k。

③利用"三等"关系求出 k''。

由于 k' 可见，可判定点 K 位于左、前半圆锥面上。因此，k，k''均可见。

方法 2：纬圆法（见图 3.12（c））

①过 k' 作直线 $b'c'$（纬圆的正面投影）。

②作纬圆的水平投影圆，在其上确定点 K 的水平投影 k。

③利用"三等"对应关系求出 k''。

如图 3.13 所示为常见圆锥体的三面投影示例。

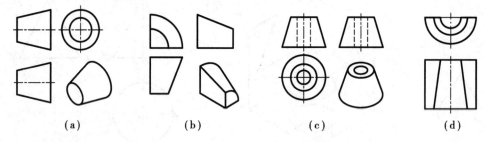

（a） （b） （c） （d）

图 3.13 常见圆锥体的三面投影示例

3.2.3 圆球

圆球表面仅由球面构成。球面可看成由圆母线绕其直径 OO_1 为轴线旋转而成。因此，过球心的任一直线均可看成圆球面的回转轴（见图 3.14（a））。

（1）投影分析

圆球的三面投影实质是球面的三面投影。因此，圆球的三面投影是大小相等的 3 个圆（圆的直径和球的直径相等），且均无积聚性。这 3 个圆分别是圆球 3 个方向转向轮廓线圆的实形投影。如图 3.14（b）所示，M 是圆球正面投影的转向轮廓线（前半球与后半球的分界线），也是圆球上最大的正平圆，其正面投影反映实形，另两个投影与中心线重合（不画出）。同理，N 是圆球水平投影的转向轮廓线（上半球与下半球的分界线），也是圆球上最大的水平圆，其水平投影反映实形，另两个投影与中心线重合；K 是圆球侧面投影的转向轮廓线（左半球与右半球的分界线），也是圆球上最大的侧平圆，其侧面投影反映实形，另两个投影与中心线重合。

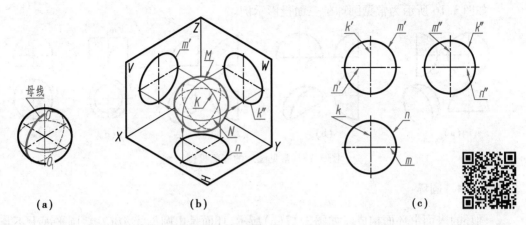

图 3.14　圆球的形成及三面投影

（2）作图步骤

①在投影图中,用垂直相交的两条细点画线画出圆球的对称中心线,其交点为球心的投影。

②画圆球的三面投影（3 个直径等于圆球直径的圆）（见图 3.14（c））。

（3）**圆球表面取点**

圆球面的三面投影都没有积聚性。因此,在球面上取点只能通过在球面上作辅助线（纬圆）来求。注意:过球面上任一点可作正平、水平和侧平 3 种纬圆,该纬圆在所平行的投影面上的投影反映为实形圆,另两个投影积聚成直线,长度等于纬圆的直径。

例 3.5　如图 3.15（a）所示,已知球面上点 K、点 N 的一个投影,试求其另两个投影。

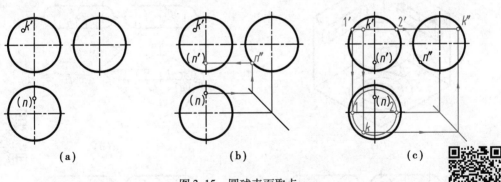

图 3.15　圆球表面取点

分析:由点 $k'(n)$ 的位置可知,点 K 位于球面的左、前、上球面上,需作辅助纬圆来求 k,k'';点 N 位于球面的后、下球面上,且位于球面对侧面投影的转向轮廓线（左右半球面分界线）上,可直接求得。

作图步骤:

①利用"三等"关系求得 n'',n',并由点 N 的位置判断 n' 不可见（见图 3.15（b））。

②求点 K 的其余投影:过 k' 作水平纬圆的正面投影 $1'2'$,再作该纬圆的水平投影 1 2（以球心为圆心,$1'2'$ 为直径画圆）。点 K 在该纬圆上,k 必在纬圆的水平投影上。由 k' 求出 k,再由 k',k 求得 k''。由点 K 的位置,判断出 k,k'' 均可见（见图 3.15（c））。

如何作正平纬圆或侧平纬圆为辅助线来求解,请读者自行思考。

如图 3.16 所示为常见圆球的三面投影示例。

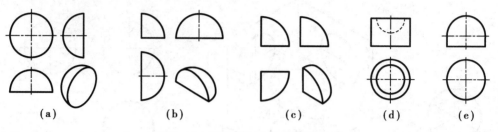

（a）　　　　　（b）　　　　　（c）　　　　　（d）　　　　　（e）

图 3.16　常见圆球的三面投影示例

3.2.4　圆环

圆环的表面由环面构成。如图 3.17（a）所示，环面是由圆母线 *ABCD* 绕圆平面上不与圆心共线且在圆外的直线 *OO* 为轴旋转而成。圆母线离轴线较远的半圆 *CAD* 旋转形成的一半曲面，称为外环面；离轴线较近的半圆 *CBD* 旋转形成的一半曲面，称为内环面。圆环的三面投影实质是环面的三面投影。

（1）投影分析

如图 3.17 所示，圆环的轴线为铅垂线，其水平投影积聚为一点（对称中心线的交点）。圆环的水平投影是 3 个同心圆。其中，细点画线圆是圆母线圆心轨迹的投影；另两个圆是环面的水平转向轮廓线（圆母线上离轴线最远的点 *A*、最近的点 *B* 旋转形成的最大和最小的两个水平纬圆，也是上下半环面的分界线）的投影，如图 3.17（b）所示。

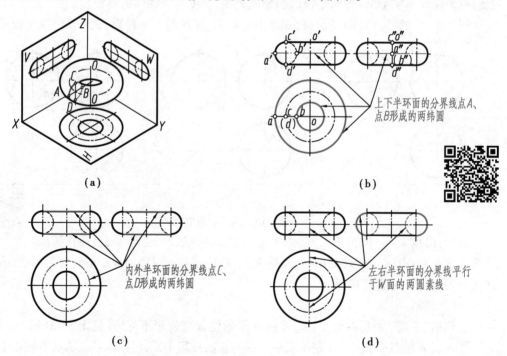

（a）

上下半环面的分界线点*A*、点*B*形成的两纬圆

（b）

内外半环面的分界线点*C*、点*D*形成的两纬圆

（c）

左右半环面的分界线平行于*W*面的两圆素线

（d）

图 3.17　圆环的形成及三面投影

圆环的正面投影是两个圆及与之相切的两直线，它们都是环面的正面投影的转向轮廓线的投影。其中，左右两个圆是平行于正面的两个圆素线（前后半环面的分界线）的正面投

影；上下两条横直线，则是圆母线上的最高点 C 和最低点 D 旋转形成的水平圆（内外半环面的分界线）的正面投影，如图3.17(c)、(d)所示。

同理，圆环的侧面投影是两个圆及与之相切的两直线，它们都是环面的侧面投影的转向轮廓线的投影。其中，前后两个圆是平行于侧面的两个圆素线（左右半环面的分界线）的侧面投影；上下两条横直线，则是圆母线上的最高点 C 和最低点 D 旋转形成的水平圆（内外半环面的分界线）的侧面投影。

(2)作图步骤

①画圆母线圆心轨迹的三面投影。

②画环面的三面投影（见图3.17(b)）。

(3)圆环表面取点

圆环的三面投影都没有积聚性。因此，确定其上点的投影需先作辅助纬圆。在圆环的正面投影中，前半个外环面为可见，后半个外环面和内环面均不可见；在水平投影中，上半个环面为可见，下半个环面为不可见。

例3.6　如图3.18(a)所示，已知圆环面上点 E、点 F 的一个投影，试求另两个投影。

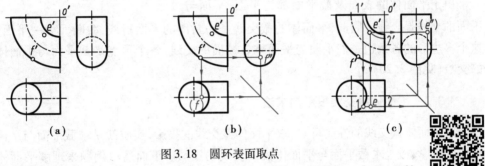

(a) (b) (c)

图3.18　圆环表面取点

分析：由图3.18(a)可知，该立体是轴线垂直于正面的1/4圆环。由 e'，f' 的位置可知点 E 位于前内环面上，需作辅助纬圆（正平圆）来求解；点 F 位于圆环面的正面转向轮廓线上的下方。

作图步骤：

①由 f' 求出 f 及 f''。由点 F 的位置，判断出 f 不可见，f'' 可见（见图3.18(b)）。

②以圆环中心 o' 为圆心，其到 e' 的距离 $o'e'$ 为半径画圆弧交圆环上端面圆于 $1'$，交圆环右端面圆于 $2'$，由 $1'$ 求出 1，再作出该圆弧的水平投影 $1\,2$，并由 e' 求出 $1\,2$ 上的 e，最后求出 e''。由点 E 的位置，判断出 e 可见，e'' 不可见（见图3.18(c)）。

如图3.19所示为常见圆环的三面投影示例。

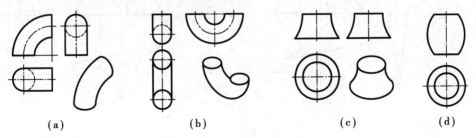

(a) (b) (c) (d)

图3.19　常见圆环的三面投影示例

3.3 平面与平面体相交

平面与平面体相交(可看成平面体被平面切割),在平面体表面产生的交线,称为平面体的截交线;这个平面称为截平面;由截交线围成的平面图形,称为截断面(见图3.20)。

3.3.1 平面体截交线性质

分析图3.20可知,平面体截交线具有以下性质:

(1)共有性

平面体截交线是截平面和平面体表面的共有线,它既在截平面上,又在平面体表面上,为二者所共有。

(2)封闭性

由于平面体的表面及截平面都为平面,平面与

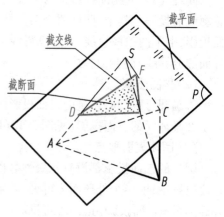

图3.20 平面体截交线

平面的交线是直线。因此,平面体的截交线是一封闭的平面折线,截断面为一平面多边形。这个多边形的各条边是截平面与平面体各棱面的交线,各个顶点是截平面与平面体各棱线的交点(见图3.20)。

3.3.2 平面体截交线投影的求法

由平面体截交线的性质可知,求平面体截交线的投影,实质就是求截平面与平面体棱线交点的投影,或是求截平面与平面体棱面交线的投影。下面通过例题来理解平面体截交线投影的求法。

例3.7 完成如图3.21所示三棱锥 S-ABC 被正垂面 P 截切后的水平投影和侧面投影。

分析:分析图3.21(a)可知,平面 P 与3棱锥的3个棱面相交,截交线为三角形,三角形的顶点Ⅰ,Ⅱ,Ⅲ是三棱锥3条棱线 SA,SB,SC 与截平面 P 的交点,截交线的正面投影与截平面正面投影积聚的直线重合。

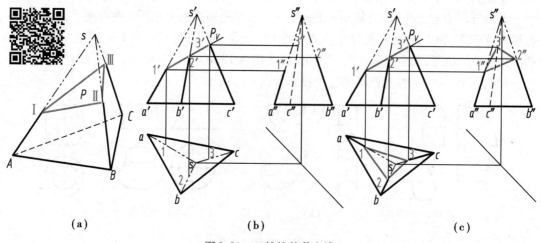

(a) (b) (c)

图3.21 三棱锥的截交线

作图步骤:

①分析可得截交线各顶点的正面投影 1′,2′,3′。

②根据点与直线的从属关系,由 1′,2′,3′可直接求出截交线各顶点的水平投影 1,2,3 和侧面投影 1″,2″,3″(见图 3.21(b))。

③判断可见性。依次连接各顶点的同面投影,得截交线的水平投影及侧面投影(均为可见)。

④判断立体的存在域。擦去不存在的图线(3 条棱线的 S I ,S II ,S III 部分),加粗存在的图线完成所求。

例 3.8　完成如图 3.22 所示带切口五棱柱的正面投影和水平投影。

分析:五棱柱的切口是被正平面 P 和侧垂面 Q 截切形成。截平面 P 截切产生的交线为 BAFG 矩形,其水平投影和侧面投影与截平面 P 投影积聚的直线段重合,正面投影反映实形;截平面 Q 截切产生的交线为 BCDEG 五边形,侧面投影与截平面 Q 投影积聚的直线段重合,水平投影和正面投影仍然为五边形。

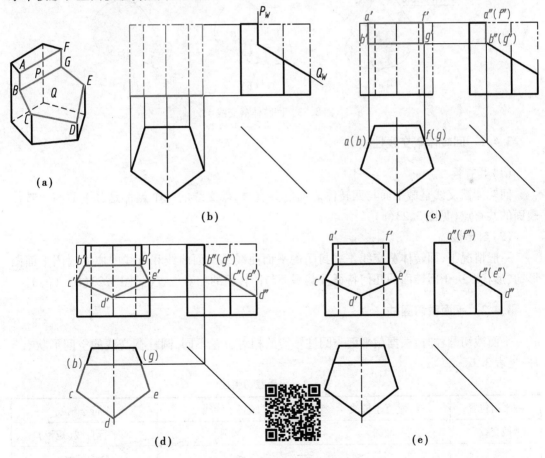

图 3.22　带切口五棱柱的投影

作图步骤:

①画出五棱柱的正面投影(见图 3.22(b))。

②完成 P 平面截切产生交线 BAFG 矩形的投影(见图 3.22(c)),由侧面投影求出水平

投影,再求正面投影(可见)。

③完成 Q 平面截切产生交线 BCDEG 五边形的投影(见图3.22(d)),五边形的 BC,CD, DE,EG 4 条边的水平投影与五棱柱前方 4 个棱面水平投影积聚的直线重合,GB 边的水平投影与截平面 P 水平投影积聚的直线重合,再由五边形的侧面投影、水平投影求出其正面投影(可见)。

④判断立体的存在域。擦去不存在的图线(五棱柱前 3 条棱线在 C,D,E 点的上部,顶面 AF 的前方),加粗存在的图线完成所求(见图3.22(e))。

3.4 平面与回转体相交

平面与回转体相交(可看成回转体被平面切割),在回转体表面产生的交线,称为回转体截交线;这个平面称为截平面;由截交线围成的平面图形,称为截断面(见图3.23)。

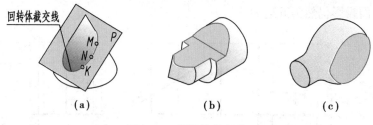

|(a)|(b)|(c)|

图 3.23 回转体截交线

3.4.1 回转体截交线性质

(1)共有性

回转体截交线是截平面与回转体表面的共有线,截交线的每个点都是截平面与回转体表面的共有点(见图3.23(a))。

(2)封闭性

一般情况下,回转体截交线是一封闭的平面曲线或平面曲线和直线围成的封闭平面图形,其形状取决于回转面的几何特征及截平面与回转面的相对位置(见图3.23(b)、(c))。

3.4.2 平面截切圆柱

平面截切圆柱时,根据截平面与圆柱轴线的相对位置不同,圆柱截交线的空间形状有 3 种,见表3.1。

表3.1 平面截切圆柱

截平面位置	垂直于轴线	倾斜于轴线	平行于轴线
截交线	圆	椭圆	两平行直线(矩形)
轴测图			

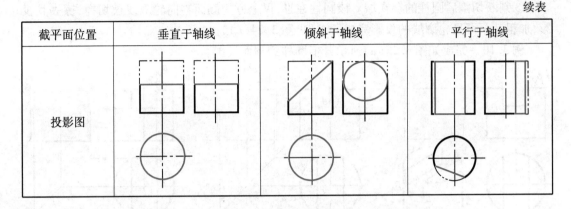

截平面位置	垂直于轴线	倾斜于轴线	平行于轴线
投影图			

下面举例说明圆柱截交线投影的求作方法。

例 3.9　完成如图 3.24 所示斜切圆柱的侧面投影。

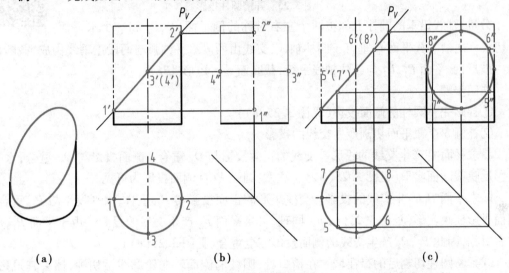

　　(a)　　　　　　　　(b)　　　　　　　　(c)

图 3.24　斜切圆柱投影

　　分析:该圆柱被截平面 P(正垂面)切去上部,由于截平面 P 与圆柱轴线倾斜,因此截交线为一椭圆。该椭圆的正面投影与 P_V 重合;水平面投影与圆柱面投影积聚的圆周重合;侧面投影仍为椭圆,但不反映实形(见图 3.24a)。

　　作图步骤:

　　①补画完整圆柱的侧面投影(见图 3.24(b))。

　　②补画截交线的投影。

　　a. 求椭圆长短轴端点Ⅰ,Ⅱ,Ⅲ,Ⅳ的投影。利用转向轮廓线三面投影位置及点与线的从属关系,可直接求得Ⅰ,Ⅱ,Ⅲ,Ⅳ点的三面投影,如图 3.24(b)所示。Ⅰ,Ⅱ点是椭圆长轴端点,Ⅲ,Ⅳ点是椭圆短轴端点。

　　b. 求一般点Ⅴ,Ⅵ,Ⅶ,Ⅷ的投影。在椭圆长短轴端点之间取一般点Ⅴ,Ⅵ,Ⅶ,Ⅷ,由 $5'$,$6'$,$7'$,$8'$求出 5,6,7,8,再求出 $5''$,$6''$,$7''$,$8''$(见图 3.24(c))。

　　c. 判断可见性光滑连线。由于圆柱上部被截去,切割后左低右高,因此截交线侧面投影为可见。

③判断切割后圆柱的存在域。该圆柱在Ⅲ,Ⅳ上方的侧面转向轮廓线被切掉,擦去其投影,加粗其余可见轮廓线的投影完成所求(见图3.24(c))。

例3.10 完成如图3.25(a)所示开槽圆柱的侧面投影。

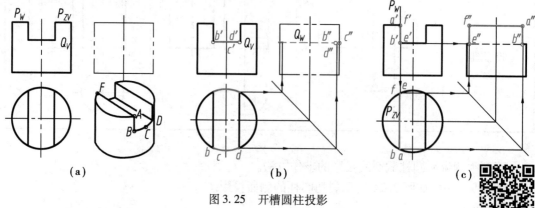

图3.25 开槽圆柱投影

分析:轴线铅垂的圆柱上部被两个左右对称的侧平面 P_1,P_2 和一个水平面 Q 切去一通槽。截平面 Q 垂直于圆柱轴线,交线由两段水平圆弧与两段正垂线构成,截断面为一鼓形;截平面 P_1,P_2 与圆柱轴线平行,截断面是一矩形 $ABEF$。

作图步骤:

①补画完整圆柱的侧面投影(见图3.25(a))。

②补画3个截平面切割产生交线的投影。

a. 求平面 Q 产生交线的投影。交线的正面投影与 Q_V 重合;侧面投影与 Q_W 重合;水平投影反映截断面实形(见图3.25(b))。注意:圆弧 BCD 侧面投影为可见。

b. 求平面 P_1 产生交线的投影。交线矩形的正面投影与 P_{1V} 重合,水平投影与 P_{1H} 重合,侧面投影反映实形(见图3.25(c))。同理,可求平面 P_2 产生交线的投影。由于平面 P_1,P_2 左右对称,因此 P_1,P_2 产生交线的侧面投影完全重合(见图3.25(c))。

③判断圆柱切割后的存在域。在槽口处,圆柱的侧面转向轮廓线被切掉,擦去其投影,加粗其余可见轮廓线的投影完成所求(见图3.25(c))。

如图3.26(a)所示,空心圆柱(又称圆筒)被上述3个截平面切割而在上部形成槽口,截平面不仅切到外圆柱面,同时也切到内圆柱面,截平面与内圆柱面交线投影的求法与上述相同。如图3.26(b)、(c)所示为常见圆筒切口投影的画法。

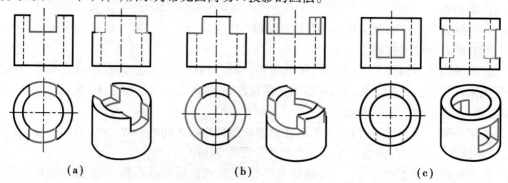

图3.26 带切口圆筒投影

3.4.3 平面截切圆锥

平面截切圆锥时,根据截平面与圆锥轴线的相对位置不同,圆锥截交线的空间形状有5种,见表3.2。

表3.2 圆锥面截交线的基本形式

截平面位置	过锥顶	垂直于轴线	倾斜于轴线 $(\theta > \alpha)$	倾斜于轴线 $(\theta = \alpha)$	平行或倾斜于轴线 $(\theta < \alpha$ 或 $\theta = 0)$
截交线	两直素线	圆	椭圆	抛物线	双曲线
轴测图					
投影图					

下面举例说明圆锥的截交线投影的作图方法。

例3.11 完成如图3.27所示斜切圆锥的水平投影及侧面投影。

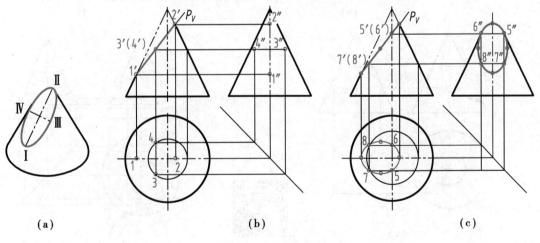

(a)　　　　　(b)　　　　　(c)

图3.27 斜切圆锥投影

分析:截平面 P 倾斜于圆锥轴线,且 $\theta > \alpha$,因此截交线为椭圆,椭圆的正面投影与截平面 P 正面投影积聚的直线 P_V 重合,椭圆长轴 Ⅰ Ⅱ 为正平线,短轴Ⅲ Ⅳ 为正垂线(见图3.27(a))。

作图步骤:

①补画完整圆锥的水平投影及侧面投影(见图3.27(b))。

②求交线椭圆的水平投影及侧面投影。

a. 求椭圆长短轴端点Ⅰ,Ⅱ,Ⅲ,Ⅳ的投影。长轴端点Ⅰ,Ⅱ在圆锥的正面转向轮廓线上,可直接求得(见图3.28(b)),1'2'的中点3'(4')即短轴端点Ⅲ、Ⅳ的正面投影,利用纬圆作图可求出该两点的水平投影和侧面投影(见图3.27(b))。

b. 求圆锥侧面转向轮廓线上点Ⅴ,Ⅵ的投影。由5',6'求出5″,6″,再求出5,6(见图3.27(c))。

c. 利用纬圆作图求一般点Ⅶ,Ⅷ的投影(见图3.27(c))。

d. 判断可见性圆滑连接各点同面投影。椭圆侧面投影、水平投影均为可见(见图3.27(c))。

③判断圆锥切割后的存在域。圆锥侧面转向轮廓线上点Ⅴ,Ⅵ上部不存在擦去,加粗可见轮廓投影完成所求(见图3.27(c))。

例3.12 完成如图3.28(a)所示切口圆锥的水平投影及侧面投影。

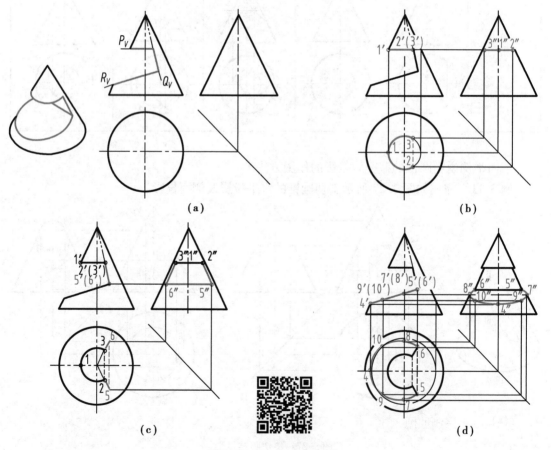

(a)　　　　　　　　　(b)

(c)　　　　　　　　　(d)

图3.28 切口圆锥的投影

分析:该圆锥被一个水平面P和两个正垂面Q,R所切割。截平面P垂直于圆锥轴线,与圆锥面的交线为水平圆弧,与截平面Q的交线为正垂线ⅡⅢ(截断面为弓形);截平面Q

通过圆锥锥顶,与圆锥面的交线为两直素线,与截平面 R 的交线为正垂线 Ⅴ Ⅵ(截断面为四边形);截平面 R 倾斜于圆锥轴线且 $\theta > \alpha$,与圆锥面的交线为椭圆弧(截断面为弓形)。

作图步骤:

①补画完整圆锥的水平投影及侧面投影(见图3.28(a))。

②补画3个截平面切割产生交线的投影。

a. 求截平面 P 产生交线的投影。交线的正面投影与 P_V 重合;侧面投影与 P_W 重合;水平投影反映截断面实形,其中与截平面 Q 的交线 Ⅱ Ⅲ 的水平投影为不可见(见图3.28(b))。

b. 求截平面 Q 产生交线的投影。交线的正面投影与 Q_V 重合;将锥顶水平投影与 Ⅱ,Ⅲ 点水平投影连线并延长,在该延长线上求出 Ⅴ,Ⅵ 点的水平投影 5、6,正垂线 Ⅴ Ⅵ 的水平投影 56 为不可见(见图3.28(c));再由交线的正面投影和水平投影求出其侧面投影(见图3.28(c)),侧面投影为可见。

c. 求截平面 R 产生交线的投影。交线的正面投影与 R_V 重合;求出圆锥正面转向轮廓线上点 Ⅳ 以及侧面转向轮廓线上点 Ⅶ 与 Ⅷ 的三面投影,再利用纬圆求出一般点 Ⅸ,Ⅹ 的三面投影,判断可见性圆滑连接各点的同面投影,即得该椭圆弧的水平投影和侧面投影(二者均为可见)(见图3.28(d))。

③判断切割后圆锥的存在域。该圆锥侧面转向轮廓线在 Ⅶ、Ⅷ 点的上方,水平面 P_W 的下方不存在擦去,加粗其余可见轮廓线的投影完成所求(见图3.28(d))。

3.4.4 平面截切圆球

平面与圆球相交,不论截平面与圆球的相对位置如何,其截交线的空间形状总是圆。但截平面对投影面的相对位置不同,所得交线圆的投影亦不同。当截平面平行于投影面时,交线圆在投影面上的投影反映实形(见图3.29(a));当截平面垂直于投影面时,交线圆在投影面上的投影积聚为直线(见图3.29(b)的正面投影);当截平面倾斜于投影面时,交线圆在投影面上的投影为椭圆(见图3.29(b)的水平投影及侧面投影)。

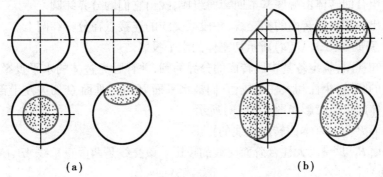

图3.29 圆球截交线

例3.13 完成如图3.30(a)所示开槽半球的水平投影和侧面投影。

分析:半球上部正中被两个左右对称的侧平面 P_1,P_2 和一个水平面 Q 切去一通槽。平面 Q 与球面的交线为两段水平圆弧,与截平面 P_1,P_2 的交线为两正垂线 Ⅰ Ⅱ 和 Ⅲ Ⅳ(截断面为鼓形),截平面 P_1,P_2 与球面的交线为侧平圆弧(截断面为弓形)。

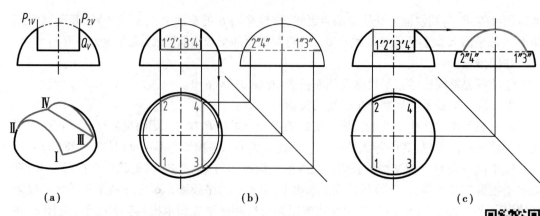

图 3.30　开槽半球的投影

作图步骤:

①补画完整半球的水平投影及侧面投影(见图 3.30(b))。

②求截平面 Q 产生交线的投影。正面投影、侧面投影与截平面 Q 投影积聚的直线重合,水平投影反映实形,圆弧直径由水平纬圆确定(见图 3.30(b)),圆弧 Ⅰ Ⅲ,Ⅱ Ⅳ 侧面投影积聚的直线段为可见。

③求截平面 P_1,P_2 产生交线的投影。正面投影、水平投影与截平面 P_1,P_2 投影积聚的直线重合,侧面投影反映实形,圆弧直径由侧平纬圆确定,截平面 P_1,P_2 左右对称。因此,两截平面产生交线的侧面投影完全重合(见图 3.30(c))。

④判断圆球切割后的存在域。在槽口处圆球正面转向轮廓线及侧面转向轮廓线均不存在擦去,加粗可见轮廓线的投影完成所求(见图 3.30(c))。

3.4.5　平面截切组合回转体

组合回转体的回转面由多个基本回转面组成,求组合回转体截交线投影的步骤如下:

①分析该组合回转体由哪些基本回转面组成,找出它们的分界纬圆。

②分别求出各基本回转面的截交线,各段截交线的连接点在分界纬圆上。

例 3.14　完成如图 3.31(a)所示切割体的水平投影。

①分析已知视图,确定各基本回转面的分界纬圆,并补画完整体的水平投影。该组合回转体由共轴线的圆锥、小柱和大柱组成,它们被水平面 P 与正垂面 Q 切去左上部,它们的分界纬圆及完整体的水平投影如图 3.31(a)所示。

②求截平面 P 与各基本回转面交线的投影。

a. 求截平面 P 与小柱、大柱台阶面交线的投影。该交线是两段正垂线 AB,CD,其三面投影如图 3.31(b)所示。

b. 求截平面 P 与小柱面、大柱面交线的投影。该交线为过点 A,B,C,D 的 4 段侧垂线,截平面 P 与截平面 Q 的交线是正垂线,其三面投影如图 3.31(c)所示。

c. 求截平面 P 与圆锥面交线的投影。该交线是一双曲线,双曲线的正面投影与 P_V 重合,侧面投影与 P_W 重合,水平投影反映实形如图 3.31(d)所示。

③求截平面 Q 与大柱面交线的投影。Q 平面倾斜于大柱面轴线,其交线为椭圆弧,该椭圆弧的正面投影与 Q_V 重合,侧面投影与大柱面积聚的圆周重合,水平投影仍为椭圆弧(见图

3.31(e))。

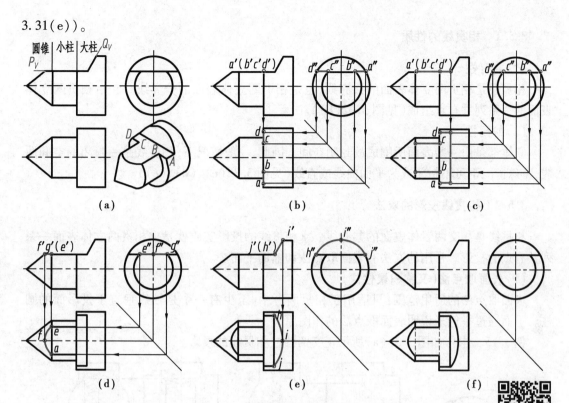

图 3.31　截切后的组合回转体投影

④判断该组合回转体截切后的存在域。圆锥面、小柱面、大柱面的水平面转向轮廓线没被截切，应完整画出；但圆锥面与小柱面的分界纬圆、小柱面与大柱面的台阶面，上部均被切掉。因此，它们在水平投影中有部分为不可见，应画成细虚线(见图 3.31(f))。

3.5　回转体与回转体相交

立体与立体相交称为相贯，在立体表面产生的交线称为相贯线。平面体的表面都是平面。因此，平面体参与的相贯，其相贯线由多条截交线构成。如图 3.32(a)所示三棱柱与半球的相贯，其相贯线就是由 3 条截交线构成。因此，求平面体参与相贯的相贯线投影，可采用前述求截交线投影的方法解决。本节将相贯线局限于回转体与回转体的相交。

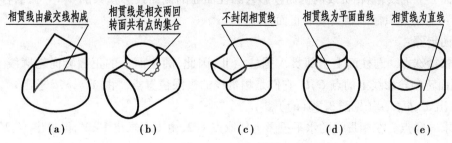

图 3.32　相贯线

3.5.1 相贯线的性质

（1）共有性

相贯线是相贯两立体表面的共有线，也是相贯两立体表面的分界线。它由相贯两立体表面的一系列共有点组成（见图 3.32(b)）。

（2）封闭性

立体都是由一些表面所围成的封闭空间。因此，一般情况下，相贯线是一封闭的空间曲线，特殊情况下可不封闭或为平面曲线或直线（见图 3.32(c)、(d)、(e)）。

3.5.2 相贯线投影的求法

相贯线是相交两者体表面的共有线。求相贯线的投影实质就是求相贯两立体表面一系列共有点的投影。常用的方法有表面取点法和辅助平面法。

（1）表面取点法（又称积聚性法）

表面取点法的适用范围：只适用于相贯两者中，至少有一个是轴线垂直于投影面的圆柱。下面通过举例来说明表面取点法的作图原理。

例 3.15 求作如图 3.33(a)所示正交两圆柱相贯线的投影。

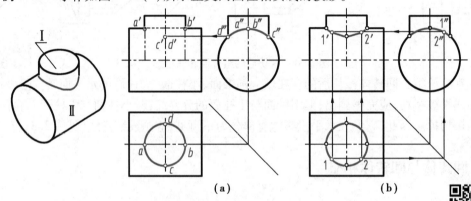

图 3.33 求作正交两圆柱相贯线投影

分析：如图 3.33(a)所示为直径不等的正交两圆柱面相贯。将相贯线看成圆柱面Ⅰ上的线，则相贯线的水平投影与圆柱面Ⅰ的水平投影积聚的圆周重合；将相贯线看成圆柱面Ⅱ上的线，则相贯线的侧面投影与圆柱面Ⅱ的侧面投影积聚的 $d''a''c''$ 弧重合（见图 3.33(a)）。这里只需求相贯线的正面投影。

作图步骤：

① 求特殊点。圆柱面Ⅰ全部贯入圆柱面Ⅱ，因此，圆柱面Ⅰ的正面转向轮廓线上的点 A，B，侧面转向轮廓线上的点 C，D，它们是相贯线的极限位置点。由 a，b，c，d 求出 a''，b''，c''，d''，再求出 a'，b'，c，d'（见图 3.33(a)）。

② 求一般点。在相贯线的水平投影上任取点 1，2，由 1，2 求出 $1''$，$2''$，再求出 $1'$，$2'$（见图 3.33(b)）。

③ 判断可见性。依次圆滑连接各点的正面投影即得相贯线的正面投影（见图 3.33(b)）。由于相贯体前后对称，因此前后半支相贯线的正面投影重合。

④整体检查。立体交了就融为一体,因此圆柱面 I 正面转向轮廓线在 A, B 下方,侧面转向轮廓线在 C, D 下方不存在应擦去,圆柱面 II 正面转向轮廓线在 A, B 之间的部分不存在应擦去,加粗可见轮廓线的投影即完成所求(见图 3.33(b))。

两圆柱正交的相贯线通常有 3 种形式,即两回转体外表面相交(见图 3.34(a))、外表面与内表面相交(见图 3.34(b))、两内表面相交(见图 3.34(c))。不论哪种形式,相贯线的投影求作方法是相同的,都是在回转体表面上取点。

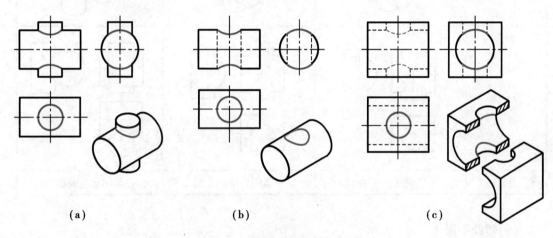

(a)　　　　　　　　　(b)　　　　　　　　　(c)

图 3.34　两圆柱相交的 3 种形式

两圆柱面相交,相贯线的空间形状取决于它们直径的相对大小和二者的相对位置。表 3.3 为相交两圆柱直径大小变化对相贯线形状的影响,表 3.4 为相交两圆柱相对位置的变化对相贯线形状的影响。

表 3.3　相交两圆柱直径大小变化对相贯线形状的影响

直径关系	水平圆柱比竖直圆柱直径大	两圆柱直径相等	竖直圆柱比水平圆柱直径大
立体图			
投影图			
相贯线特点	上下两条空间曲线	两个相互垂直的椭圆	左右两条空间曲线

表 3.4 相交两圆柱轴线相对位置的变化对相贯线形状的影响

两轴线相对位置	两轴线交叉(全贯)	两轴线交叉(最前素线相交)	两轴线交叉(互贯)
立体图			
投影图			
相贯线特点	上下两条空间曲线	一条闭合空间曲线	一条闭合空间曲线

(2)辅助平面法

1)基本原理

如图 3.35 所示,假想用一个辅助平面在相贯两立体的相贯区域内去切割相贯两立体,两立体表面便产生两组截交线。两组截交线的交点 A,B 就是两立体表面与辅助平面三者的共有点,即相贯线上的点。作一系列辅助平面,求出相贯线上一系列点的投影,然后按可见性依次圆滑连接各点的同面投影,即得相贯线的投影。

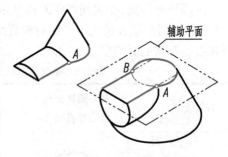

图 3.35 辅助平面法求相贯线

2)辅助平面选择原则

辅助平面与相贯两立体表面产生的两组截交线在某一投影面上的投影应为最简单的图线,圆或直线。一般常选投影面平行面为辅助平面。辅助平面与哪一个投影面平行,一般就先求两组截交线在那个投影面上的投影。

例 3.16 完成如图 3.36(a)所示圆锥与圆柱相交后相贯线的投影。

分析:圆柱与圆锥轴线正交,其相贯线为封闭的空间曲线,且前后对称。圆柱轴线为侧垂线,圆锥的轴为铅垂线,选择水平面作为辅助平面,它与圆柱面的截交线是与轴线平行的两直素线(两侧垂线),与圆锥面的截交线为一水平圆;两直线与水平圆水平投影的交点即相贯线上的点。本例中圆柱面侧面投影具有积聚性,故相贯线的侧面投影与圆柱面侧面投影积聚的圆周重合。因此,只需求相贯线的水平投影和正面投影。

作图步骤:

①求相贯线上的特殊点(转向轮廓线上的点)。

a.求圆柱正面转向轮廓线和圆锥正面转向轮廓线的交点 Ⅰ,Ⅱ(即相贯线的最高点和最

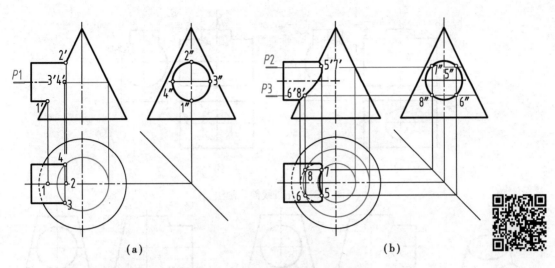

图 3.36　辅助平面法求相贯线举例

低点),其投影可根据转向轮廓线三面投影的位置直接求得(见图 3.36(a))。

　　b. 求圆柱水平面转向轮廓线上的点Ⅲ,Ⅳ(即相贯线的最前点和最后点),其侧面投影可直接得到 3″,4″,而水平投影和正面投影需选择过圆柱轴线的水平面 P_1 为辅助平面求得。辅助平面 P_1 与圆锥的交线为一水平圆,与圆柱的交线为圆柱水平面转向轮廓线,二者水平投影的交点即 3,4;由 3,4 和 3″,4″可求出 3′,4′(见图 3.36(a))。

　　②求一般点。选用水平面 P_2,P_3 作为辅助平面可求出一般点Ⅴ,Ⅵ,Ⅶ,Ⅷ的三面投影(见图 3.36(b))。

　　③判可见性光滑连接各点的同面投影。由于立体前后对称,因此相贯线的前半支与后半支的正面投影重合,故用粗实线按 1′-6′-3′-5′-2′顺序连线。水平投影中,圆柱上半部分可见,下半部分不可见,故相贯线的水平投影以 3,4 点为界,3-5-2-7-4 一段为可见,用粗实线连接,4-8-1-6-3 一段为不可见,用细虚线连接。

　　④整体检查。水平投影中圆柱水平面转向轮廓线在 3,4 两点的右侧不存在应擦去,正面投影中圆锥左侧正面转向轮廓线在其二者共有区域内不存在擦去,加粗可见轮廓线完成所求(见图3.36(b))。

　　(3)相贯线的简化画法与模糊画法

　　1)简化画法

　　在不致引起误解时,图形中的相贯线可简化成圆弧。如图 3.37(a)所示轴线正交且平行于正面的两圆柱相贯,相贯线的正面投影可用与大圆柱半径相等的圆弧来代替,圆弧的圆心在小圆柱的轴线上,圆弧通过圆柱正面转向轮廓线的两个交点,并凸向大圆柱的轴线(见图 3.37(b))。

　　2)模糊画法

　　在工程中,相贯线是零件加工后自然形成的交线。因此,零件图上的相贯线实质只起示意的作用,在不影响加工的情况下,还可采用模糊画法表示相贯线(见图 3.38)。

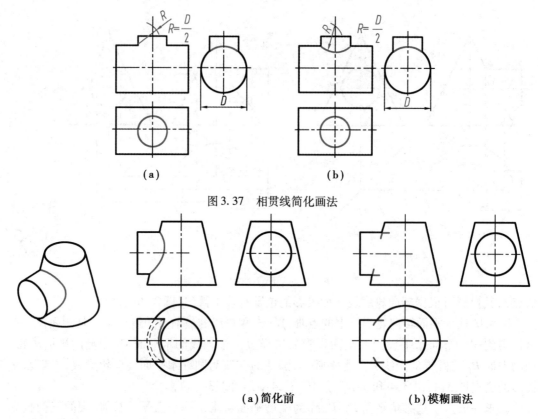

（a）   （b）

图 3.37　相贯线简化画法

（a）简化前　　　　　　　　　（b）模糊画法

图 3.38　相贯线模糊画法

3.5.3　特殊相贯线

两回转体相交,其相贯线一般是封闭的空间曲线。但在下述这些特殊情况下,相贯线是平面曲线或直线。

（1）两同轴线回转体的相贯线

两同轴线回转体相交,其相贯线是垂直于轴线的圆。当轴线平行于某一投影面时,交线圆在该投影面上的投影是过两回转体转向轮廓线交点的直线段。如图 3.39（a）所示的相贯线是由同轴线的圆柱和圆球（圆柱轴线为侧垂线）、圆柱孔和球（圆柱孔轴线为铅垂线）相交而成的;如图 3.39（b）所示的相贯线是由同轴线的圆柱孔和圆锥孔、圆柱和圆锥台相交而成的;如图 3.39（c）所示的相贯线是由同轴线的圆锥台和球（圆锥台轴线为正平线）相交而成的。

（2）两个外切于同一球面回转体的相贯线

如图 3.40（a）所示,两个等径圆柱正交,两圆柱面外切于同一球面,其相贯线是两支相同的椭圆,椭圆的正面投影为两立体正面转向轮廓线交点的连线。如图 3.40（b）所示,两个外切于同一球面的圆柱和圆锥正交,其相贯线也是两支相同的椭圆,椭圆的正面投影也是两立体正面转向轮廓线交点的连线。如图 3.40（c）和（d）所示为圆柱和圆柱、圆柱和圆锥斜交的情况,它们分别外切于同一球面,其交线为大小不等的两支椭圆,椭圆的正面投影同样是两立体正面转向轮廓线交点的连线。

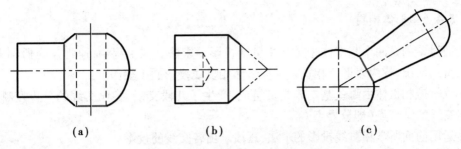

图 3.39　两同轴线回转体的相贯线

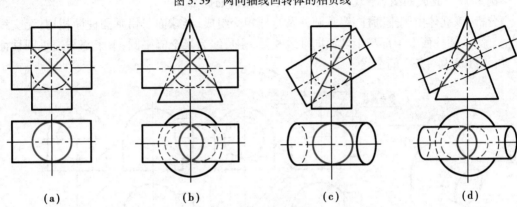

图 3.40　两个外切于同一球面回转体的相贯线(一)

工程中,常用圆锥过渡接头连接两个不同直径的圆柱管道。如图 3.41 所示过渡接头的两端分别与两个不同直径的圆柱管道外切于球面,它们的相贯线(椭圆)在圆柱管道轴线平行的投影面上的投影为直线段。

(3)轴线平行的两圆柱、共顶锥的两圆锥相贯线

两轴线平行的圆柱面相交时,相贯线为平行于圆柱轴线的直线,如图 3.42(a)所示。两个共顶锥的圆锥面相交时,其相贯线为过锥顶的直线,如图 3.42(b)所示。

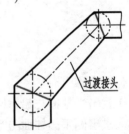

图 3.41　两个外切于同一球面回转体的相贯线(二)

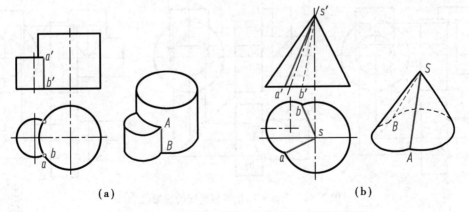

图 3.42　轴线平行的两圆柱、共顶锥的两圆锥相贯线

3.5.4 多形体相贯

上面讨论的是两个基本体相贯其相贯线投影的求法。在工程中,通常还会遇到多个基本体相贯的情况,称为多形体相贯。求多形体相贯线投影的步骤如下:

①分析该相贯体由哪些基本体相贯组成,产生了几段交线,各段交线的分界在哪里,找出各段交线的结合点(即分界点)。

②运用前面所学相贯线投影的求法,逐段求出各交线的投影。

例 3.17 完成如图 3.43(a)所示立体表面交线的投影。

分析:该立体由侧垂圆柱、铅垂圆柱及半球相交组成,半球面与铅垂圆柱面相切,无交线产生。侧垂圆柱面上半部与半球面同轴线相贯,相贯线为半个侧平圆;下半部与铅垂圆柱面相贯,相贯线为一条空间曲线。

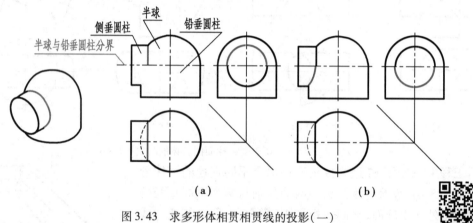

图 3.43 求多形体相贯相贯线的投影(一)

作图步骤:

①找出半球面与铅垂圆柱面的分界(见图 3.43(a))。

②求出侧垂圆柱面与半球面交线投影(见图 3.43(a))。

③求出侧垂圆柱面与铅垂圆柱面交线投影(见图 3.43(b))。

例 3.18 完成如图 3.44(a)所示立体的投影。

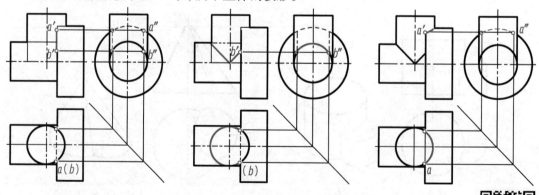

图 3.44 求多形体相贯相贯线的投影(二)

分析:该立体由 3 个圆柱相交组成,铅垂圆柱不但与侧垂的大小圆柱相交产生相贯线,还与侧垂大小圆柱的台阶面(简称台阶面)相交产生交线。因此,该立体的相贯线由3组交线构成。

作图步骤:

①求铅垂圆柱与台阶面的交线。由于台阶面是侧平面,平行于铅垂圆柱的轴线。因此,其交线为两铅垂线,该交线的水平面投影积聚为两个点(铅垂圆柱面水平面投影积聚的圆周与台阶面水平面投影积聚直线的交点);正面投影与台阶面正面投影积聚的直线重合;侧面投影为台阶面侧面投影区域内的两条细虚线(见图3.44(a))。

②求铅垂圆柱与侧垂小圆柱的交线。铅垂圆柱面与侧垂小圆柱面是公切于一球面的特殊相贯,相贯线为部分椭圆弧,该椭圆弧的水平面投影与铅垂圆柱面水平面投影积聚的圆周重合;侧面投影与侧垂小圆柱面侧面投影积聚的圆周重合;正面投影积聚为直线(见图3.44(b))。

③求铅垂圆柱与侧垂大圆柱的交线。该交线为一条空间曲线,投影的求作如图3.44(c)所示。

④整体性检查。在3个圆柱相交的区域内,圆柱面的正面转向轮廓线均不存在,擦去图3.44(a)中的细双点画线,加粗可见轮廓线完成所求(见图3.44(c))。

视野拓展

空间物体几何构型

客观世界中的物体都是三维的,真实地描述和显示客观世界中的三维物体是计算机图形学研究的重要内容。物体的计算机描述,称为模型。它能被计算机读懂,并在一定的条件下(变换和投影)被转换成相应的图形,在屏幕显示或在绘图机上输出。图形是模型的一个具体可见像。

几何造型就是用计算机系统来表示、控制、分析和输出三维形体。规则形体(见图3.45(a))的建模方法通常用欧式几何描述,形成数据模型;不规则形体(如自然景物,见图3.45(b))的建模方法则可采用分形几何来描述,形成以一个数据文件和一段代码的形式存在的过程模型。

(a)规则形体　　　　　　　　　　　　　　　(b)不规则形体

图3.45　规则形体与不规则形体

空间物体几何构型通常可定义为规则形体,在计算机中可采用线框模型、表面模型和实

体模型进行描述,以静态数据文件的形式存在。空间形体一般定义为以下6层拓扑结构:

①形体。由封闭表面围成的有效空间。

②外壳。形体封闭表面的集合。

③面。形体表面的一部分,且具有方向性。

④环。由有序、有向边组成的面的封闭边界。环中任意边都不能自交;相邻两条边共享一个端点;环可分为内环和外环,在面上沿着边的方向前进,面的内部始终在走向的左侧。

⑤边。形体内两个相邻面的交界。一条边有且仅有两个相邻面。

⑥顶点。边的端点。顶点不能出现在边的内部,也不能孤立地位于物体内、物体外或面内。

实体模型是空间物体设计中重要几何构型方式,通常具有以下性质:

①刚性。实体具有固定的形状,不发生变形。

②维度一致性。实体的各部分均是三维的形体。

③有限性。实体占据一定的有限空间。

④封闭性。经几何变换和集合变换之后,仍是有效的实体。

⑤边界确定性。边界可区分出实体的内部和外部。

第4章　组合体

由若干基本体按不同位置和形式组合而成的物体,称为组合体。组合体可看成由机件(机器零件)抽象而成的几何模型。本章主要介绍组合体画图和读图的基本方法、组合体的尺寸标注以及组合体的构型设计。

4.1　组合体的组成分析

4.1.1　组合体常见组合形式

组合体常见的组合形式有叠加型、切割型和综合型。叠加型组合体由几个简单基本体堆叠相交构成(见图 4.1(a));切割型组合体常由一简单形体经挖切构成,如图 4.1(b)所示的组合体就是由一个四棱柱挖切所得的;综合型组合体的组合形式往往既有叠加又有挖切(见图 4.1(c))。

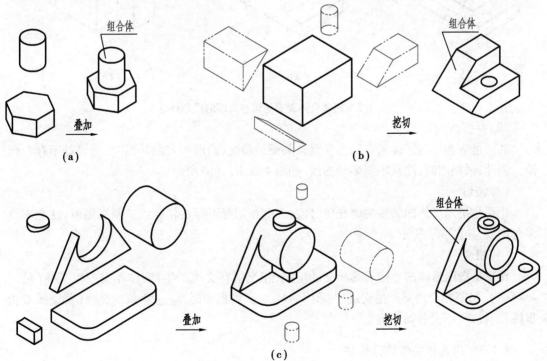

图 4.1　组合体常见组合形式

4.1.2　组合体相邻形体表面连接关系的投影特征

组合体中相邻形体的面都存在着连接关系。根据其相对位置不同各形体表面之间的连接关系,可分为相错、共面、相切及相交4种形式。画图组合体视图时,必须注意这些关系,以免漏画或多画图线。

(1)相错

相错是指相邻两形体间两平行表面前后(或上下、左右)互相错开不共面,如图4.2(a)所示。因此,在视图中要注意两形体之间台阶面的投影。

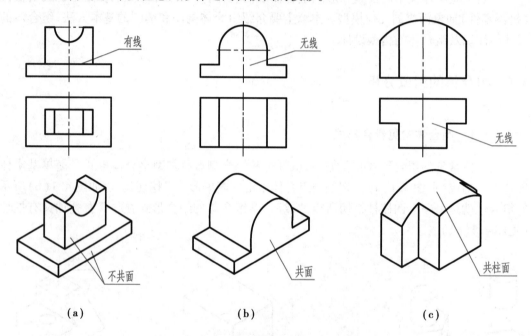

（a）　　　　　　　　　　（b）　　　　　　　　　　（c）

图4.2　相邻形体表面相错与共面的投影特征

(2)共面

共面是指相邻两形体间表面相互重合共面的情况,两形体表面共面时,分界处不存在台阶。因此,画视图时,注意不要多画图线,如图4.2(b)、(c)所示。

(3)相切

相切是指两形体的邻接表面光滑过渡,因此相切处不存在轮廓线。画视图时,注意不要多画图线,如图4.3所示。

(4)相交

相交是指两形体的邻接表面相交的情况,相交就有交线产生,实体相交产生交线(见图4.4(a)),切割相交也要产生交线(见图4.4(b))。画视图时,应注意画出交线(截交线或相贯线)的投影,不要漏画图线。

4.1.3　组合体的形体分析法

组合体的形体分析法是组合体画图、读图以及尺寸标注的一种基本方法。利用组合体的形体分析法可实现化复杂为简单,确保画图、读图及尺寸标注的正确率。

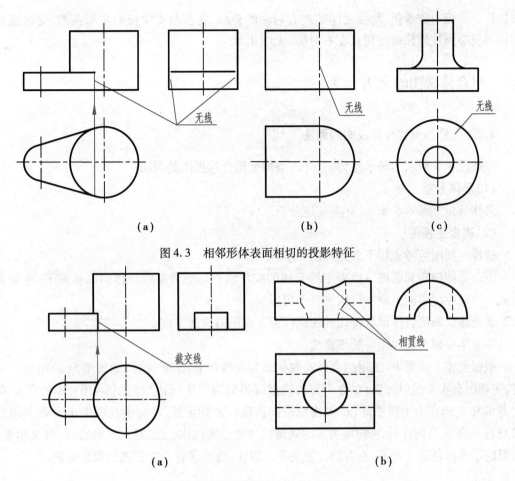

（a） **（b）** **（c）**

图4.3 相邻形体表面相切的投影特征

（a） **（b）**

图4.4 相邻形体表面相交的投影特征

首先假想把组合体分解为若干个简单的形体，然后分析各形体之间的相对位置、组成方式以及相邻形体表面间的连接关系，从而对组合体形成完整认识的一种分析方法，称为组合体的形体分析法。

假想将如图4.5所示的轴承座分解为4个简单形体：底板Ⅰ、支承板Ⅱ、肋板Ⅲ及空心

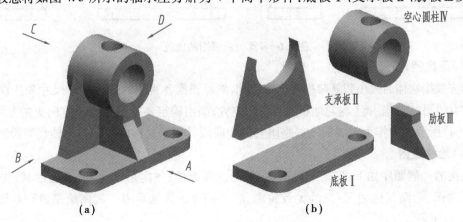

（a） **（b）**

图4.5 轴承座的形体分析

圆柱Ⅳ。底板与支承板、肋板之间是左右对称的叠加,底板与支承板后端面共面,支承板两侧面与空心圆柱外柱面相切且左右对称(见图4.5)。

4.2 组合体视图的画法

4.2.1 叠加型组合体视图的画法

以如图4.5所示的轴承座为例,介绍叠加型组合体视图的画法。

(1)形体分析

形体分析如图4.5所示,详见前述分析。

(2)确定主视图

选择主视图可考虑以下3方面的要求:

①以形体稳定和画图方便确定组合体的安放状态。通常是组合体的底板朝下,主要表面或对称面应尽可能多地平行或垂直于投影面。

②把能反映组合体形状特征的视向作为主视图的投射方向。

③应尽量减少各视图中的细虚线。

根据上述3点要求,选定组合体安放状态为底板在下,水平放置,如图4.5(a)所示。此时,主视图有4个投射方向,对各个方向投射所得的视图进行比较(见图4.6),A向和D向比B向和C向作为主视图好(B向使左视图出现较多细虚线,C向主视图中出现较多细虚线);再A向和D向比较,A向视图能清晰地反映空心圆柱体、支承板的形状特征,以及肋板、底板的厚度和各部分上下、左右的位置关系。因此,选A向作为主视图的投影方向。

A | B | C | D

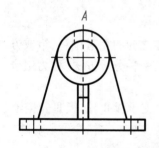 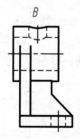 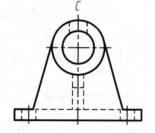 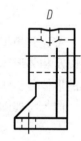

图4.6 4个方向视图的比较

(3)选比例,布局视图

首先根据物体的大小和复杂程度选定比例,然后根据各视图的最大轮廓尺寸和各视图之间应留有的间隙,在图纸上均匀地布置各视图位置,画出确定各视图在两个方向上的基线,如图4.7(a)所示。可作为基线的一般是组合体的底面、端面、对称面及回转体轴线等投影。

(4)绘制底图

画图的一般顺序如下:先画主要形体,后画次要形体;先定形体位置,后画形状;先画形体特征视图,后画其他视图;先画大致轮廓,后画细节。该轴承座三视图绘制过程如图4.7(b)—(e)所示。

画图时,要注意以下两个问题:

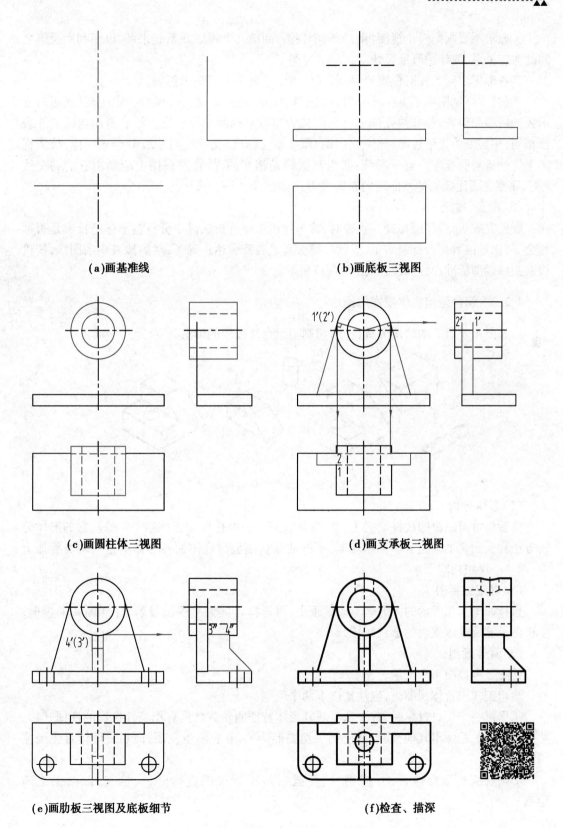

(a)画基准线　　　　　　　　(b)画底板三视图

(c)画圆柱体三视图　　　　　　(d)画支承板三视图

(e)画肋板三视图及底板细节　　　　　　(f)检查、描深

图 4.7　画轴承座三视图的作图步骤

①通常不要画完一个视图再画另一个视图,而应几个视图联系起来画,以便利用投影之间的对应关系,使作图既准又快。

②各形体之间的相对位置要保持正确,表面过渡关系要表示正确。

例如,在绘制图4.7(b)—(e)时,底板与空心圆柱的后端面应保持一定距离;底板与支承板的后端面对齐;顶部油孔位于空心圆柱的左右对称面上等。支承板的斜面与圆筒外表面相切,相切处为光滑过渡,故切线(12,1″2″)不应画出;支承板与肋板融合成一体,故俯视图上支承板与肋板应没有分界线;肋板与圆筒是相交的,故在左视图上应画出它们的交线3″4″,而擦去圆筒原来的侧面转向轮廓线等。

(5)**检查、描深**

底稿完成后,应仔细检查。检查时,首先应用形体分析法逐一分析各形体的投影是否都画全了,相对位置是否都画对了,表面过渡关系是否都表达正确了;然后擦去多余图线,按机械制图的线型标准加深图线,如图4.7(f)所示。

4.2.2 切割型组合体视图的画法

以如图4.8所示的顶块为例,介绍切割型组合体视图的画法。

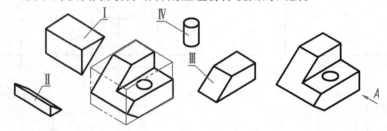

图4.8 顶块的形体分析

(1)**形体分析**

该顶块可看成由四棱柱切去 Ⅰ,Ⅱ,Ⅲ块和打了一个孔Ⅳ构成(见图4.8)。它的形体分析方法和上面叠加型组合体基本相同,不同的是切割型组合体的各形体不是一块块叠加上去,而是一块块切割下来。

(2)**确定主视图**

选择如图4.8所示的大面朝下放置顶块,再选择 A 向为主视图投射方向(因 A 向投射,主视图最能反映该顶块的形状特征)。

(3)**具体画图**

绘图过程如图4.9所示。

画切割式组合体视图时,应注意以下两个问题:

①作每一个切口投影时,首先从反映其形体特征的轮廓且具有积聚性投影的视图开始,然后按投影关系画出其他视图,如上例中切去形体Ⅰ,Ⅱ先画主视图,而切去形体Ⅲ先画左视图。

②画切割式组合体视图,应用线、面投射特征对视图进行分析、检查,以确保正确绘制。

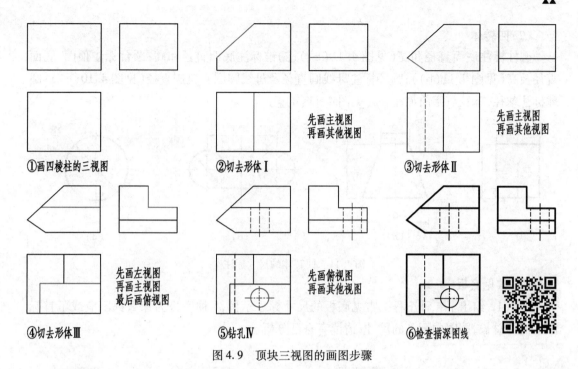

图 4.9　顶块三视图的画图步骤

4.3　组合体的尺寸标注

　　视图表达立体的结构形状,尺寸则表达立体的真实大小。因此,尺寸是工程图样的重要组成部分。尺寸标注的基本要求是正确(即符合国家标准中有关尺寸注法的规定)、完整(不允许遗漏,也不允许重复)、清晰(尺寸的安排要整齐、清晰、醒目,便于阅读查找)。

　　组合体尺寸标注一般按形体分析法进行,基本体的尺寸是组合体尺寸的重要组成部分。因此,要标注组合体的尺寸,首先必须掌握基本体的尺寸标注。

4.3.1　基本体的尺寸标注

(1)平面体

棱柱标注底面尺寸和高(见图4.10(a)、(b));棱锥标注底面尺寸和高(见图4.10(c));棱台标注大端尺寸、小端尺寸和高(见图4.10(d))。

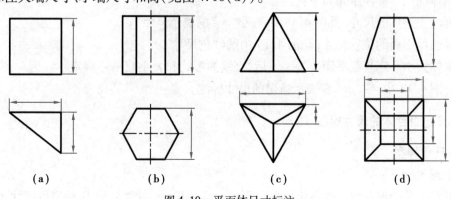

(a)　　　　　　(b)　　　　　　(c)　　　　　　(d)

图 4.10　平面体尺寸标注

（2）回转体

圆柱标注底面直径和高（见图4.11（a））；圆锥标注底面直径和高；圆台标注顶面、底面直径及高（见图4.11（b））；圆环标注母线圆直径及母线圆圆心轨迹直径（见图4.10（c））；圆球标注球径，球径数字前加注 $S\phi$（见图4.11（d））。

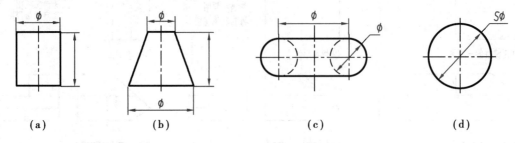

(a)   (b)   (c)   (d)

图4.11　回转体的尺寸标注

（3）常见底板

图4.12给出了4种工程上常见底板的尺寸标注示例，4种底板为什么都不应或不宜标注它们的总长，即图中画叉的尺寸，请读者自己分析。

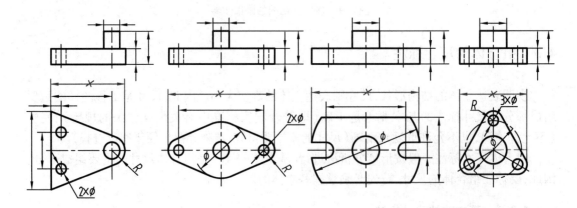

图4.12　常见底板的尺寸标注

4.3.2　切割体的尺寸标注

切割体的尺寸标注步骤如下：

①标注完整体的尺寸（见图4.13中不带"×"的黑色尺寸）。

②标注截平面的位置尺寸（见图4.13中的红色尺寸）。

基本体大小一定且截平面位置一定后，交线的形状和大小就唯一确定了。因此，交线不注尺寸。图4.13中，带"×"者表示错误的尺寸标注。

4.3.3　组合体的尺寸标注

（1）尺寸种类

1）定形尺寸

定形尺寸是指确定组合体各组成部分形状大小的尺寸，如图4.14所示黑色尺寸85,42,

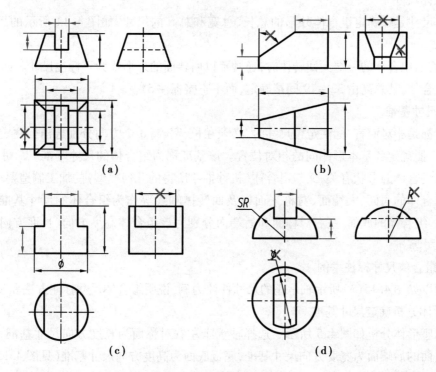

图 4.13 切割体的尺寸标注

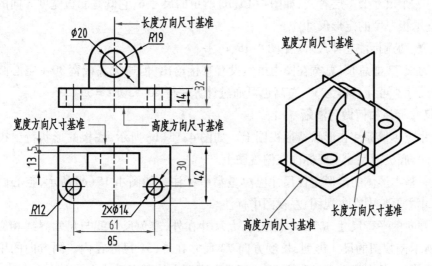

图 4.14 组合体的尺寸种类及尺寸基准

14 等。

2)定位尺寸

定位尺寸是指确定组合体各组成部分之间相对位置的尺寸,如图 4.14 所示红色尺寸 30,61,32,5。

3)总体尺寸

总体尺寸是指确定组合体外形的总长、总宽和总高的尺寸,如图 4.14 所示的尺寸 85,42,32 + 19。

注意:当组合体的一端为回转体时,通常不以回转面的外形线为界标注尺寸。如图 4.14 所示的组合体,其总高由 32 + 19 间接确定,而不直接标注 51。

(2)尺寸基准

位置都是相对而言,标注定位尺寸时,必须在长、宽、高 3 个方向分别选出标注定位尺寸的基准,以便确定各基本形体间的相对位置。该基准称为组合体的尺寸基准。尺寸基准的确定既与组合体的形状有关,又与组合体(机件抽象所得的几何模型)的加工制造要求有关。通常选组合体的底面、大端面、对称平面以及回转体轴线等作为组合体的尺寸基准。如图 4.14所示,组合体的底面、左右对称面和后端面分别为该组合体高度方向、长度方向和宽度方向的尺寸基准。

(3)组合体尺寸标注举例

下面以如图 4.15(a)所示轴承座的尺寸标注为例,说明组合体尺寸标注方法和步骤。

1)形体分析确定尺寸基准

轴承座形体分析如图 4.5 所示。选择轴承座左右对称面为长度方向尺寸基准,底板及支承板共面的后端面为宽度方向尺寸基准,底板底面为高度方向尺寸基准(见图 4.15(a))。

2)逐个标注各基本形体的定形、定位尺寸(见图 4.15(b)—(d))

注意:一个尺寸的多层含义,如图 4.15(d)所示的尺寸 6,它既是肋板宽度方向的定位尺寸,又是支承板厚度的定形尺寸。

3)检查、协调标注总体尺寸(见图 4.15(e))

底板的长 72 即总长,总宽在图中虽然没有直接给出,但通过底板宽 30 + 空心圆柱宽度方向定位尺寸 4 可计算得为 34,总高也可通过计算获得 40 + 30/2 = 55。

(4)尺寸标注如何做到清晰

①尺寸应尽量标注在形状特征视图上。如图 4.15(b)所示,底板的形状特征视图为俯视图。因此,底板的尺寸主要标注在俯视图上。

②同一基本形体的定形定位尺寸应尽量集中标注。如图 4.15(c)所示,空心圆柱的定形定位尺寸主要集中在主视图、左视图中标注。

③同方向的平行尺寸,应小尺寸在内,大尺寸在外,避免尺寸线与尺寸界线相交。如图 4.15(e)所示俯视图的尺寸排列,长度方向 72 尺寸在外,51 尺寸在内。同方向的串联尺寸应尽量排列在一条直线上,如图 4.15(e)所示左视图中的宽度尺寸 4,6,12。

④回转体的直径尽可能标注在非圆视图中,尽可能避免在细虚线上标注尺寸。

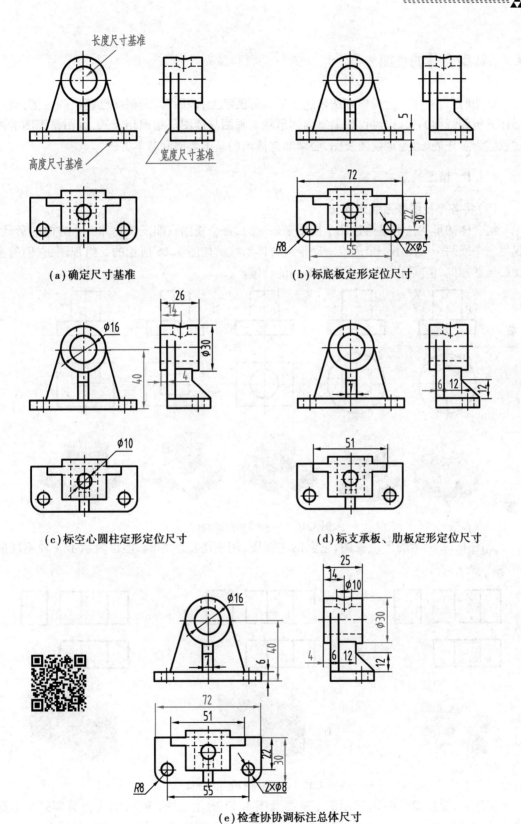

(a) 确定尺寸基准

(b) 标底板定形定位尺寸

(c) 标空心圆柱定形定位尺寸

(d) 标支承板、肋板定形定位尺寸

(e) 检查协协调标注总体尺寸

图 4.15 组合体尺寸标注

4.4 读组合体的视图

画图时,将物体按正投影方法表达在平面的图纸上;读图时,则根据已画出的视图,通过形体分析和线面的投影分析,想象出物体形状。画图与读图是相辅相成的,读图是画图的逆过程。为了正确、迅速地读懂视图,必须掌握读图的基本要领和基本方法。

4.4.1 读图的基本要领

(1)将各个视图联系起来阅读

组合体的形状一般是通过几个视图来表达的,每个视图只能反映物体一个方向的形状,仅由一个或两个视图不一定能唯一确定组合体形状。如图4.16所示的5组视图,它们的主视图虽然相同,但实际上表示了5种不同的物体。

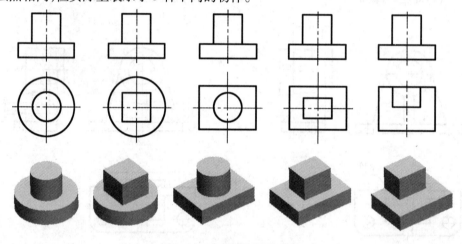

图 4.16　主视图相同的物体

如图4.17所示的3组视图,它们的主视图、俯视图虽然相同,但也表示了3种不同的物体。

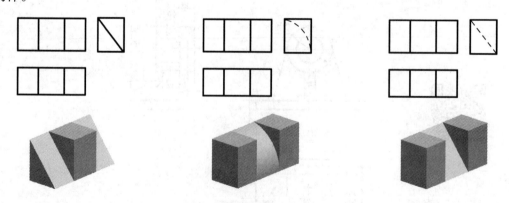

图 4.17　主俯视图相同的物体

实际上,根据如图4.16所示的主视图及图4.17的主视图、俯视图,还可分别想象出更多不同形状的物体。由此可知,看图时必须把给出的全部视图联系起来进行分析识读,才能想象出物体的完整形状。

(2)要明确视图中图线、线框的含义

视图中的图线有以下 3 种含义：

①是立体上某一表面(平面或曲面)投影的积聚,如图 4.18(a)所示的图线 1。

②是立体上两个表面交线的投影,如图 4.18(a)所示的图线 2。

③是立体上曲表面的外形轮廓线的投影,如图 4.18(a)所示的图线 3。

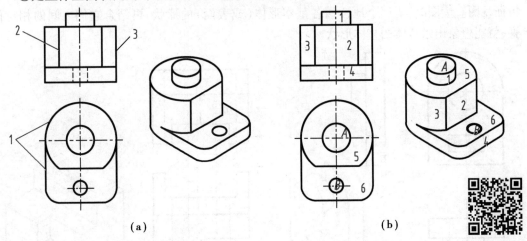

图 4.18 视图中图线、线框的含义

视图中的封闭线框有以下两种含义：

①表示一个简单形体的投影,如图 4.18(b)所示的线框 1,A。

②表示立体某个表面(平面、曲面、平面与曲面相切的组合面)的投影,如图 4.18(b)所示的线框 2,3,4。

视图中相邻两个封闭线框有以下 3 种含义：

①立体上相邻两形体的投影。

②立体上相交两表面的投影。

③立体上同向错位两表面的投影。

如图 4.18(b)所示,相邻线框 2,3 是相交两表面的投影;相邻线框 2,4 则是前后相错两表面的投影;相邻线框 5,6 则是上下相错两表面的投影。

视图中封闭线框内的封闭线框的含义:是立体上凸或凹部分的投影,如图 4.18(b)所示俯视图中的线框 A 及线框 B。

读图时,应根据视图中图线、线框的含义,认真分析形体之间相邻表面的相互位置。

(3)从反映形体特征的视图入手

形体特征是指形状特征和位置特征。

能清楚地表达物体形状特征的视图,称为形状特征视图;能清楚地表达构成组合体的各基本形体之间相互位置关系的视图,称为位置特征视图。

通常主视图能较多反映组合体整体的形状特征。因此,读图时常从主视图入手,但组合体中各基本形体的形状特征不一定都集中在主视图上,读图时应先找出各基本形体的形状特征视图,再配合各基本形体的其他视图来识读,并把组合体各基本形体的相对位置拼合起来,就能迅速、正确地想象出该组合体的空间形状。

如图 4.19 所示的两个物体,图 4.19(a)中线框 Ⅰ,Ⅱ,Ⅲ在主视图中形状特征很明显,但前后相对位置不清楚。对照左视图可知,圆形和矩形线框中一个向前凸出,另一个是方孔,只有对照主视图、左视图识读才能确定。因此,左视图是凸块和孔的位置特征视图。同理,图 4.19(b)中,主视图反映该形体前部表面的形状特征,而俯视图反映了该形体前部表面间的相对位置。因此,主视图是这 3 个表面的形状特征视图,俯视图是这 3 个表面的位置特征视图。读图时,要逐个地读懂各基本形体(或表面)的形状,再结合它们之间的相对位置,就能想象出组合体的整体形状。

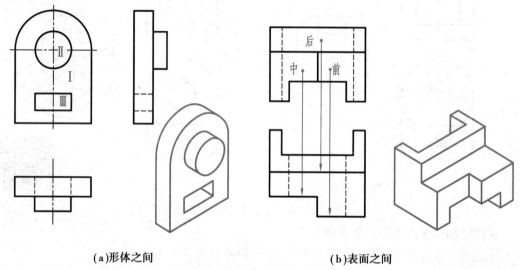

(a)形体之间   (b)表面之间

图 4.19　形状特征与位置特征

(4)善于构思物体的形状

为了提高读图能力,应注意不断培养构思物体形状的能力,从而进一步丰富空间想象能力,达到能正确和迅速地读懂视图。因此,一定要多读图,多构思物体的形状。如图 4.20 所示,已知主视图,构思形体,可以有许多情况,如左视图。

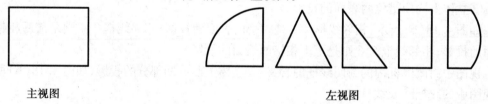

主视图   左视图

图 4.20　善于构思形体

4.4.2　读图的基本方法

(1)形体分析法

读以叠加为主的组合体视图主要采用形体分析法。

读图的基本方法与画图一样,主要也是运用形体分析。在反映形状特征比较明显的主视图上,首先按线框将组合体分为几部分(即几个基本形体);然后通过投影关系找到各线框所表示的部分在其他视图中的投影,从而分析各部分的形状以及它们之间的相对位置;最后综合起来想象组合体的整体形状。下面举例说明用形体分析法看图的方法和步骤。

例 4.1　根据如图 4.21(a)所示组合体的三视图,想象出该组合体的形状。

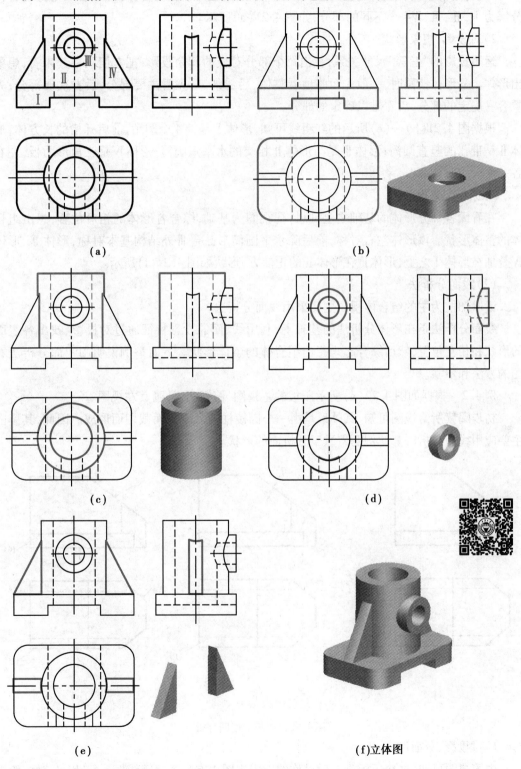

(a)

(b)

(c)

(d)

(e)

(f)立体图

图 4.21　用形体分析法看图

1)分析形体、分线框

一般从特征视图出发,这里是主视图。对照主视图,经过粗略分析,可按线框把组合体分解为Ⅰ,Ⅱ,Ⅲ,Ⅳ4个不同的部分,如图4.21(a)所示。

2)对投影,想象形状

运用投影的"三等"尺寸关系,找出每个部分对应的其余投影,把它们联系起来看,想象出形体。分形体读图时,一般先粗略地看整体,后看细节;先看主要部分,后看次要部分;先看容易确定的部分,后看难以确定的部分。

根据图4.21(b)—(e)所示的红粗线可知,形体Ⅰ是带4个圆角、前后开槽的长方体;形体Ⅱ是带孔的竖直圆筒;形体Ⅲ是与形体Ⅱ相交的水平短圆筒;形体Ⅳ是三角形肋板,左右各一块。

3)综合起来想整体

在看懂各部分形体的基础之上,以特征视图为基础,综合各形体的相对位置,想出组合体的整体形状。该形体左右对称,前后除水平圆筒形凸台Ⅲ外结构基本对称,形体Ⅱ、形体Ⅳ叠加在形体Ⅰ之上,形体Ⅲ在形体Ⅱ的正前方,形状如图4.21(f)所示。

(2)线面分析法

读以切挖为主的组合体视图主要采用线面分析法。

线面分析法是在形体分析法的基础上,利用线、面的投影特征通过对投影、找出各表面的形状和相互位置,然后综合起来想出组合体的整体形状。下面举例说明用线面分析法看图的方法和步骤。

例4.2 根据如图4.22(a)所示压板的主视图、俯视图,补画其左视图。

初步阅读所给视图可知,其外形是由一个四棱柱被多个平面截切而形成。因此,其读图主要应用线面分析法。此例题着重于分析面的形状。

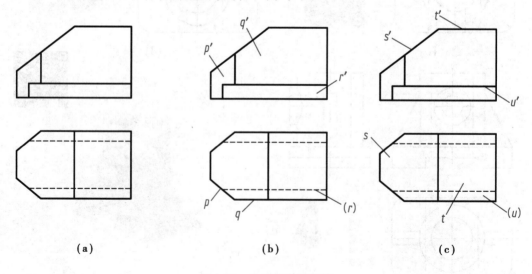

| (a) | (b) | (c) |

图4.22 压板的读图分析

1)对投影,分面形

由俯视图可知,这块压板是前后对称的。主视图中有3个封闭线框p',q'和r',对应俯视图中压板前半部的 3 个平面 P,Q,R 的积聚成直线的投影 p,q,r。不难看出，Q 和 R 是正平面，P 是铅垂面，如图 4.22(b)所示。再分析俯视图中两个可见的封闭线框 s 和 t，对应着主视图中两个平面 S 和 T 积聚成直线的投影 s' 和 t'。显然，S 是正垂面，T 是顶部水平面。而压板前半部在细虚线之前的不可见封闭线框 u，对应主视图中水平面 U 的积聚成直线的投影 u'，如图 4.22(c)所示。

2）综合各面的相对位置想整体

经过上述分析，可想象压板是一长方体，被正垂面 S 切去左上角，再用铅垂面 P 前后对称地切去左端前后两角，最后用水平面 U 和正平面 R 前后对称地切去两块四棱柱得到。压板形成的立体图如图 4.23 所示。

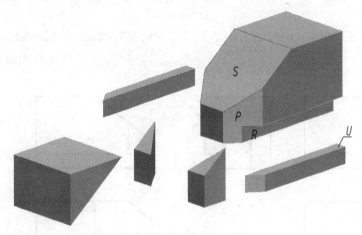

图 4.23　压板形成的立体图

3）作压板的左视图

如图 4.24(a)所示，据压板的长、宽、高画出长方体的三视图，主视图上用正垂面截切后，补画俯视图和左视图中截交线。

如图 4.24(b)所示，当长方体被前后对称的铅垂面 P 截切后，首先画俯视图，按长对正找出Ⅰ和Ⅲ、Ⅱ和Ⅳ的正面投影；然后"由二求一"补画截交线ⅠⅡ，ⅢⅣ的侧面投影，从而作出左视图。这里要注意，Ⅰ和Ⅲ、Ⅱ和Ⅳ点投影的正确求取，这是关键。

如图 4.24(c)所示，在正垂面和铅垂面截切的基础之上，作底部被正平面 R 和水平面 U 截切掉前后对称的两块四棱柱，由水平面 U 的主视图 u' 按高平齐和正平面 R 的俯视图 r 按宽相等、前后对应作出它们的左视图，形成了压板下部在左视图中前后两缺口。

4）检查、修改后加深图线

检查时，可检查几个投影面的平行面、投影面的垂直面是否已正确画出，重点用投影面的垂直面投影的类似性检查。如图 4.24(d)所示，正垂面 S 的水平和侧面投影应是类似的六边形，铅垂面 P 的正面投影和侧面投影也应是类似的六边形，检查完后把切去形体的多余图线擦去，加深即可。

例 4.3　根据如图 4.25(a)所示架体的主视图、俯视图，补画其左视图。

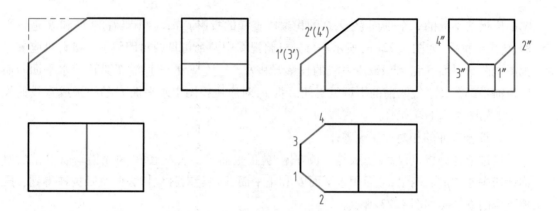

(a)用正垂面S截去长方体的左上角　　　　(b)用前后对称的铅垂面P截去左前角和左后角

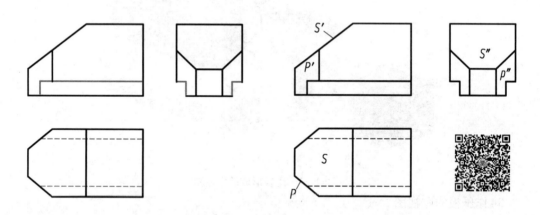

(c)前后对称的水平面U和正平面R截去底部前后各一块　　　　(d)作图结果

图4.24　补画压板左视图的作图过程

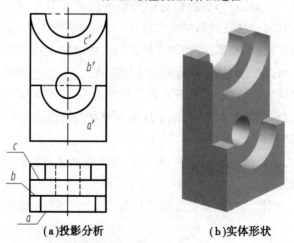

(a)投影分析　　　　(b)实体形状

图4.25　架体的读图分析

　　阅读所给视图可知,它是由基本体四棱柱被挖切而形成。因此,其读图主要应用线面分析法。步骤与上面例题一样,但此题更注重于面形之间相对位置的分析。

　　分析整体形状:视图中的封闭线框表示物体上一个平面或曲面的投影,在一个视图中要确定面与面之间的相对位置,必须通过其他视图来分析。

　　首先从简单结构突破,从图 4.25(a)给定的已知视图分析,位于中部的孔穿过了形体后面两个层次,在主视图中的 3 个封闭线框 a',b',c' 中,B 平面应是该孔的前端面,主视图无细虚线,该形体可能从前向后逐渐是升高的。因此,假设 A,B,C 面是一系列正平面,在俯视图中可能分别对应着 a,b,c 3 条直线。然后按投影关系对照主、俯视图可知,这个架体分为前、中、后 3 层,前层中部切割成一个直径较小的半圆柱槽,中层切割成一个直径较大的半圆柱槽,后层中部又切割了一个直径最小的半圆柱槽。由这 3 个半圆柱槽的主视图、俯视图还可知,具有最低、较小直径的半圆柱槽位于前层,而具有最高、最小直径的半圆柱槽位于后层,具有最大直径的半圆柱槽位于中层。

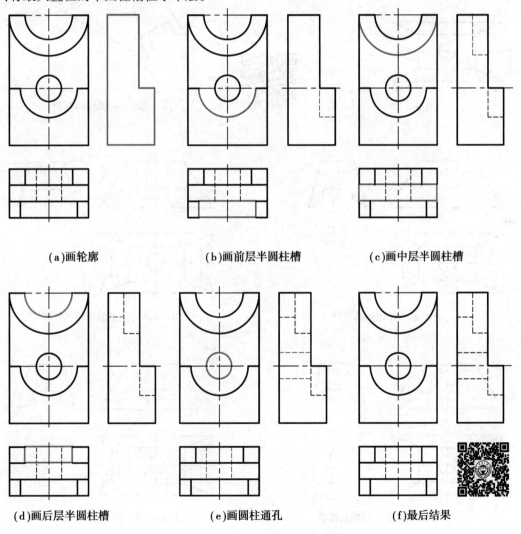

　　(a)画轮廓　　　　　　　(b)画前层半圆柱槽　　　　　(c)画中层半圆柱槽

　　(d)画后层半圆柱槽　　　　(e)画圆柱通孔　　　　　　(f)最后结果

图 4.26　补画架体左视图的作图过程

经过上述分析,就可想象出物体的整体形状如图 4.25(b)所示。读懂形体并弄清立体各表面的形状及相对位置,就可逐步补出物体的左视图,如图 4.26(a)—(f)所示。

例 4.4 如图 4.27(a)所示,补画夹铁视图中缺漏的图线。

1)读懂夹铁结构形状

分析已知视图可知,夹铁由四棱台切割形成,四棱台下方从左向右切去一通槽(通槽由一个水平面、两个正平面和两个侧垂面切割形成),夹铁正中穿有一个与通槽接通的圆柱孔(见图 4.27(b))。

2)补画夹铁视图中缺漏图线

补线作图过程如图 4.27(c)—(f)所示。

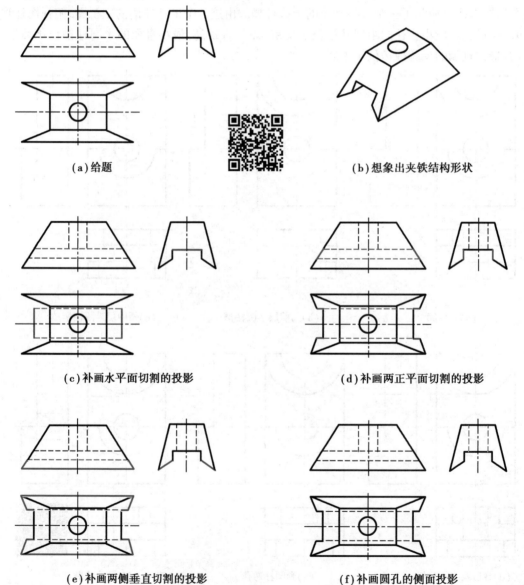

(a)给题

(b)想象出夹铁结构形状

(c)补画水平面切割的投影

(d)补画两正平面切割的投影

(e)补画两侧垂直切割的投影

(f)补画圆孔的侧面投影

图 4.27 补画夹铁视图中缺漏的图线

4.5　组合体的构型设计

组合体的构型设计是以工程零件或工业产品为观察对象,以基本体为基础,按叠加或切割的方法,构造出新的组合体,并表达成图样的过程。组合体的构型设计是在满足一定条件的基础上"想物""造物"画图,进行组合体构型设计训练,有利于进一步提高空间想象能力和形体设计能力,有利于开拓思维的培养,为机械零件的构型设计以及工程设计打好基础。

4.5.1　构型设计应注意的问题

①构型要符合工程实际,要便于成形。构形时,两形体间不宜用线或面连接,如图 4.28(a)—(c)所示。为了便于加工成形,内腔不应设计为封闭,如图 4.28(d)所示。

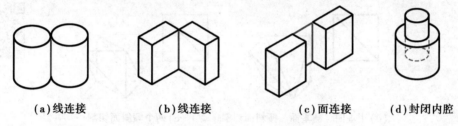

（a）线连接　　　　（b）线连接　　　　（c）面连接　　　　（d）封闭内腔

图 4.28　不合理或不易成形的构形

②为了便于绘图、标注尺寸以及模型制作,构型时一般采用平面或回转面造型,没有特殊需要时不采用任意曲面造型。

4.5.2　构型设计举例

（1）根据给定视图进行构形设计

例 4.5　如图 4.29 所示,根据给定的主视图构思不同组合体。

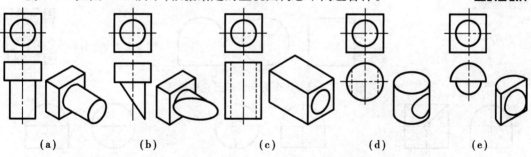

（a）　　　　　（b）　　　　　（c）　　　　　（d）　　　　　（e）

图 4.29　给定主视图构思不同组合体

按不同基本体进行构思:

①将主视图中的方线框看成四棱柱,圆线框看成圆柱构思形体(见图 4.29(a)—(c))。

②将主视图中的方线框看成圆柱,圆线框看成圆柱、圆球或圆锥,可构思不同形体(见图 4.29(d)、(e)),读者还可进行更多的构思设计。

例 4.6　如图 4.30 所示,根据给定的主视图、俯视图构思不同组合体。

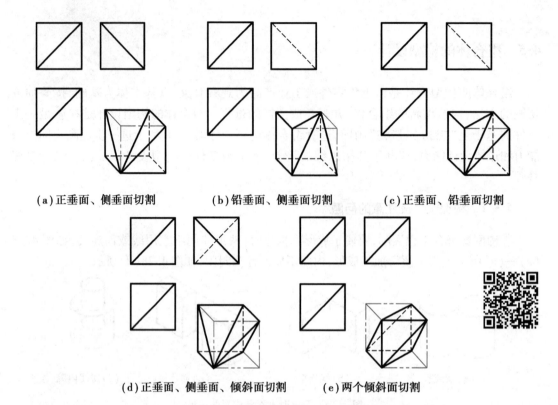

(a)正垂面、侧垂面切割　　　　(b)铅垂面、侧垂面切割　　　　(c)正垂面、铅垂面切割

(d)正垂面、侧垂面、倾斜面切割　　　(e)两个倾斜面切割

图 4.30　给定主视图、俯视图构思不同组合体

按同一基本体(正方体)构思,采用不同切割方式构造组合体(见图 4.30(a)—(e))。读者还可进行更多的构思设计。

(2)根据给定形体外形轮廓投影进行构型设计

根据给定形体的外形轮廓投影,通过对基本体的切割和叠加来进行构思。

例 4.7　如图 4.31 所示,已知组合体 3 个方向的外形轮廓投影,构思组合体,并完成三视图绘制。

图 4.31　已知 3 个方向的外形轮廓投影

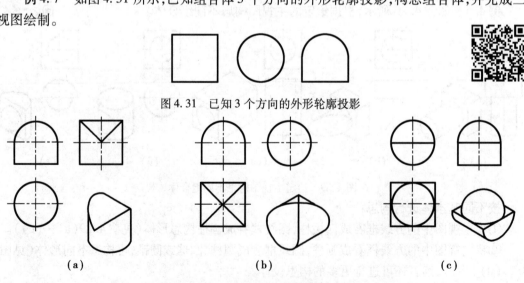

(a)　　　　　　　　　　　(b)　　　　　　　　　　　(c)

图 4.32　根据给定形体 3 个方向的外形轮廓投影构思不同组合体

分析:根据所给的3个外形轮廓投影,首先想到的基本体是圆柱,因圆柱的三面投影中,有两个与所给的外形轮廓投影相吻合。因此,在基本体为圆柱的基础上进行构思。

如图4.32所示为构思的3种不同组合体。读者还可进行更多的构思。

（3）根据给定基本体进行构型设计

根据给定的基本体,按不同的相对位置进行叠加,构思不同组合体。

例4.8　如图4.33（a）所示,已知3个基本体,构思不同组合体,并完成三视图绘制。

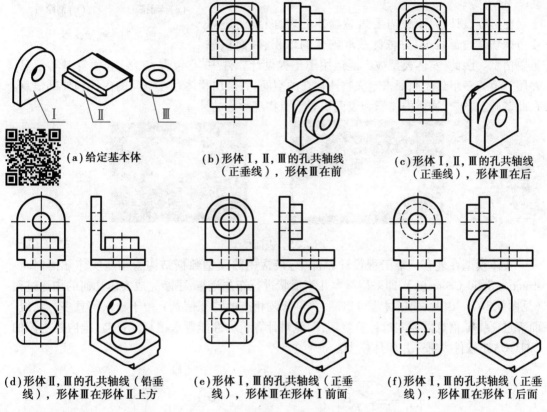

（a）给定基本体

（b）形体Ⅰ,Ⅱ,Ⅲ的孔共轴线（正垂线）,形体Ⅲ在前

（c）形体Ⅰ,Ⅱ,Ⅲ的孔共轴线（正垂线）,形体Ⅲ在后

（d）形体Ⅱ,Ⅲ的孔共轴线（铅垂线）,形体Ⅲ在形体Ⅱ上方

（e）形体Ⅰ,Ⅲ的孔共轴线（正垂线）,形体Ⅲ在形体Ⅰ前面

（f）形体Ⅰ,Ⅲ的孔共轴线（正垂线）,形体Ⅲ在形体Ⅰ后面

图4.33　给定基本体构思不同组合体

根据所给3个基本体,按不同相对位置叠加构思出5种不同的组合体（见图4.33（b）—（f）,显然根据所给3个基本体,读者还可进行更多的构思设计。

视野拓展

规则形体三维构型

空间规则形体三维构型在计算机中以线框模型（Wireframe Modeling）、表面模型（Surface Modeling）和实体模型（Solid Modeling）进行表达和显示。在计算机三维设计发展的起步阶段,采用特征线和特征点进行三维物体的表达,在计算机中物体通常显示为线框模型（见图4.34）,由于没有足够的表面和实体的信息,三维物体表达不准确。

随着计算机性能不断提升以及动画和影视设计的发展需求，以表达物体表面信息为主的表面模型得到快速发展。表面模型是在线框模型基础上增加了物体表面信息，主要表达曲面、曲线和端点(见图4.35)。开发者进一步发展了计算几何的相关理论，给出相邻曲面之间的连接算法，满足了曲面连接的光顺性要求。典型的软件系统有3D Max, Maya 等。

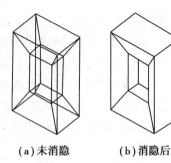

(a)未消隐 　　(b)消隐后

图4.34　线框模型

在工程设计中，不仅需要表达物体的表面特征，还需要考虑物体内部特征，并依此获取物体的体积、表面积等重要信息。因此，实体模型被广泛运用于工程设计软件中，它包含点、线、表面等基本信息，并用一组或多组封闭曲面来定义物体存在的空间，并给出物体存在空间的内部和外部信息。在此基础上，进行物体的体积和表面积等重要物理参数的计算。

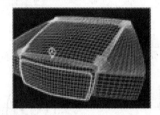

图4.35　表面模型

实体模型在现有三维工程设计软件中，最常用的模型数据结构为构造实体几何(Constructive Solid Geometry)，即采用基本几何形状进行布尔运算，不断完成实体几何的构建过程(见图4.36)。因此，建模过程可追溯，并可修改相应的特征信息。由于输入信息多，点、线、面等重要特征信息需要实时计算更新，因此对计算机的性能要求很高。目前，国内外主流的CAD, CAM 软件大都采用实体模型。

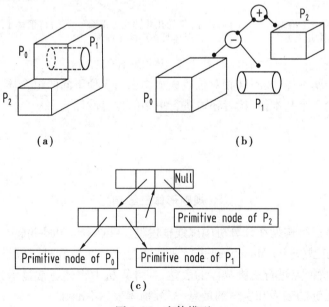

图4.36　实体模型

第5章 轴测图

工程中,常用的多面正投影图能完整、准确地表达出物体各部分结构形状,且作图方便,但这种图样缺乏立体感,只有具备一定的读图能力才能读懂。为了帮助看图,工程中还常采用轴测投影图来表达物体。轴测图具有直观性好,有一定的立体感和一定的可直接度量性,一般人都能看懂,但绘制较繁,因此常作为辅助手段和对多面正投影的补充表达来使用。本章介绍轴测图的形成及常用轴测图的绘制方法。

5.1 轴测图的基本知识

5.1.1 轴测图的形成

轴测图是将物体连同其参考直角坐标系,沿着不平行于任一坐标平面的方向,用平行投影法投射在单一投影面上所得到的图形。如图 5.1 所示,生成轴测图的投影面 P,称为轴测投影面;3 根直角坐标轴 OX,OY,OZ 的轴测图 O_1X_1,O_1Y_1,O_1Z_1,称为轴测轴。轴测图能同时反映出物体的长、宽、高 3 个方向的尺度信息,尽管物体的大小形状有所改变,但比多面正投影形象、生动,更富立体感。

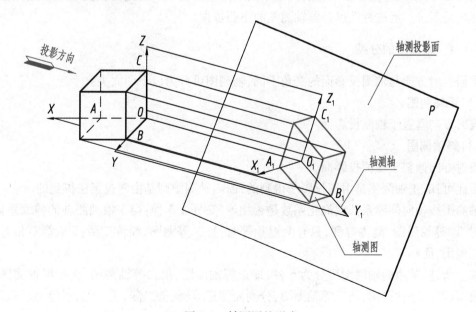

图 5.1　轴测图的形成

5.1.2 轴间角和轴向伸缩系数

（1）轴间角

如图 5.1 所示，在轴测图中，两轴测轴之间的夹角 $\angle X_1 O_1 Y_1$，$\angle X_1 O_1 Z_1$ 和 $\angle Y_1 O_1 Z_1$，称为轴间角。

（2）轴向伸缩系数

轴测轴上的单位长度与相应直角坐标轴上的单位长度的比值，称为轴向伸缩系数（简称伸缩系数）。OX，OY 和 OZ 轴上的伸缩系数分别用 p，q 和 r 表示，则

$$p = \frac{O_1 A_1}{OA}, \quad q = \frac{O_1 B_1}{OB}, \quad r = \frac{O_1 C_1}{OC}$$

轴测轴 $O_1 X_1$，$O_1 Y_1$，$O_1 Z_1$ 的轴向伸缩系数可简化，简化后简称简化系数。

5.1.3 轴测投影的基本性质

轴测投影是一种平行投影。因此，它具有平行投影的投影特性。

（1）平行性

物体上相互平行的线段在轴测图上仍然相互平行。

（2）定比性

空间同一线段上各段长度之比在轴测投影中保持不变。

（3）等比性

空间相互平行的线段其轴测投影伸长或缩短的倍数相同。

由上述特性可知，在画轴测图时，物体上平行于各坐标轴的线段应按平行于相应轴测轴的方向画出，并根据各坐标轴的轴向伸缩系数来测量其尺寸。因此，"轴测"二字即沿轴测轴方向测量的意思。上述特性也是画轴测图的主要依据。

5.1.4 轴测图的分类

根据投射方向与轴测投影面的夹角不同，轴测图可分为以下两大类：

（1）正轴测图

投射方向垂直于轴测投影面。

（2）斜轴测图

投射方向倾斜于轴测投影面。

由此可知，正轴测图是由正投影法得到的，而斜轴测图则是由斜投影法得到的。

轴测图按轴向伸缩系数或简化系数是否相等，又分成 3 种：当 3 根轴测轴的伸缩系数都相等时，称等轴测图，简称等测；只有两根相等时，称二等测图，简称二测；3 根都不相等时，称为三测图，简称三测。

综上所述，常用的轴测图可分为 6 种，即正等轴测图、正二等轴测图、正三等轴测图、斜等轴测图、斜二等轴测图、斜三等轴测图，分别简称正等测、正二测、正三测、斜等测、斜二测、斜三测。

作物体的轴测图时,应先选择画哪一种轴测图,从而确定各轴向伸缩系数和轴间角。轴测图可根据已确定的轴间角,按表达清晰和作图方便来安排,而 Z 轴常画成铅垂位置。轴测图中,应用粗实线画出物体的可见轮廓,为了使画出的图形清晰,通常不画出物体的不可见轮廓,必要时可用细虚线画出物体的不可见轮廓。绘图时,轴测轴随轴测图同时画出,也可省略不画。

5.2　正等轴测图的画法

5.2.1　轴间角及轴向伸缩系数

当 3 根直角坐标轴 OX,OY,OZ 对轴测投影面的倾角相等时,所得到的正轴测图就是正等轴测图,如图 5.2(a)所示。正等轴测图的轴间角 $\angle X_1O_1Y_1 = \angle X_1O_1Z_1 = \angle Y_1O_1Z_1 = 120°$,轴向伸缩系数 $p = q = r \approx 0.82$,为了作图方便,一般将轴向伸缩系数简化为1,即 $p = q = r = 1$,如图 5.2(b)所示。

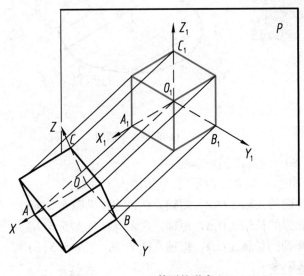

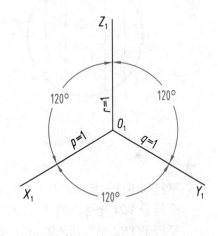

(a)正等测的形成　　　　　　　　　　(b)轴间角和轴向简化系数

图 5.2　正等轴测图

采用简化系数作图时,沿轴向的所有尺寸都用真实长度量取,简捷方便。由于画出的图形沿各轴向的长度都分别放大了约 1.22 倍(1/0.82≈1.22)。因此,画出的轴测图尺寸被放大了,但图形的形状并未改变,对图形的立体感也无影响,如图 5.3 所示。

5.2.2　平行于坐标面的圆的正等轴测图画法

坐标法是绘制轴测图的基本方法,圆平面的轴测投影也可采用坐标法绘制。

①在圆平面上确定直角坐标系 XOY,并在圆周上取若干点(见图 5.4(a))。

②画轴测轴 $X_1O_1Y_1$,用坐标法绘制圆周上若干点的轴测投影,再光滑连接各点既得该圆的正等轴测图(见图 5.4(b))。

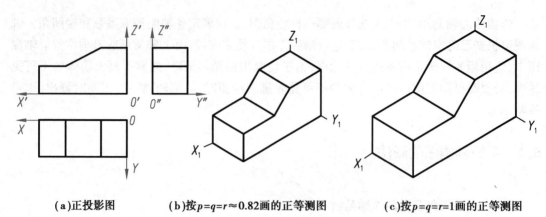

（a）正投影图　　　　　（b）按$p=q=r\approx0.82$画的正等测图　　　　（c）按$p=q=r=1$画的正等测图

图 5.3　正等轴测图的轴向变形系数

由此可知,平行于坐标面的圆的正等轴测图是椭圆。

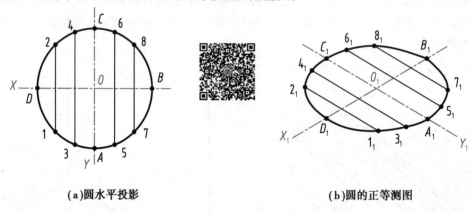

（a）圆水平投影　　　　　　　　　　　　（b）圆的正等测图

图 5.4　平行于 XOY 坐标面圆的正等轴测图

平行于不同坐标面的圆其正等测椭圆的长、短轴方向不同,分析图 5.5 可知:

平行于 XOY 坐标面的圆,其正等测椭圆的长轴$\perp O_1Z_1$,短轴$//O_1Z_1$ 轴(见图 5.5(a))。

平行于 YOZ 坐标面的圆,其正等测椭圆的长轴$\perp O_1X_1$,短轴$//O_1X_1$ 轴(见图 5.5(b))。

平行于 ZOX 坐标面的圆,其正等测椭圆的长轴$\perp O_1Y_1$,短轴$//O_1Y_1$ 轴(见图 5.5(c))。

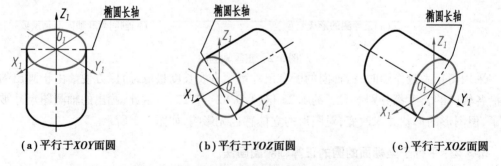

（a）平行于XOY面圆　　　　（b）平行于YOZ面圆　　　　（c）平行于XOZ面圆

图 5.5　平行于不同坐标面的圆的正等轴测图

　　为简化作图,上述椭圆常采用 4 段圆弧连接的近似画法,即四心法作椭圆。如图 5.6 所示为平行于 XOY 坐标面圆的正等轴测图(椭圆)的近似画法。同理,可绘制平行于 XOZ,YOZ 坐标面的圆的正等轴测图(椭圆)。

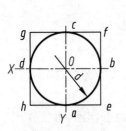

（a）以圆心为坐标原点，
两中心线为坐标轴

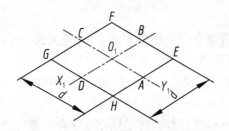

（b）画轴测轴O_1X_1，O_1Y_1，按圆的直径d
作A，B，C，D 4点，得菱形$EFGH$

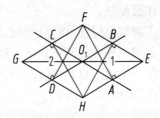

（c）分别以顶点F和H与A，D，B，C
相连，与长对角线交于1，2两
点，F，H，1，2即为4个圆心

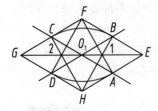

（d）分别以F，H为圆心，以HB
（或HC，FD，FA）为半径
画大圆弧BC和AD

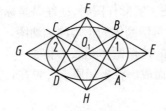

（e）分别以1，2为圆心，以$1B$（或
$2D$，$2C$，$1A$）为半径画小圆弧
AB，CD

（f）加深，完成作图

图5.6　平行于坐标面的圆的正等轴测图的近似画法

5.2.3　正等轴测图画法

（1）坐标法

坐标法是根据坐标关系，画出物体表面各顶点的轴测投影，然后连线形成物体的轴测图。坐标法是轴测图绘制的基本方法。

例5.1　绘制如图5.7所示正六棱柱的正等测轴测图。

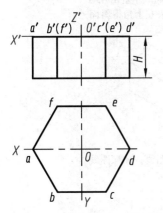

（a）确定坐标轴，原点
设在顶面中心

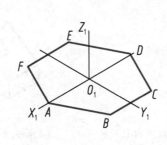

（b）完成顶面正六边形
的正等轴测图

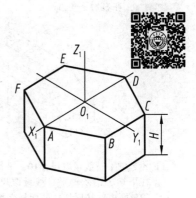

（c）由顶面各顶点作O_1Z_1轴平行线，
量取棱高H，得底面各顶点，连
接可见点，加深图线完成作图

图5.7　正六棱柱的正等轴测图

作图步骤：

①确定坐标轴，将坐标原点设置在正六棱柱顶面中心(见图5.7(a))。

②利用坐标绘制正六棱柱顶面的轴测投影(见图5.7(b))。

③利用轴测投影特性(平行性)完成6个棱面及底面的轴测投影，擦去作图线，描深，完成作图(见图5.7(c))。

注意：由于轴测图只画可见轮廓线，因此，将坐标原点取在六棱柱顶面上作图，可使作图过程简化。

(2)**切割法**

对不完整的物体，可先按完整物体画出，再利用轴测投影特性(平行性)对切割部分的进行作图，这种作图方法称为切割法。实际作图时，往往是坐标法、切割法两种方法综合使用。

例5.2　绘制如图5.8(a)所示切割体的正等测轴测图。

分析：由切割体的三视图可知，该切割体是长方体被一个正垂面切去左上角后，再由正平面和水平面切去上部前半部分而成。将坐标原点设置在长方体的右后下角。

其作图过程如图5.8所示。

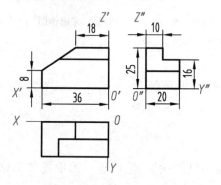
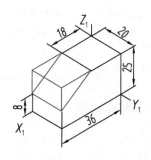

(a)在视图上确定坐标轴，原点在右后下角

(b)画轴测轴，沿轴测轴X_1，Y_1，Z_1量取36，20，25作长方体，并量出尺寸18，8，然后连线切去左上角得斜面

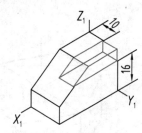
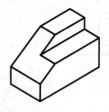

(c)沿Y_1轴平行线量取尺寸10，平行XOZ面由上往下切，沿Z_1轴平行线量取尺寸16，平行XOY面由前往后切，两面相交切去一四棱柱

(d)擦去多余图线，加深图线，完成所求

图5.8　用切割法作切口体的正等轴测图

例5.3　绘制如图5.9(a)所示切割圆柱体的正等测轴测图。

分析：由切割圆柱体的视图可知，铅垂圆柱被正垂面结合侧平面切去左上角。

作图步骤:

①确定坐标轴,将坐标原点设置在圆柱顶面的圆心处(见图 5.9(a)),圆柱顶面、底面为两个平行于 XOY 面的圆。

②利用图 5.6 的作图方法,绘制圆柱顶圆的轴测投影(椭圆),然后将该椭圆向下平移圆柱高,得圆柱底圆的轴测投影(椭圆),作两椭圆的公切线得圆柱的轴测投影图(见图 5.9(b))。

③利用坐标确定 A,B 两点轴测投影位置,再利用轴测投影特性(平行性)完成截平面 P 的正等轴测图(见图 5.9(c))。

④利用坐标绘制 Q 平面截切圆柱面产生交线的轴测投影。用 X,Y 坐标确定点 I 在圆柱底面的轴测投影位置,过此位置作 Z_1 轴的平行线,在该平行线上截取点 I 的 Z 坐标,得点 I 的轴测投影。同理,可完成点 II、III、VI、VII 的轴测投影(点 IV,V 的轴测投影上述第③步已求),依次圆滑连接各点即得 Q 平面截切的轴测投影图(见图 5.9(d))。

⑤擦去作图线及不可见轮廓线,加深图线完成所求(见图 5.9(e))。

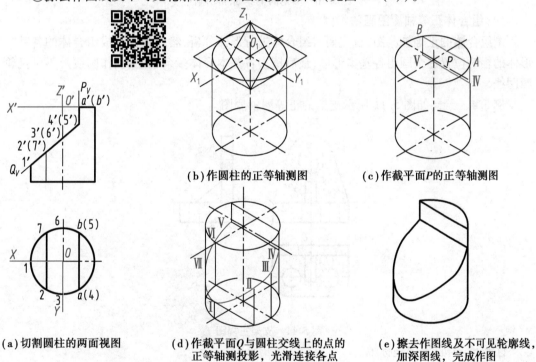

图 5.9　切割圆柱体的正等轴测图画法

作相贯体的正等轴测图的方法与作切割体的正等轴测图的方法一致,先作相交的两基本体的正等轴测图,再运用坐标法求相贯线的正等轴测投影。这里不再举例。

(3)圆角的正等轴测图画法

平行于坐标面的圆,其正等轴测投影为椭圆。由如图 5.6 所示椭圆的近似画法可知,椭圆由 4 段圆弧构成,其中菱形的钝角与大圆弧对应,锐角与小圆弧对应。工程中,常见底板上的圆角由 1/4 圆弧构成,圆角的正等轴测投影就是椭圆中的 4 段圆弧之一。带圆角底板的正等轴测图画法如图 5.10 所示。

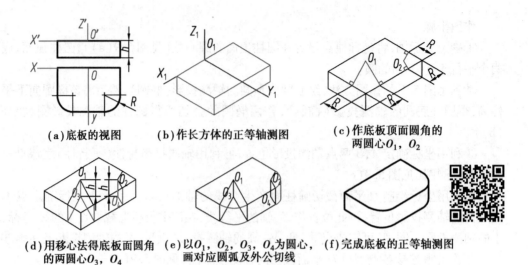

(a)底板的视图　　**(b)作长方体的正等轴测图**　　**(c)作底板顶面圆角的两圆心O_1，O_2**

(d)用移心法得底板面圆角的两圆心O_3，O_4　　**(e)以O_1，O_2，O_3，O_4为圆心，画对应圆弧及外公切线**　　**(f)完成底板的正等轴测图**

图 5.10　　圆角的正等轴测图画法

（4）组合体正等轴测图画法举例

画组合体的正等轴测图,首先要对组合体进行形体分析,然后根据构成组合体的各基本形体的相对位置逐个画出各基本形体,最后擦去各基本形体多余的图线、作图线及不可见轮廓图线。

例5.4　　绘制如图 5.11 所示支架的正等测轴测图。

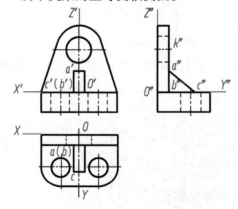

图 5.11　　支架三视图

①形体分析,确定坐标轴。

如图 5.11 所示,支架由上下两块板加一肋板组成。上面一块立板的顶部是圆柱面,立板的两侧面与圆柱面相切,中间有一圆柱通孔。下面是一块带圆角的长方形底板,底板的左右两边都有圆柱通孔。肋板位于底板上方立板前方与之相交。坐标轴的设置如图 5.11 所示。

②画轴测轴,按如图 5.10 所示的方法绘制底板的正等轴测图(见图 5.12(a))。

③按图 5.12(b)、(c)、(d)(e)、(f)顺序,绘制支架正等轴测图。

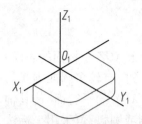

(a)画轴测轴及带圆角的底板

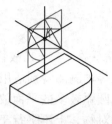

(b)用坐标确定立板前端面圆心 K,画立板前端面圆弧

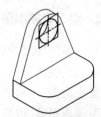

(c)完成立板轴测图,同 理绘制立板圆孔

(d)画底板圆孔

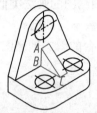

(e)用坐标确定 A,B,C 3 点轴测投影 位置,利用平行性画肋板轴测图

(f)擦去作图线及不可见轮廓 线,加深图线完成作图

图 5.12　组合体正等轴测图画法

5.3　斜二等轴测图的画法

5.3.1　轴间角、轴向伸缩系数

　　斜二轴测图是将物体上的坐标面 XOZ 放置成与轴测投影面 P 平行,采用斜投影(即投射方向∠轴测投影面 P)投射获得的轴测投影图,如图 5.13(a)所示。由于坐标面 XOY 平行于轴测投影平面,因此,X_1,Z_1 轴的轴向伸缩系数相等 $p = r = 1$,轴间角 $\angle X_1 O_1 Z_1 = 90°$。Y_1 轴的轴向伸缩系数 q 及轴间角 $\angle X_1 O_1 Y_1$,$\angle Y_1 O_1 Z_1$ 可随着投射方向的变化而变化。为了绘图简便,国家标准规定,选取轴间角 $\angle X_1 O_1 Y_1 = \angle Y_1 O_1 Z_1 = 135°$,$q = 0.5$,$Z_1$ 仍按竖直方向绘制,如图 5.13(b)所示。

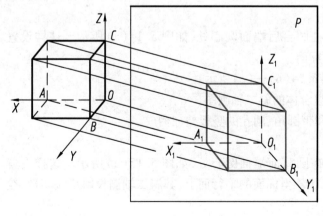

(a)斜二测的形成

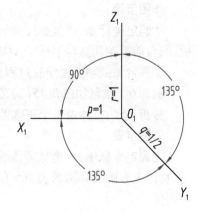

(b)轴间角和轴测轴的伸缩系数

图 5.13　斜二测轴测图

5.3.2　斜二等轴测图画法

由于斜二等测轴测图的轴向伸缩系数 $p = r = 1$，故物体上凡平行于 *XOZ* 坐标面的表面，其轴测投影都反映实形。因此，斜二等轴测图特别适用于绘制一个方向有较多圆或圆弧的物体的轴测投影图，可将物体上圆或圆弧较多的平面放置为坐标面 *XOZ* 的平行面，使其轴测投影仍为圆或圆弧，以简化作图。对物体上不平行于 *XOZ* 面的圆或圆弧，可采用坐标法完成其轴测投影。

物体的斜二等轴测图画法与正等轴测图的画法类似，基本方法仍是坐标法、切割法及综合法，只是二者的轴间角和轴向伸缩系数不同而已。

例 5.5　绘制如图 5.14(a)所示圆台的斜二轴测图。

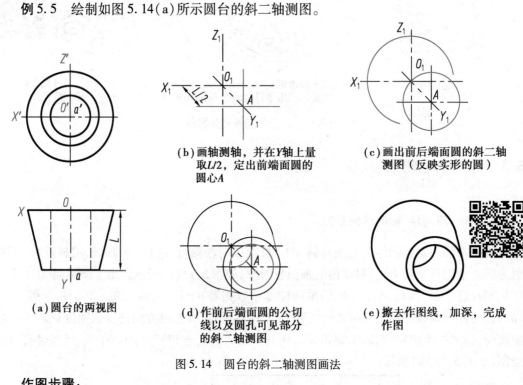

(b)画轴测轴，并在*Y*轴上量取*L*/2，定出前端面圆的圆心*A*

(c)画出前后端面圆的斜二轴测图（反映实形的圆）

(a)圆台的两视图

(d)作前后端面圆的公切线以及圆孔可见部分的斜二轴测图

(e)擦去作图线，加深，完成作图

图 5.14　圆台的斜二轴测图画法

作图步骤：

①确定坐标轴，将坐标原点设置在圆台后端面圆心处，如图 5.14(a)所示。这样设置后，圆台前后端面圆均平行于 *XOZ* 坐标面。

②圆台斜二轴测图绘制过程如图 5.14(b)—(e)所示。

例 5.6　绘制如图 5.15(a)所示组合体的斜二轴测图。

分析：该组合体由半个正垂圆筒和带圆角、圆孔的竖板叠加构成。

作图步骤：

①确定坐标轴，将坐标原点设置在圆筒前端面圆心处，如图 5.15(a)所示。这样设置后，物体上有圆弧和圆的表面均位于 *XOZ* 坐标面的平行面上，其斜二轴测投影反映实形，绘制简便。

②绘制过程如图 5.15(b)—(e)所示。

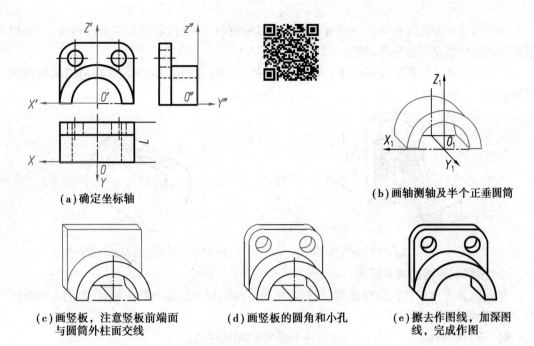

（a）确定坐标轴

（b）画轴测轴及半个正垂圆筒

（c）画竖板，注意竖板前端面　　　（d）画竖板的圆角和小孔　　　（e）擦去作图线，加深图
　　　与圆筒外柱面交线　　　　　　　　　　　　　　　　　　　　　　　线，完成作图

图 5.15　组合体斜二轴测图画法

5.4　轴测剖视图的画法和尺寸标注

为了在轴测图上能清楚表达物体内部结构形状,可假想用剖切平面将物体的一部分剖切去。这种剖切后的轴测图,称为轴测剖视图。

5.4.1　轴测剖视图的画法

(1)剖切平面和剖切位置的确定

在轴测剖视图中,剖切平面应平行于坐标面。通常用平行于坐标面的两个互相垂直的平面来剖开物体,一般只剖切物体的 1/4,避免破坏物体的完整性。

剖切平面一般应通过物体的对称平面或通过内部孔等结构的轴线。

(2)剖面线画法

①用剖切平面剖开物体时,剖切平面与物体的接触部分(截断面)应画上剖面线,剖面线应画成等距、平行的细直线。其方向如图 5.16 所示。

（a）正等轴测图剖面线画法　　　　　　　　　（b）斜二轴测图剖面线画法

图 5.16　轴测剖视图的剖面线方向

②当剖切平面通过物体的肋或薄壁的纵向对称面剖切时,这些结构不画剖面线,而是用粗实线将它与邻接部分分开,如图 5.17 所示。

③表示物体中间折断或局部断裂时,断裂处的边界线应画成波浪线,并在可见断裂面内加画细点(见图 5.18)。

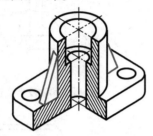

图 5.17　肋或薄壁不画剖面线　　　　图 5.18　折断或局部断裂处画细点

(3)轴测剖视图的两种画法

方法 1:首先画物体的完整轴测图,然后按选定的剖切位置画出断面轮廓,将剖去部分擦掉,在截断面上画上剖面线。

例 5.7　绘制如图 5.19(a)所示物体的正等轴测剖视图。

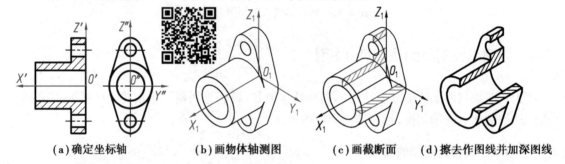

(a)确定坐标轴　　　(b)画物体轴测图　　　(c)画截断面　　　(d)擦去作图线并加深图线

图 5.19　轴测剖视图画法(一)

作图步骤:

①确定坐标轴,将坐标原点设置在物体右端面圆心处(见图 5.19(a))。

②画轴测轴,画物体完整轴测图(见图 5.19(b))。

③确定剖切位置,画出剖切后截断面图形,并在截断面上画出剖面线(见图 5.19(c))。

④擦去被剖切掉的部分,加深可见轮廓线,完成作图(见图 5.19(d))。

方法 2:首先画出截断面的轴测投影,然后画出物体内部、外部可见轮廓的轴测投影。该方法可减少不必要的作图线。

例 5.8　绘制如图 5.20(a)所示物体的斜二轴测剖视图。

作图步骤:

①确定坐标轴,将坐标原点设置在物体前端面圆心处(见图 5.20(a))。

②画轴测轴,确定剖切位置,画出剖切后截断面图形(见图 5.20(b))。

③画出内外部分可见轮廓线的轴测投影,加深图线即得该物体的斜二轴测剖视图(见图 5.20(c))。

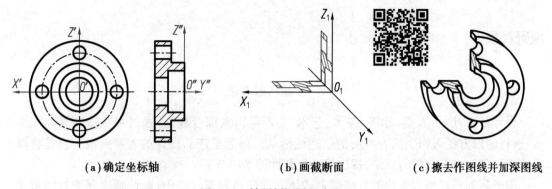

(a)确定坐标轴　　　　　(b)画截断面　　　　(c)擦去作图线并加深图线

图 5.20　轴测剖视图画法(二)

5.4.2　轴测图的尺寸标注

①轴测图的线性尺寸一般应沿轴测轴方向标注。尺寸数字应标注在尺寸线的上方,尺寸线必须与所标注的线段平行,尺寸界线一般应平行于该线段所在平面的某一投影轴。当图形中出现字头向下时,应引出标注,将尺寸数字引出水平注写(见图 5.21)。

②标注角度尺寸时,尺寸线应画成与该坐标平面相应的椭圆弧,角度数字一般注写在尺寸线的中断处,字头向上(见图 5.22)。

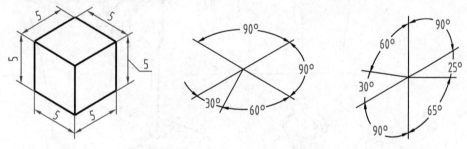

图 5.21　轴测图线性尺寸的注法　　　　图 5.22　轴测图角度尺寸的注法

③标注圆的直径时,尺寸线和尺寸界线应分别平行于圆所在平面内的轴测轴。标注圆弧半径或较小圆的直径时,尺寸线可从(或通过)圆心引出标注,但注写尺寸数字的横线必须平行于轴测轴(见图 5.23)。

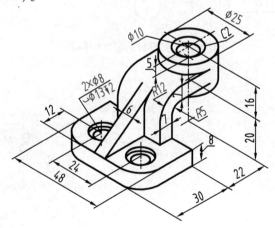

图 5.23　轴测图尺寸标注示例

视野拓展

产品创意表达

设计是将社会、人类、经济、技术、艺术、心理等因素综合起来,通过可获得的材料和手段,进行的以方便人们生活为目的的创造性活动。创意是产品设计的重要阶段。它是将调查信息和资料进行分析与总结,提出具有创新性的解决方案。

图形是创意思维和表达的具体信息载体。在产品创新过程中,设计师需要通过图形来实现创造性行为,并在完成创意后将全部产品以图表形式表示出来。在设计的初期阶段,需要采用草图作为记录工具,并在后续各个阶段不断完善,形成最后的产品设计图,如图 5.24 所示为咖啡机创意阶段构图。

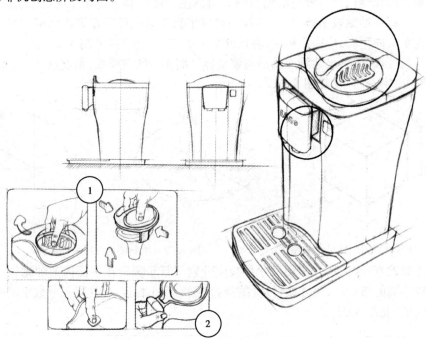

图 5.24 咖啡机创意阶段构图

第6章　机件常用表达方法

当机件(机器零件)的结构形状较复杂时,仅用前面所学的3个视图很难把机件的内外形状正确、完整、清晰地表达出来。因此,在工程实际中,还需要采用其他方法来表达机件。国家标准《技术制图》和《机械制图》规定了绘制机件工程图样的若干基本表示法(视图、剖视图、断面图等)。本章着重介绍这些基本表示法。

6.1　视　图

根据国家标准《技术制图　图样画法　视图》(GB/T 17451—1998)和《机械制图　图样画法　视图》(GB/T 4458.1—2002)的规定,视图分为基本视图、向视图、局部视图及斜视图4种。视图的功用是表达物体的外部结构形状。因此,视图一般只画可见部分,必要时才用细虚线表达不可见部分。

6.1.1　基本视图

当机件的外形较复杂时,为了用图形清晰地表达出它的上下、左右、前后的不同形状,国家标准规定用正六面体的6个面作为基本投影面,将机件向6个基本投影面投射所获得的视图,称为基本视图(见图6.1(a))。在6个基本视图中,除前面已介绍过的主视图、俯视图

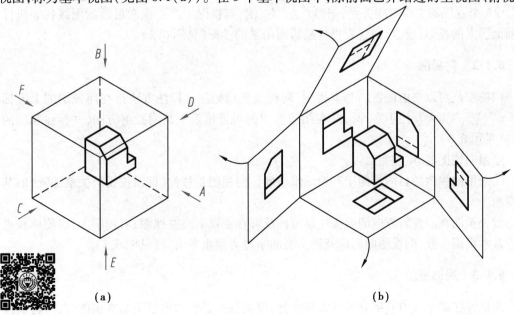

(a)　　　　　　　　　　　　　　　　(b)

图6.1　6个基本视图的形成和展开

和左视图外,另 3 个视图是右视图——由右向左投射所得视图;后视图——由后向前投射所得视图;仰视图——由下向上投射所得视图。

为了将 6 个基本视图在同一平面内绘出,需将投影面进行展开。展开的方法是:正面(即 V 面)保持不动,其他的投影面按如图 6.1(b)所示的方法展平。投影面展开后,6 个基本视图的位置关系如图 6.2 所示。显然,机件的主视图确定后,其他基本视图与主视图的位置关系也随之确定。因此,基本视图不需标注名称。六面基本视图的这种位置关系,称为按投射关系配置。

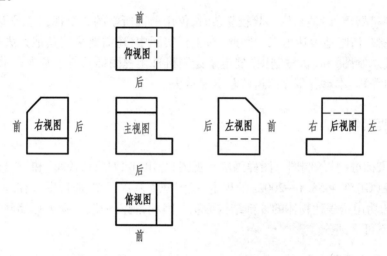

图 6.2 6 个基本视图的位置关系

绘制基本视图时,应注意:

①6 个视图仍遵循"三等"规律,即主、俯、仰视图长对正;主、左、右、后视图高平齐;左、右、俯、仰视图宽相等。这是读图、画图的依据和出发点。

②6 个视图的方位对应关系,仍然是左、右、俯、仰视图中离主视图最远的图线代表机件最前面图素的投影;反之,则代表机件最后面图素的投影(见图 6.2)。

6.1.2 向视图

向视图是可以自由配置的基本视图,向视图必须标注。标注方法是在向视图的上方标注"×"("×"为大写拉丁字母),并在相应视图的附近用箭头指明投射方向,并标注相同的字母(见图 6.3)。

绘制向视图时,应注意:

①采用向视图的目的是便于利用图纸空间。向视图是移位(即没按投射关系配置)的基本视图。

②表示向视图投射方向的箭头应尽可能配置在主视图或左视图、右视图上,以便所获视图与基本视图一致,向视图的名称及箭头旁的字母必须水平书写(见图 6.3)。

6.1.3 局部视图

当机件在某个方向有部分形状需要表达,但又没有必要画出整个基本视图时,可将机件的这一部分向基本投影面投射,其获得的视图称为局部视图,如图 6.4 所示的 A,B。两个局部视图分别表达了该机件左右凸台形状。

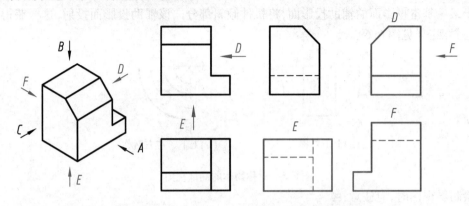

图6.3 向视图的表达方式

绘制局部视图时,应注意:

①局部视图最好按投射关系配置(见图6.4中的A),而不用标注。但有时为了合理布图,也可把局部视图放到其他适当的位置,此时则应按向视图的方式进行标注(见图6.4中的B)。

②局部视图的范围以波浪线表示(见图6.4中的A),但当所表示的局部结构是完整的且外轮廓线又封闭时,则波浪线可省略(见图6.4中的B)。注意:波浪线表示机件断裂边界的投影,空洞处和机件外不应存在(见图6.4(c))。

③对称机件可采用只画视图的1/2或1/4来表达,这可视为局部视图的特殊画法(即用图形对称中心线作为断裂边界)。采用这种画法的目的是节省时间和图幅。作图时,应在对称中心线的两端画出两条与其垂直的平行细实线(见图6.5)。

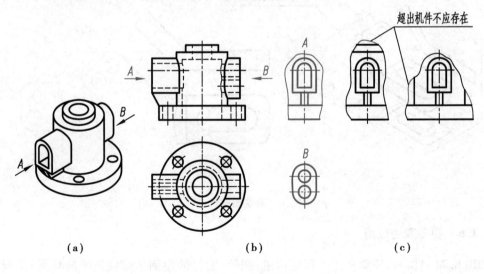

(a)   (b)   (c)

图6.4 局部视图

6.1.4 斜视图

当机件具有倾斜结构,其倾斜表面在基本视图上既不反映实形,又不便于标注尺寸,读图、画图都不方便。为了清楚地表达倾斜部分的形状,可选择增加一个平行于该倾斜表面且垂直于某一基本投影面的辅助投影面,将机件倾斜部分向该辅助投影面投射,这样获得的视图称为斜视图(见图6.6)。

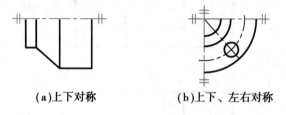

(a)上下对称　　　　　　(b)上下、左右对称

图6.5　对称物体的局部视图

绘制斜视图时,应注意:

①工程实际中,斜视图主要用于表达机件倾斜部分的真实形状。因此,斜视图一般只画机件倾斜部分的投影,其余部分不必全部画出,可用波浪线断开。

②斜视图的尺寸大小必须与相应的视图保持联系,严格按投射关系作图。

③斜视图通常按向视图的配置形式配置并标注。在相应视图附近用垂直于倾斜表面的箭头指明投射方向,在斜视图的上方水平地注写与箭头处相同的字母以表示斜视图的名称(见图6.6(a))。必要时,允许将斜视图旋转配置,旋转的角度以不大于90°为宜,旋转的方向可以是逆时针旋转,也可以是顺时针旋转。斜视图旋转配置后,应加注旋转符号,旋转符号的方向要与实际旋转方向一致,如图6.6(b)所示。旋转符号为半径等于字体高的半圆弧,表示斜视图名称的大写字母应靠近旋转符号的箭头端,也允许将旋转角度标注在字母之后。

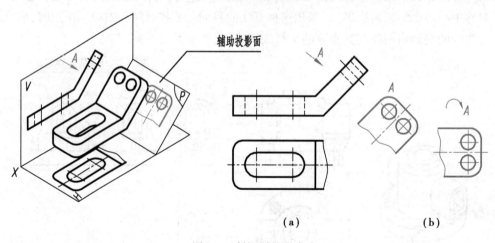

(a)　　　　　　　　　　(b)

图6.6　斜视图的形成

6.1.5　视图表达应用

如图6.7(a)所示,压紧杆由4部分构成:圆筒、圆筒的左侧是轴线正平的耳板、耳板与圆筒之间用薄板联接、圆筒的右侧是一马蹄形凸台,凸台前端面与圆筒前端面共面。

仅用三视图表达存在表达不清楚(没有倾斜耳板的实形)、画图困难(左、俯视图中多处椭圆弧)等弊端(见图6.7(b))。

因此,选择以下方案进行表达:用主视图表达压紧杆的主要结构特征(由4部分构成);

增加俯视方向的局部视图表达圆筒、连接板、凸台的宽度信息以及凸台小孔与圆筒的穿通情况;增加右视方向的局部视图表达凸台形状;增加斜视图表达耳板实形(见图6.7(c))。显然,如图6.7(c)所示的表达优于如图6.7(b)所示的三视图表达。

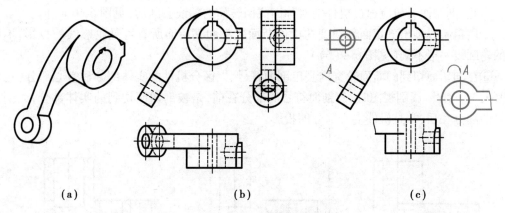

（a） （b） （c）

图6.7 压紧杆的斜视图和局部视图

6.2 剖视图

当机件的内部结构较复杂时,在视图中就有较多的细虚线。当视图中细虚线、粗实线等图线发生重叠时,视图就不能清楚表达机件的内部结构,给读图带来困难。同时,较多的细虚线也不便于标注尺寸。因此,为了清晰表达机件的内部结构形状,国家标准(GB/T 4458.6—2002)规定采用剖视图来表达。

6.2.1 剖视的基本概念

(1)剖视图的形成

为了表达机件内部结构的真实形状,假想用剖切面(平面或柱面)将机件剖开,然后将处于观察者和剖切面之间的部分移去,而将余下部分向基本投影面进行投射,这样获得的图形称为剖视图(见图6.8)。

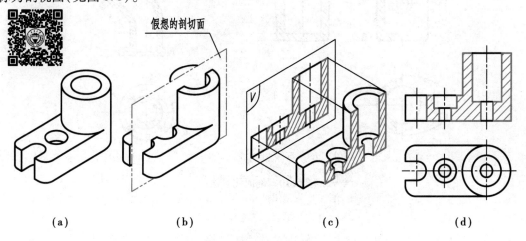

（a） （b） （c） （d）

图6.8 剖视图的形成

（2）剖视图的画法

下面以如图6.9(a)所示的机件为例,说明画剖视图的方法与步骤。

①确定剖切面种类及剖切面的位置。画剖视图的目的是表达机件内部结构的真实形状。因此,剖切面一般应通过机件的对称面或回转面的轴线去剖切(见图6.9(a))。

②用粗实线画出剖切面剖切到的机件断面轮廓和其后面所有可见轮廓线的投影,不可见的轮廓线一般不画(见图6.9(b))。

③在剖切面切到的断面轮廓内画出剖面符号,以区分机件的实体部分和空心部分(见图6.9(c))。因此,读剖视图时,有剖面符号的部分在前,是被剖切面切到的实体部分,无剖面符号的部分在后,常是机件空心部分的投影。

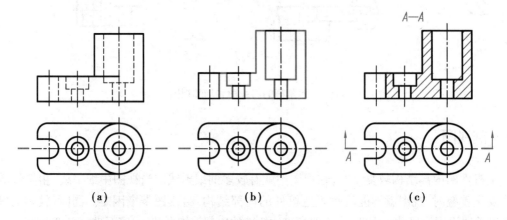

图6.9　剖视图的画法

不同类别的材料一般采用不同的剖面符号(见表6.1)。金属材料的剖面符号,称为剖面线。同一机件的剖视图中,剖面线应用细实线画成间隔相等、方向相同而且与水平方向成45°角的平行线簇(见图6.10(a))。当图形中的主要轮廓线与水平方向成45°角时,该图形的剖面线则应画成与水平方向成30°角或60°角的平行线,其倾斜的方向仍与其他图形的剖面线一致(见图6.10(b))。

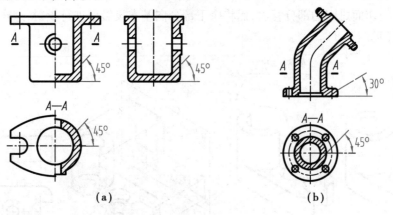

图6.10　剖面线画法

表6.1　剖面符号(摘自 GB/T 4457.5—2013)

材料名称	剖面符号	材料名称	剖面符号
金属材料 (已有规定剖面符号者除外)		线圈绕组元件	
非金属材料 (已有规定剖面符号者除外)		转子、变压器等的叠钢片	
型砂、粉末冶金、陶瓷、硬质合金等		玻璃及其他透明材料	
木质胶合板 (不分层数)		格网 (筛网、过滤网等)	
木材 纵剖面		液体	
木材 横剖面			

注:1.剖面符号仅表示材料的类别,材料的名称和代号必须另行注明。

　　2.叠钢片的剖面线方向,应与束装中叠钢片的方向一致。

　　3.液面用细实线绘制。

(3)剖视图的标注

剖视图标注的目的是帮助看图者判断剖切面通过的位置和剖切后的投射方向,以便找出各相应视图之间的投射关系。

1)剖视图标注的内容

①剖切位置

在剖切面的起止和转折处画上粗短画(1.5 倍粗实线的线宽)表示剖切面的位置(见图6.9(a))。

②投射方向

在表示剖切面起止处的粗短画上,垂直地画出箭头表示剖切后的投射方向(见图6.9(c))。

③剖视图名称

在剖视图的上方用大写拉丁字母水平标出剖视图的名称"×—×",并在剖切符号的两侧注上同样的字母(见图6.9(c))。如在一张图上,同时有几个剖视图,则其名称应按字母顺序排列,不得重复。

2)剖视图标注的省略

①省略箭头

当剖视图按投射关系配置,中间没有其他图形隔开时,可省略表示投射方向的箭头(见图6.9(c),箭头可省去)。

②不标注

当单一剖切平面通过机件的对称平面或基本对称面剖切,且剖视图按投射关系配置,中间又没有其他图形隔开时,则不必标注(见图6.9(c),可不必标注)。

(4)画剖视图的注意事项

①剖切的目的是表达机件内部结构的真实形状。因此,剖切面一般应通过机件的对称平面或回转面的轴线去剖切(见图6.9)。

②剖切是假想的,并非真的将机件切去一部分。因此,某一视图取剖视后,其他视图仍应完整画出。如图6.9(c)所示的俯视图,仍完整画出。

③一般情况下,剖视图中不画细虚线。只有在不影响图形清晰的条件下,又可省略一个视图时,才可适当地画出一些细虚线(见图6.11)。

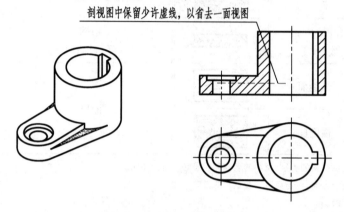

图6.11　剖视图中的虚线问题

④画剖视图时,不要漏画剖切面后可见轮廓线的投影(见图6.12)。

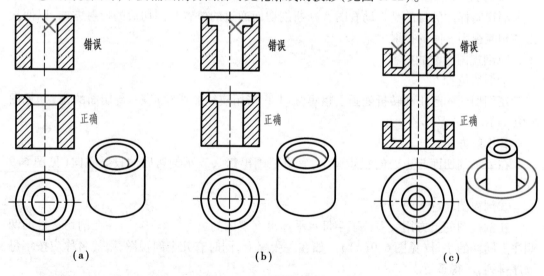

(a)　　　　　　　　　　(b)　　　　　　　　　　(c)

图6.12　正误剖视图对比

6.2.2　剖视图的种类

根据机件的剖切范围不同,剖视图可分为全剖视图、半剖视图和局部剖视图3种。

(1)全剖视图

用剖切面将机件完全剖开后所得的剖视图,称为全剖视图。全剖视图主要用于表达机件复杂的内部结构,它不能够表达同一投射方向上的外部形状,故适用于内形复杂、外形简单的机件(见图6.13)。全剖视图的标注遵循上述剖视图标注规则。

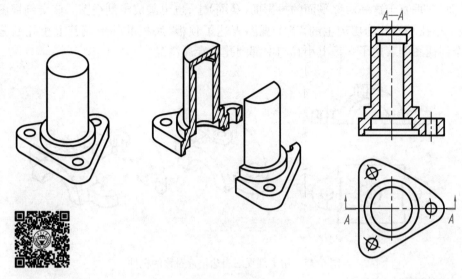

图6.13　全剖视图

(2)半剖视图

当机件具有对称平面时,向垂直于对称平面的投影面上投射所得的图形,可以对称中心线为界,一半画成剖视图,另一半画成视图,这样组合的图形称为半剖视图(见图6.14)。

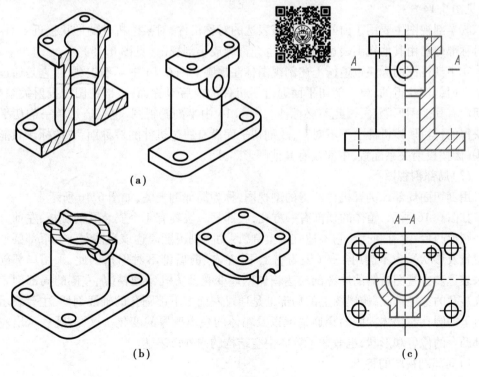

(a)

(b)

(c)

图6.14　半剖视图

如图 6.14 所示机件具有左右对称平面,在垂直于该对称平面的投影面(V 面)上,可画成半剖视图,以同时表达前方耳板的外形和中部圆孔的穿通情况;同时,这个机件具有前后对称平面,在垂直于这一对称平面的投影面(H 面)上,也可画成半剖视图。该半剖视图是通过耳板上小孔轴线的剖切产生的,半个视图表达了顶板、底板的外形及其上小孔的分布情况,半个剖视图则表达了耳板上小孔与中部圆孔的穿通情况。

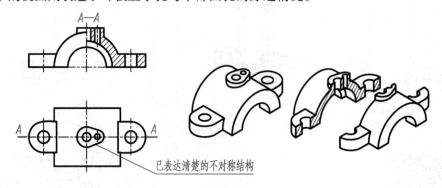

图 6.15　用半剖视图表达接近对称的机件

画半剖视图时,应注意:

①半剖视图中,半个视图与半个剖视图之间应以对称中心线为界,不要画成粗实线(见图 6.14)。如果视图中轮廓线与对称中心线重合时,应避免使用半剖视图。

②半个剖视图中已表达清楚了的内部结构,在半个视图中,其相应的细虚线必须省略不画(见图 6.14)。

③半剖视图主要用于内外形状均需表达的对称机件,对某些机件的形状接近于对称,其不对称部分已由其他视图表达清楚时,也允许画成半剖视图(见图 6.15)。

④半剖视图的标注也遵循上述剖视图标注规则。图 6.14 中半剖主视图,它是通过单一剖切平面剖切获得的;单一剖切平面通过了机件的前后对称面;该剖视图按投射关系配置,中间没有其他图形隔开,因此不必标注。图 6.14 中半剖俯视图,也是通过单一剖切平面剖切获得的;但是,该机件上下不对称,故剖切平面没有通过机件的对称面,它的标注只能省略箭头(因按投射关系配置,中间没有其他图形隔开)。

(3)局部剖视图

用剖切面局部地剖开机件所得的剖视图,称为局部剖视图,如图 6.16 所示。

如图 6.16 所示,箱体的顶部有一方孔,底部是一块具有 4 个安装孔的底板,左前方下部有一圆形凸台,上有圆孔。它不适宜用全剖(因为全剖不能表达该箱体左前方下部圆形凸台的位置及形状),也不能用半剖(因为它上下、左右、前后都不对称),因此,采用局部剖的方式来表达。主视图右侧的局部剖表达箱体壁厚变化及方孔穿通情况、左侧的局部剖表达底板安装孔的穿通情况;俯视图上的局部剖是通过左前方下部圆孔的轴线剖切,主要表示圆形凸台上的圆孔与箱体内腔的穿通情况以及箱体的左端壁厚的变化。这样,既表示出左前方下部凸台的位置和形状,也兼顾了箱体中空结构的内外形表达。

1)局部剖视图的特点

局部剖视是一种较灵活的表达方式。常应用于以下 3 种情况:

①不对称的机件内外形均需要表达时,不宜采用全剖视图,因为全剖视图将削弱机件外

形的表达(见图6.16)。

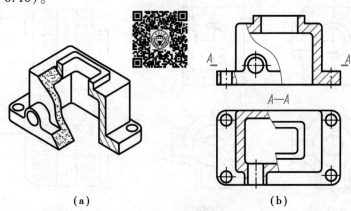

（a）　　　　　　　　　　（b）

图 6.16　局部剖视图

②当机件的局部内形需要表达而又没必要采用全剖视图时,如图6.17所示的拉杆,左右两端有中空的结构需要表达,而中间部分为实心杆,没有必要去剖切。因此,采用两处局部剖来表达。

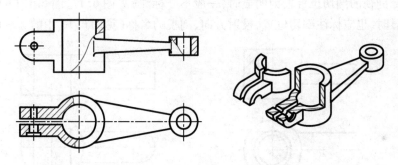

图 6.17　没必要作全剖的局部剖视图

③当对称机件轮廓线的投影与机件对称中心线重合时,如果采用半剖视图,容易给读图造成误解。因此,不宜采用半剖视图(见图6.18(a)),而应采用局部剖视图(见图6.18(b))来表达。

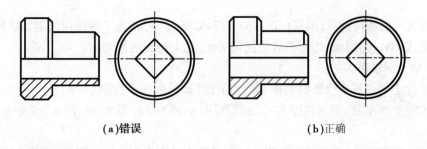

（a）错误　　　　　　　　　　（b）正确

图 6.18　不宜作半剖的局部剖视图

2)画局部剖视图时需注意的问题

①表示剖切范围的波浪线代表机件断裂边界的投影,它不应超出轮廓线,不应画在中空处,也不应与图样上其他图线重合(见图6.19)。

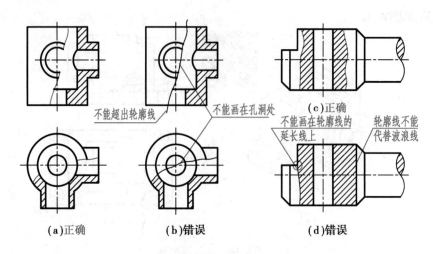

(a)正确   (b)错误   (d)错误

图6.19 局部视图中波浪线的画法

②当被剖切结构为回转体时,允许将该结构的轴线作为局部剖视与视图的分界线(见图6.20),否则应以波浪线表示分界(见图6.21)。

③局部剖视的剖切位置较为明显时,一般不必标注(见图6.17、图6.18(b));若剖切位置不够明显时,也应标注剖切位置、投射方向、剖视的名称(见图6.16中的 $A—A$)。

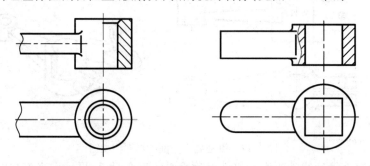

图6.20 回转体结构的局部剖视图 图6.21 非回转体结构的局部剖视图

6.2.3 剖切面

根据机件的结构特点,国家标准GB/T 17452规定,可选择3种剖切面剖开机件以获得3种剖视图,即单一剖切面、几个平行的剖切平面、几个相交的剖切面。

(1)单一剖切面

1)平行于某一基本投影面的单一剖切平面(即投影面平行面)

前述的全剖视图、半剖视图和局部剖视图,如图6.13、图6.14、图6.16等都属于这种情况。

采用投影面平行面剖切时,剖切的标注遵循上述剖视图的标注规则(即符合条件时标注可省略)。

2)垂直于某一基本投影面的单一剖切平面(即投影面垂直面)

如图6.22所示为一个弯管。为了表达该弯管顶部倾斜的连接板的真实形状及耳板小孔的穿通情况,采用一个通过耳板上小孔轴线的正垂面剖开弯管,移走剖切平面与观察者之间的部分,将余下部分向一个与剖切平面平行的辅助投影面投射,得到 *B—B* 剖视图,即由单一斜剖切平面(即投影面垂直面)剖切产生的斜剖视图(见图 6.22)。

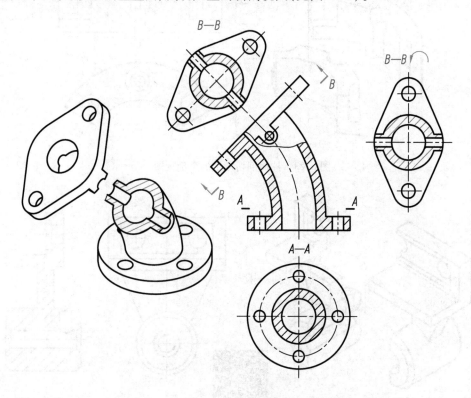

图 6.22　投影面垂直面剖切产生的斜剖视图

采用投影面垂直面剖切时,剖切必须标注。斜剖视图最好按投射关系配置,也可平移或旋转放置在其他位置。如果图形旋转配置,还必须标注旋转符号,旋转符号的方向要与图形旋转的方向一致,字母注写在箭头一端(见图 6.22)。

3)单一剖切柱面

单一剖切柱面主要用于表达呈圆周分布的内部结构(见图 6.23)。通常采用展开画法,即将剖切柱面展成与投影面平行后再画投影。

采用单一剖切柱面剖切时,剖切必须标注,但剖视图按投射关系配置,中间又无图形隔开时,表示投射方向的箭头可省略(图 6.23 的箭头可省略)。

(2)几个平行的剖切平面

当机件的内部结构层次较多时,采用单一剖切平面不能将机件的各内部结构都剖切到,这时可采用几个相互平行的剖切平面去剖开机件(见图 6.24 中的 *A—A*),各剖切平面的转折处必须是直角。

采用几个平行剖切平面剖切时,剖切必须标注。在几个剖切平面的起止和转折处都应标注剖切符号,写上相同的字母。当转折处位置不够时,允许省略转折处字母。同时,用箭头标明剖切后的投射方向,并在剖视图上方标注同字母的剖视名称。但当剖视图按投射关系配置,中间又无图形隔开时,表示投射方向的箭头可省略(见图 6.24 的 *A—A*)。

采用平行剖切平面剖切时,应注意以下两点:

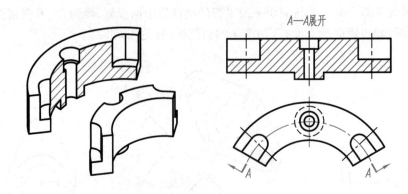

图 6.23　柱面剖切产生的全剖视图

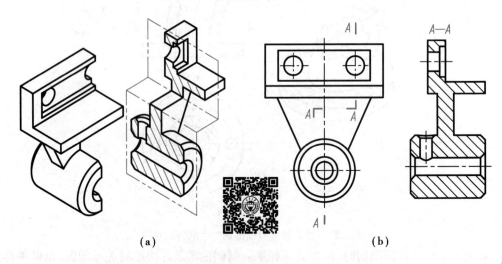

(a)　　　　　　　　　　　(b)

图 6.24　平行剖切平面剖切产生的全剖视图

①由于剖切是假想的,因此,在采用几个平行剖切平面剖切获得的剖视图上,不应画出各剖切平面转折面的投影,即在剖切平面的转折处不应产生新的轮廓线(见图 6.25(a))。

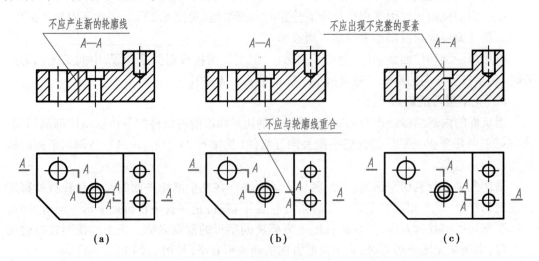

(a)　　　　　　　　　　(b)　　　　　　　　　　(c)

图 6.25　采用平行剖切平面剖切的几种错误画法

②要正确选择剖切平面的位置。剖切平面的转折处不应与视图中的粗实线或细虚线重合(见图6.25(b))。

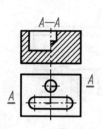

图6.26　两个平行剖切平面在孔和槽的公共对称平面转折

剖切平面不应在机件的结构要素内转折,即剖视图内不应出现不完整要素(见图6.25(c))。只有当机件上的两个要素具有公共对称面或公共轴线时,才允许剖切平面在公共对称面或公共轴线处转折(见图6.26)。

(3)几个相交的剖切面

用相交剖切面剖切机件,必须保证其剖切面交线垂直于某一基本投影面,如图6.27所示。A—A表示两相交的剖切平面,其中一个是正垂面,另一个是水平面,其交线为正垂线。

采用相交剖切面剖切时,剖切必须标注,标注规则与前述采用平行剖切平面剖开物体的剖视图标注相同(见图6.27)。

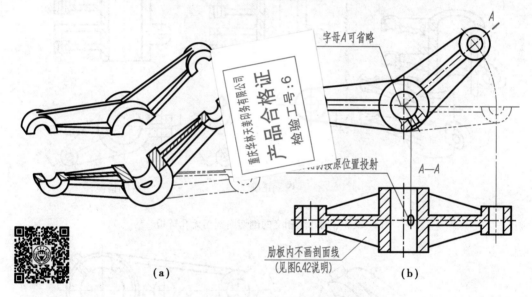

图6.27　用两相交的剖切平面剖切示例

采用相交剖切面剖切时,应注意以下4个问题:

①首先假想按剖切位置剖开机件,然后假想将投影面垂直面剖切到的结构及有关部分旋转到与某一基本投影面平行后再进行投射。这种"先剖切、后旋转,再投射"的方法绘制的剖视图,往往有些部分图形会伸长,如图6.28所示。

②在剖切面后的其他结构一般仍按原来的位置投影(见图6.27的小油孔)。这里所指的其他结构,是指位于剖切面后面与所剖切的结构关系不甚密切的结构,或一起旋转容易引起误解的结构。

③采用几个相交的剖切面剖开机件时,有时会剖切到不完整的要素。当剖切后产生不完整的要素时,应将此部分按不剖绘制。如图6.29所示的无孔臂(图中红色部分),从俯视图上可看出被剖切到一部分,但在主视图上仍按不剖绘制(见图6.29(a))。

④某些机件内部结构在同一方向仅用一组相交剖切面剖切仍不能表达完全时,可用几组相交剖切面(含圆柱面)去剖开机件(见图6.30)。当相交剖切面中有多个倾斜剖切平面

时,这些倾斜剖切面切到的结构都要旋转到与基本投影面平行后再进行投射(见图6.30)。

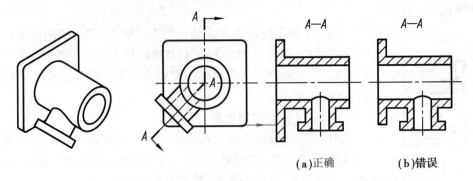

(a)正确　　　　(b)错误

图 6.28　"先剖切、后旋转,再投射"示例

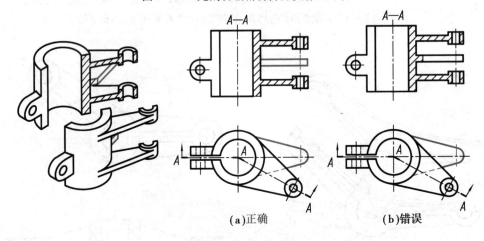

(a)正确　　　　(b)错误

图 6.29　采用几个相交的剖切面剖切无孔臂板

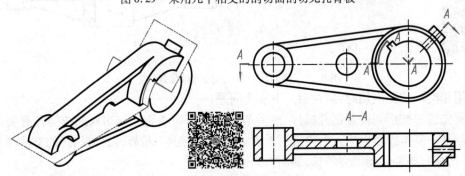

图 6.30　用几个相交的平面和柱面剖切示例

　　上述3种剖切面实质就是解决如何去剖切,以得到所需的充分表达内形的剖视图。3种剖切面均可产生全剖、半剖和局部剖视图。如图6.13所示为用单一剖切面剖开得到的全剖视图;如图6.31所示为用两相交剖切平面剖切获得的半剖视图;如图6.32所示为用两平行剖切平面剖切获得的局部剖视图。

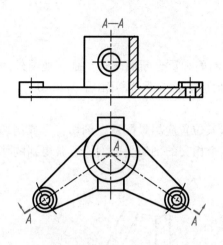

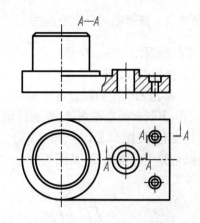

图6.31 用两相交剖切面剖切获得的半剖视图　　　图6.32 用两平行平面剖切获得的局部剖视图

6.3 断面图

6.3.1 断面图的基本概念

假想用剖切面把机件的某处切断,仅画出该剖切面与机件接触部分的图形,这种图称为断面图,又称断面(见图6.33(b))。断面图常用来表示机件的肋、轮辐的断面形状以及轴上的键槽和孔等。

断面图与剖视图相同之处:一是都是假想用剖切面去剖开机件;二是切到机件的实体部分都需要画上剖面符号;三是切剖视图的3种剖切面(单一剖切面、几个平行剖切平面、几个相交剖切面)都适用于切断面图。

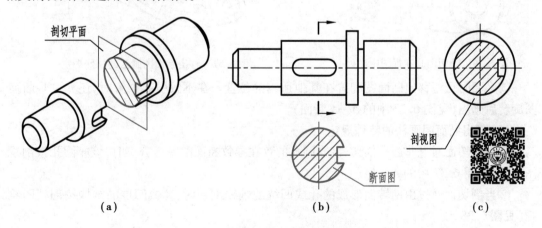

（a）　　　　　　　　　　（b）　　　　　　　　　　（c）

图6.33 断面图

断面图与剖视图的区别:一是表达目的不同,断面图主要表达机件的断面形状,剖视图则主要表达机件的内部结构形状;二是形成过程不同,断面图仅画出剖切面与机件接触部分的图形,不涉及投射,而剖视图不仅要画出剖切面与机件接触部分的图形,还需画出剖切面后机件所有可见轮廓的投影(见图6.33(b)、(c))。

6.3.2 断面图的分类及画法

根据断面图配置的位置不同,断面可分为移出断面和重合断面两种。画在视图外的断面,称为移出断面(见图6.33(b));画在视图内的断面图,称为重合断面(见图6.40)。

(1)移出断面图的配置与绘制

①移出断面画在视图外,轮廓线用粗实线绘制,其位置应尽量配置在剖切符号或剖切线的延长线上(见图6.33(b)、图6.34)。由两个或多个相交的剖切平面剖切所获得到的移出断面图一般应画成断开(见图6.35)。

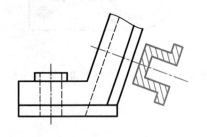 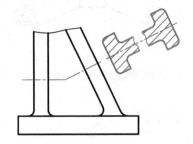

图6.34 移出断面图配置在剖切线的延长线上　　图6.35 用两个相交平面剖切的断面图画法

②当断面图形对称时,可配置在视图的中断处(见图6.36)。

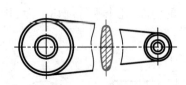 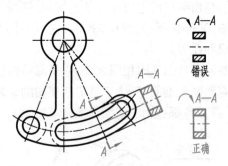

图6.36 断面图画在视图中断处　　图6.37 移出断面图画法的特殊规定一

③必要时可将移出断面图配置在其他适当的位置。在不致引起误解时,还允许将断面图旋转后画出(见图6.37中的A—A断面)。

(2)移出断面图画法的特殊规定

①当剖切面通过非圆孔剖切,该非圆孔的存在导致断面图完全分离时,该非圆孔按剖视图绘制(见图6.37中的A—A)。

②当剖切面通过由回转面形成的孔或凹坑的轴线剖切时,孔或凹坑的结构按剖视图绘制(见图6.38)。

(3)移出断面图的标注

1)完整标注

用大写拉丁字母在断面图的上方注出断面图的名称,在相应视图上画剖切符号表明剖切位置和观看方向,并在剖切符号附近注写相同字母。剖切符号间的剖切线可省略(见图6.39(d))。

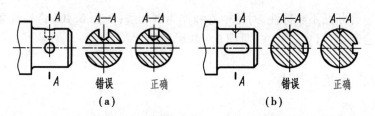

图 6.38 移出断面图画法的特殊规定二

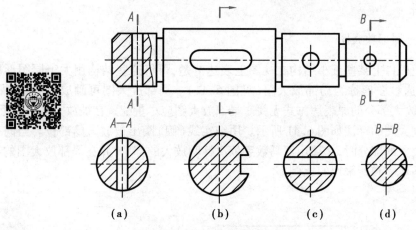

图 6.39 移出断面图的标注

2）标注的省略

①省略名称

配置在剖切符号延长线上的移出断面，可省略名称（见图 6.39（b）、图6.39（c））。

②省略箭头

对称的移出断面不管配置何处，均可省略箭头（见图 6.39（a））；不对称移出断面按投影关系配置时，可省略箭头（见图 6.38）。

③完全省略

配置在剖切符号延长线上的对称移出断面则不必标注（见图 6.39（c））。

（4）重合断面的画法及标注

①重合断面图画在视图内，其轮廓线用细实线绘制（见图 6.40（a）），当重合断面图的轮廓线与视图中的轮廓线重叠时，视图中的轮廓线（粗实线）应连续画出，不可间断（见图 6.40（b））。

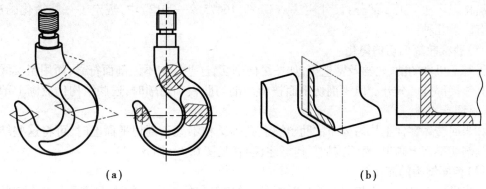

（a）   （b）

图 6.40 重合断面图

②对称的重合断面不必标注,对称中心线作为剖切线(见图6.40(a));配置在剖切符号上不对称的重合断面,可省略标注(见图6.40(b))。

6.4 机件的其他表达方法

在《技术制图》《机械制图》国家标准中,还规定了一些其他表达方法。本节择其主要内容进行介绍。

6.4.1 局部放大图

为了把机件上某些细小结构在视图上表达清楚,可将这些结构用大于原图形所采用的比例画出,这种图形称为局部放大图(见图6.41)。局部放大图可画成视图、剖视图、断面图,它与被放大部分的原表达方式无关。局部放大图应尽量配置在被放大部位附近。

局部放大图的标注如图6.41所示。用细实线(圆)圈出被放大的部位。当同一机件上有几个被放大的部分时,必须用罗马数字依次标明放大的部位,并在局部放大图的上方标注相应的罗马数字和所采用的比例。

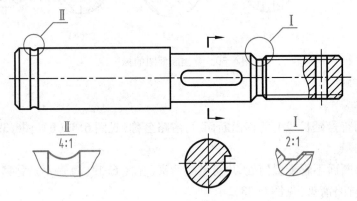

图6.41　局部放大图

6.4.2 简化画法

简化画法是在不妨碍将机件的形状和结构表达完整、清晰的前提下,力求制图简便、看图方便而制订的,以减少绘图工作量,提高设计效率及图样的清晰度。国家标准《技术制图　简化表示法　第2部分:尺寸注法》(GB/T 16675.2—2012)中,规定了一些简化画法,主要有以下几种:

(1)**肋板轮辐剖切的简化**

①对于机件的肋、轮辐及薄壁等,如按纵向剖切,这些结构不画剖面符号,而用粗实线将它与其邻接部分区分开。但当剖切平面按横向剖切肋板和轮辐时,这些结构仍应画上剖面符号(见图6.42)。

②当回转体零件上均匀分布的肋、轮辐、孔等结构不处于剖切平面上时,可将这些结构旋转到剖切平面上画出,而不需加任何标注说明(见图6.43、图6.44)。

(2)**相同结构的简化**

①当机件上具有若干相同结构(齿、槽等)并按一定的规律分布时,只需画出几个完整结

构,其余用细实线连接表示其范围,并在图样中注明该结构个数(见图6.45)。

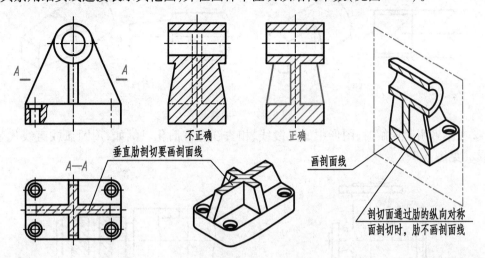

图6.42 肋板剖切后的画法

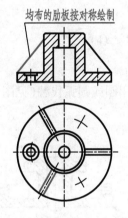

图6.43 回转体上均布肋

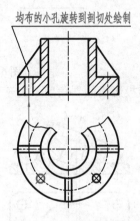

图6.44 回转体上均布孔

②在同一机件中,对尺寸相同的孔、槽等成组要素,若呈规律分布,可仅画出一个或几个,其余用细点画线表示其中心位置,并在一个要素上注出其尺寸和数量(见图6.46)。

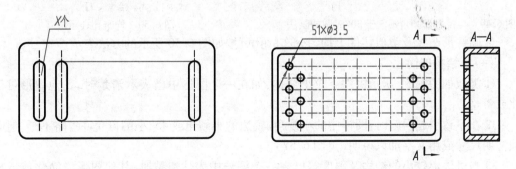

图6.45 规律分布相同结构的槽   图6.46 规律分布的等径孔

(3)对图形和交线的简化

①当图形不能充分表达平面时,可用平面符号(相交的两条细实线)表示(见图6.47)。

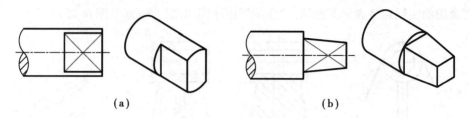

(a)　　　　　　　　　　　　　　(b)

图 6.47　平面符号

②在不致引起误解时,图形中的过渡线、相贯线允许简化。例如,用圆弧或直线代替非圆曲线(见图 6.48)。

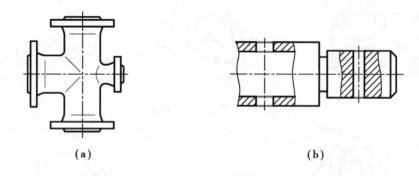

(a)　　　　　　　　　　　　　　(b)

图 6.48　用圆弧或直线代替非圆曲线

③与投影面倾斜角度不大于 30°的圆或圆弧,其投影可用圆或圆弧代替(见图 6.49)。

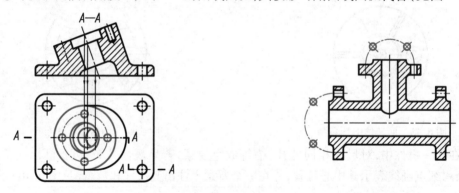

图 6.49　与投影面倾角不大于 30°时圆的画法　　　图 6.50　均布孔表示法

④圆柱形凸缘及类似零件上均匀分布的孔可按如图 6.50 所示的方法表示。

（4）**小结构的简化**

①类似如图 6.51 所示机件上较小结构,如在一个图形中已表示清楚时,其他图形可简化或省略。

②在不致引起误解时,图样中的小圆角、锐边的小倾角或 45°小倒角允许省略不画,但必须注明尺寸或用文字加以说明(见图 6.52)。

③当机件上较小的结构及斜度等已在一个图形中表达清楚时,其他图形应简化或省略(见图 6.53)。

（5）**较长机件的简化**

较长机件(轴、杆、型材、连杆等)沿长度方向的形状一致或按一定规律变化时,可断开后缩短绘制，但须标注实际尺寸。如图 6.54 所示为断裂边界形式不同的较长机件的缩短画法。

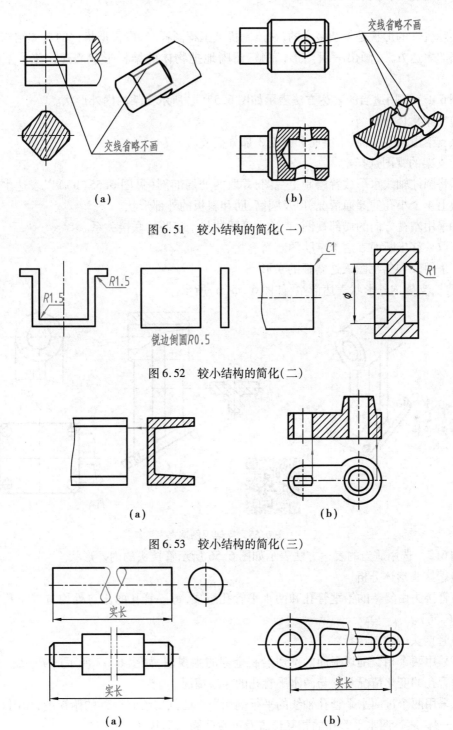

图 6.51　较小结构的简化（一）

图 6.52　较小结构的简化（二）

图 6.53　较小结构的简化（三）

图 6.54　较长机件的缩短画法

6.5 表达方法综合应用举例

实际机件的形状是复杂多变的,在绘制机械工程图样时,应根据机件的具体结构形状选用适当的表达方法,画出一组图形,完整、清晰地把物体的结构形状表达出来。下面举例说明。

例6.1 选用适当的表达方法表示如图6.55(a)所示支架的内外形状。

1)支架形体分析

该支架由水平圆筒、十字肋和斜板3部分组成。

2)支架的视图选择

①将圆柱轴线水平放置绘制主视图,并取两处局部剖(见图6.55(b))以表达水平圆筒和斜板上4个小孔的穿通情况,以及圆筒、肋和斜板的外部形状。

②采用左视方向的局部视图,表达水平圆柱与十字肋的联接关系。

③取一移出断面表达十字肋的断面形状。

④采用 A 向斜视图表达斜板的实形。

至此,支架内外形状表达清楚,如图6.55(b)所示。

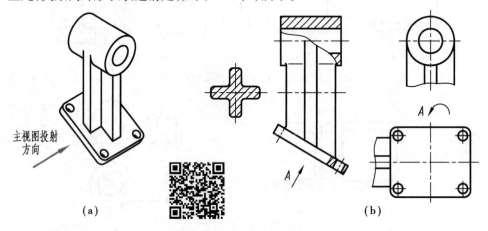

图6.55 支架视图选择

例6.2 选用适当的表达方法表示如图6.56所示管接头的内外形状。

1)管接头形体分析

该管接头由复杂的铅垂管孔和两水平管孔组成,每一管孔的出口处均有带小孔的凸缘(见图6.56)。

2)管接头的视图选择

①采用两个相交剖切平面的剖切绘制全剖的主视图,如图6.57所示的 $B—B$。表达复杂铅垂管孔的变化情况及它与两水平管孔的穿通情况。

②采用两个过两水平管孔轴线的平行剖切平面的剖切绘制全剖的俯视图,如图6.57所示的 $A—A$。表达两水平管孔的相互位置及下端凸缘的形状和小孔分布。

③采用全剖的主视图和俯视图 $B—B,A—A$ 后,该管接头的管孔穿通情况及下端凸缘形状已表达清楚,对未表达清楚的左右管孔凸缘,采用局部剖视图 $C—C$ 及斜剖视图 $E—E$ 来

表达。上端凸缘采用 D 向局部视图表达。至此,整个管接头内外形状表达清楚,如图 6.57 所示。

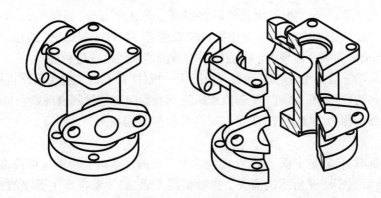

图 6.56 管接头形体分析

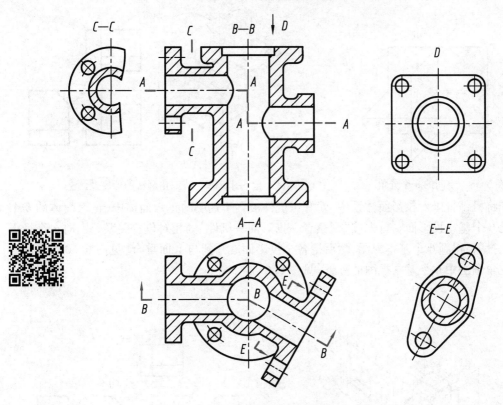

图 6.57 管接头视图选择

6.6 第三角画法简介

世界上有些国家(如美国、加拿大、日本等)采用第三角画法绘制机件的工程图样,为了便于技术交流,本节对第三角画法作简单介绍。

6.6.1 第三角画法的概念

相互垂直的 V,H,W 3 个投影面延伸后将空间分为 8 个部分,如图 6.58 所示的罗马数字,称为 8 个分角。把机件放在第一分角中,按"观察者—机件—投影面"的相对位置关系作正投射,这种方法称为第一角画法。前面所讲的视图均采用第一角画法。

把机件放入第三分角中,按"观察者—投影面—机件"的相对位置关系作正投射,这种方法称为第三角画法(见图 6.59)。第三角画法,进行投射时就好像隔着玻璃看机件一样,在 V 面上所得的投影仍称为主视图,在 H 面上的投影仍称为俯视图,在 W 面上的投影则称为右视图。

展开投影面时,仍规定 V 面不动,H 面绕它与 V 面的交线向上转 90°,W 面绕它与 V 面的交线向前转 90°,如图 6.59 所示的箭头。投影面展开后,俯视图位于主视图的正上方,右视图位于主视图的正右侧。

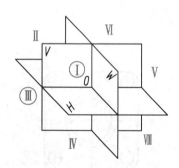

图 6.58 空间的 8 个分角

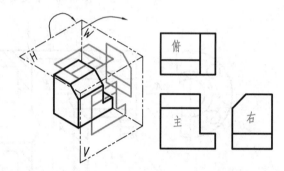

图 6.59 第三角画法的形成及画法

如将机件置于六投影面体系中,就好像机件被置于透明的正六面体中,正六面体的 6 个面就是 6 个基本投影面。首先按"观察者—投影面—机件"的相对位置关系分别向 6 个投影面作正投射,得到 6 个基本视图,然后把各个投影面展开到与 V 面重合(见图 6.60),即可得到第三角画法中 6 个基本视图的配置(见图 6.61)。

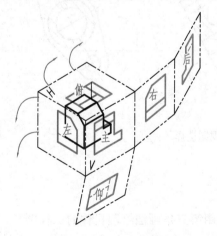

图 6.60 第三角画法中 6 个基本投影面的展开

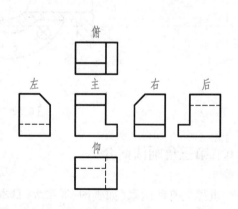

图 6.61 第三角画法中 6 个基本视图的配置

6.6.2　第三角画法与第一角画法的比较

（1）共性

两者都是采用正投影法,都具有正投影的基本特征,具有视图之间的"长对正、高平齐、宽相等"的三等对应关系。

（2）差别

1）投射时观察者、机件、投影面的相互位置关系不同

第一角画法中,为"观察者—机件—投影面"关系;第三角画法中,为"观察者—投影面—机件"关系。

2）各视图的位置关系和对应关系有所不同（见图6.62）

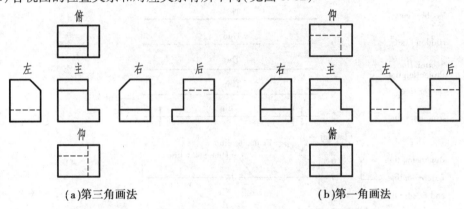

（a）第三角画法　　　　　　　　（b）第一角画法

图6.62　第三角画法与第一角画法的六面视图的对比

3）在投影图中反映空间方位不同

第一角画法中,靠近主视图的一方是物体的后方;第三角画法中,靠近主视图的一方则是物体的前方。

4）两种画法的识别符号

国际标准ISO 128规定第一角画法与第三角画法等效使用。为了便于识别,特别规定了识别符号（见图6.63）。采用第三角画法时,必须在图样的标题栏中画出第三角画法的识别符号,而在国内采用第一角画法时,通常省略识别符号。

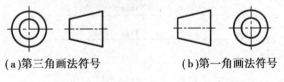

（a）第三角画法符号　　　　　　（b）第一角画法符号

图6.63　第三角画法与第一角画法的识别符号

视野拓展

机械制图标准

随着全球化经济发展和产品复杂程度不断增加,国际协同设计成为复杂产品开发的重

要路径,为了更好地理解不同地区的工程图样,工程师需要了解各个国家,特别是主要工业国家的机械制图标准。全球的主要工业国家的标准都对机械工程图做了详细、明确的要求。其中,各国最为重要的特征是采用不同的视角法。ISO 国际标准,以及中国、德国、法国等国家标准采用第一视角法;美国、英国、日本等国家标准采用第三视角法。

　　除了视图形成以外,各国标准在线型、尺寸、公差、标准件、标注及标题栏等也存在一定的差异。例如,美国国家标准 ASME Y14.2—2014 对线型的规定(见图 6.64)与中国国家标准 GB/T 4457.4—2002 对线型的规定(见表 1.6)差异较大。工程师在绘制或阅读其他标准的机械工程图样之前,应查阅对应标准中的相关规定。

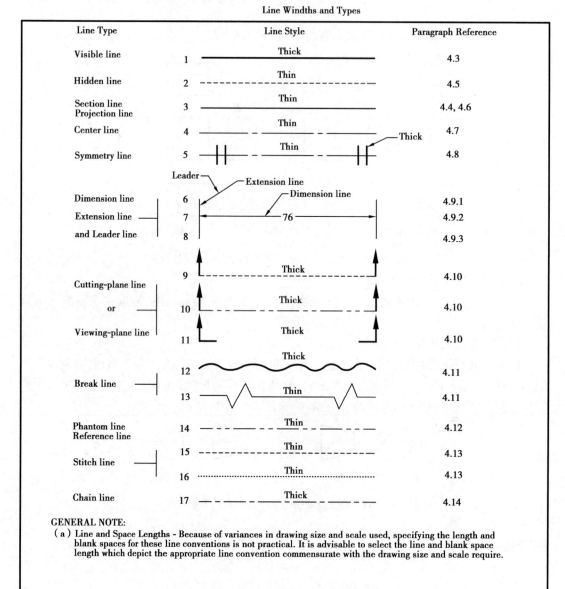

图 6.64　美国国家标准 ASME Y14.2—2014

第 7 章 机械工程基础

在现代机械工业生产中,设计者用机械工程图表达和交流设计思想,生产者根据机械工程图组织生产和加工。因此,机械工程图是设计成果的表现,是生产制造的依据,是技术交流的工具,在机械工业生产中具有十分重要的作用。同时,要学好和掌握机械工程图,必须对机械产品的整个生命周期全面了解。这部分知识将在后续相关课程中详细介绍,本章主要从机器、机械设计与制造过程、机械制造方法、机械工程材料等方面作一初步介绍。

7.1 机器概述

为了满足生产和生活的需要,人们设计和制造了类型繁多、功能各异的机器,如机床、起重机、电动机、机器人、航天器等。在现代生产和日常生活中,机器已成为代替或减轻人类劳动、提高生产率和产品质量的主要手段。机器的发展程度是衡量一个国家工业水平的重要标志之一。本节主要介绍机器的作用与分类、机器的构成、机器的制造与装配顺序。

7.1.1 机器的作用与分类

机器是由零件组成的、执行机械运动的装置。机器的种类很多,其结构、功能和用途各异。按其用途和功能不同,可分为以下 4 类:

（1）动力机器

动力机器如电动机、发电机和内燃机等,主要用以实现机械能与其他形式能量之间的转换。

（2）加工机器

加工机器如普通机床、数控机床和工业机器人等,主要用来改变物料的结构形状、性质和状态。

（3）运输机器

运输机器如汽车、火车、飞机和输送机等,主要用来改变物料的空间位置。

（4）信息机器

信息机器如计算机、摄像机和复印机等,主要用来获取或处理各种信息。

如图 7.1 所示为工程中普遍使用的一种动力机器——电动机;如图 7.2 所示为工业制造中最常用的加工机器——普通车床。

图 7.1 电动机   图 7.2   CDE6140A 型普通车床

7.1.2 机器的构成

任何一台机械产品(机器)都是由一定的材料,按预定的要求制造而成的。它具有一定的形状、大小和质量。从制造的角度分析,任何机器都是由若干零件组成的。零件是机器中单独加工不可再分的单元体。从装配角度分析,机器由部件和零件构成。完成同一功用的若干零件的组合,称为部件。

如图 7.3 所示为普通卧式车床外形图。它主要由床身、主轴箱、进给箱、溜板箱、刀架及尾座等部件构成。主轴箱由主轴部件、主传动变速及操纵机构、离合器及制动器、交换齿轮与换向机构、润滑装置等部件构成。而主轴部件又由主轴、轴承、套筒、传动齿轮及紧固件等零件构成。

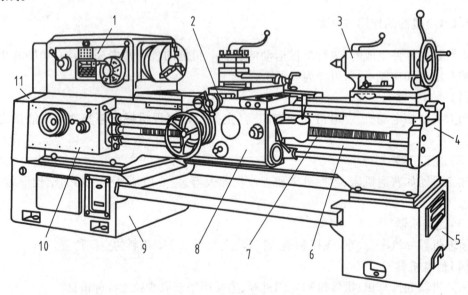

图 7.3   普通卧式车床外形图
1—主轴箱;2—刀架;3—尾座;4—床身;5,9—床腿;
6—光杠;7—丝杠;8—溜板箱;10—进给箱;11—挂轮变速机构

7.1.3　机器的制造与装配顺序

制造一台机器,必须从每个零件的加工开始,将加工合格的零件连同外购件按照一定的要求进行组配、联接成符合设计要求的机器,这称为机器的装配。装配时,先将最基本的零件组装成小部件,再将若干个小部件装配成大部件,最后装配成机器。机器产品的装配顺序如图7.4所示。

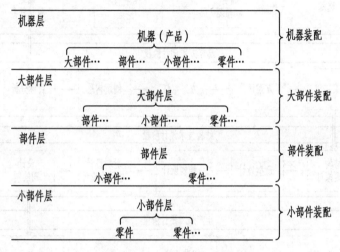

图7.4　机器产品装配顺序

7.2　机械设计与制造过程简介

机械产品的设计过程是一个通过分析、综合与创新,获得满足某些特定要求和功能的机械系统过程,具体包括初期规划设计、总体方案设计、结构技术设计及生产施工设计4个阶段。产品的制造过程主要包括生产过程、工艺过程和装配过程。

7.2.1　机械产品设计过程与方法

(1)产品的设计过程

产品设计是产品整个生命周期中非常重要的环节。机械产品设计过程一般分为初期规划设计、总体方案设计、结构技术设计及生产施工设计4个阶段。初期规划设计包括选题、调研和预测、可行性论证、确定设计任务;总体方案设计包括目标分析、创新构思、方案拟订、方案评价和方案决策;结构技术设计包括结构方案拟订、造型设计、结构设计、材料选择与尺寸设计、设计图绘制;生产施工设计包括工艺设计、工装设计和施工设计。产品的具体设计过程如图7.5所示。

(2)产品现代设计方法——并行工程

传统的设计过程是一个直线链串行设计流程,从一个环节流向另一个环节。这种设计过程使得产品整个生命周期各环节相互独立,顺序作业,缺乏必要的信息交流和反馈,往往使产品开发周期长、反复次数多,并易造成设计与生产脱节。现代产品设计开发通常采用并行产品设计——并行工程,即在产品设计初期,就全面考虑产品的市场、制造、使用、销售及回收再利用等全过程,使各阶段交叉、重叠进行,从而缩短产品开发时间,降低生产成本,提高产品质量和生产率,为产品最终取得社会效益和经济效益打下良好的基础。产品并行设计过程如图 7.6 所示。

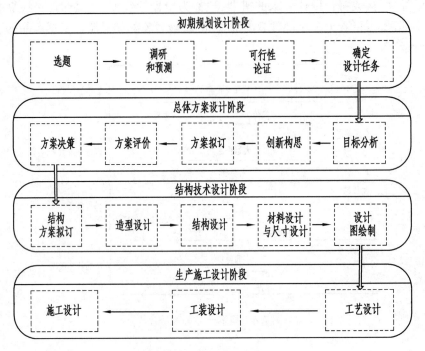

图 7.5　产品的设计过程

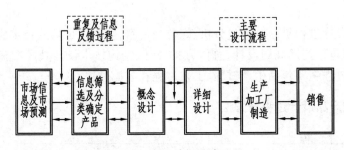

图 7.6　产品并行设计过程

7.2.2　机械制造过程

机械产品的制造是一个包含产品生产、销售、售后服务、信息反馈及设计改进等环节的系统。

(1)生产过程

在制造机械产品时,把原材料转变为成品的各种有关劳动过程的总和,称为生产过程。生产过程是机械制造过程的核心,是机械产品由设计向产品转化的过程。它主要包括以下内容:

①原材料、半成品的运输和保管。

②生产和技术准备工作,如工艺、工装的设计、制造及生产组织等。

③毛坯制造,如铸造、锻造、焊接及冲压等。

④零件的机械加工、热处理等。

⑤部件和产品的装配、调整工作。

⑥产品测试与检验。

⑦产品的涂装和保管。

（2）**工艺过程**

机器的生产过程中,毛坯的制造、零件的机械加工与热处理、产品的装配等将直接改变生产对象的形状、尺寸、相对位置及性质。使之成为成品或半成品的过程,称为工艺过程。

原材料经过铸造、锻造、冲压或焊接等加工方法而成为铸件、锻件、冲压件或焊接件的过程,分别称为铸造、锻造、冲压或焊接工艺过程。将铸件、锻件等毛坯或钢坯经机械加工,改变它们的形状、尺寸和表面质量而使其成为合格零件的过程,称为机械加工工艺过程。对零件或半成品通过各种热加工处理而改变其表面材料性质的过程,称为热处理工艺过程。而将合格的机器零件和外购件、标准件装配成部件、机器的过程,则称为装配工艺过程。

（3）**装配过程**

装配过程是机器制造工艺过程中重要的组成部分。装配工艺过程主要包括清洗、联接、校正和配作、平衡、试验验收等。

1）清洗

机械零件在装配前,必须进行清洗和检查,以清除零件表面的污物。

2）联接

联接是最基本的装配。联接分为可拆卸联接和不可拆卸联接两大类。可拆卸联接包括螺纹联接、键联接、销钉联接及圆锥体联接。其中,以螺纹联接应用最为广泛。不可拆卸联接包括焊接、铆接、胶合联接及过盈联接等。

3）校正和配作

校正是指装配时对各零部件间相互位置的找正及调整。校正的过程同时也是对零部件的尺寸、形状及位置的检验过程。配作主要有配钻、配铰、配刮及配研等。

4）平衡

转速较高的转动零件或部件,在装配时必须进行平衡,以消除或减轻运转时由惯性离心力而引起的振动,从而提高部件和机器工作的平稳性,并降低噪声。

5）试验验收

产品装配完成后,应根据产品技术规范或标准进行检验与试验。

7.3　机械制造方法简介

机械制造方法是指使原材料改变其形状或特性,最终形成产品的方法。生产中,制造方法一般包括机械加工和机械装配两个方面。在机械加工与机械装配中,又有多种不同的方法。机械产品制造方法的分类如图7.7所示。

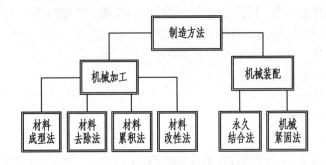

图 7.7　机械产品制造方法的分类

7.3.1　机械制造方法

(1)材料成型法

材料成型法是指将原材料加热成液态、半液态,并在特定模具中冷却成型、变形或将粉末状的原材料在特定型腔中加热、加压成型的方法。材料在成型前后没有质量的变化,故称"质量不变工艺"。材料成型法是零件毛坯的主要生产形式,生产中常用的材料成型法有铸造、锻造、粉末冶金、挤压、扎制及拉拔等。

1)铸造

将熔化成液态的金属浇入事先做好的铸型中,金属凝固后获得一定形状和性能的铸件,称为铸造工艺。砂型铸造是生产中使用最广泛的铸造方法,常用于毛坯制造。其工艺过程如图 7.8 所示。

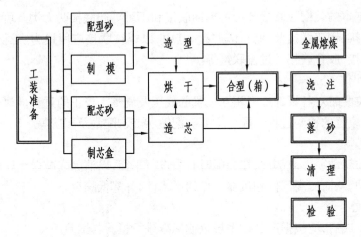

图 7.8　砂型铸造工艺过程

2)锻造

锻造是指利用外力使材料产生塑性变形并形成所需形状和尺寸的方法。锻造也是生产中制造毛坯的主要方法之一。

3)其他方法

另外,还有粉末冶金、挤压、扎制、拉拔等其他材料成型法。

（2）材料去除法

材料去除法是利用机械能、热能、光能、化学能等去除毛坯上多余材料而形成所需的形状和尺寸的方法。生产中，常见的材料去除法有车、铣、钻、铰、镗、磨等。

1）车削

车削加工是机械加工方法中应用最广泛的方法之一。它主要用于回转体零件的加工，如轴套类、轮盘类零件的内外圆柱面、圆锥面、台阶面以及各种成形回转面等。其典型加工表面见表7.1的图（a）、（b）。

车床是完成车削加工机器。车床的种类按其结构和用途，主要分为卧式车床、立式车床和转塔车床等。如图7.3所示为普通卧式车床，如图7.9所示为立式车床。

2）铣削

铣削加工是在铣床上用旋转的铣刀加工各种平面和沟槽的方法。它在机械零件加工和工具制造中仅次于车削。铣削加工适应面广，可加工各种零件的平面、台阶面、沟槽、成形表面、型孔表面及螺旋表面等。其典型加工表面见表7.1的图（c）、（d）。

铣床主要类型有卧式升降台铣床、立式升降台铣床和龙门铣床等。如图7.10所示为立式升降台铣床。

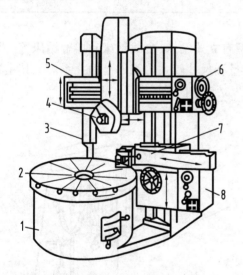 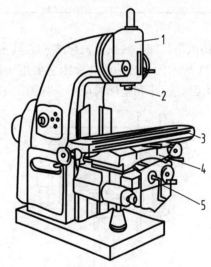

图7.9 立式车床
1—底座；2—工作台；3—立柱；4—垂直刀架；
5—横梁；6—垂直刀架进给箱；7—侧刀架；
8—侧刀架进给箱

图7.10 立式升降台铣床
1—铣头；2—主轴；3—工作台；
4—床鞍；5—升降台

3）钻、铰、镗削

在钻床上以钻头的旋转做主运动，钻头沿工件上孔的轴向做进给运动，在工件上加工出孔的方法称为钻削；当工件上已加工有孔时，采用扩孔钻将孔径扩大的方法称为扩孔。铰削是用来对中、小直径的孔进行半精加工和精加工的常用方法，加工孔可以是圆柱孔，也可以是圆锥孔；既可加工通孔，也可加工盲孔（不通孔）。镗削是在镗床上以镗刀的旋转为主运动，工件或镗刀移动作进给运动、对孔进行扩大孔径及提高质量的加工方法。镗削的典型加工表面见表7.1的图（e）。

表7.1 车、铣、镗、磨等最常见典型加工表面

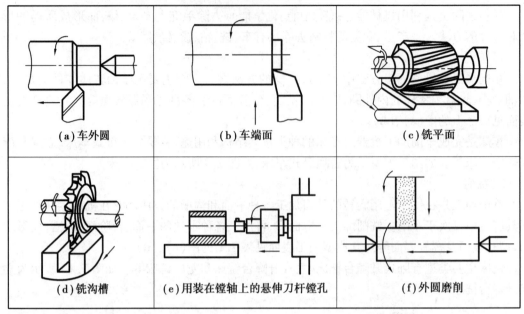

（a）车外圆	（b）车端面	（c）铣平面
（d）铣沟槽	（e）用装在镗轴上的悬伸刀杆镗孔	（f）外圆磨削

　　钻床是孔加工的主要机床之一。其主要类型有立式钻床、台式钻床和摇臂钻床等。如图7.11所示为台式钻床。镗床主要用于加工质量和尺寸较大的工件上的孔系等。其主要类型有卧式镗床和坐标镗床等。如图7.12所示为立式单柱坐标镗床。

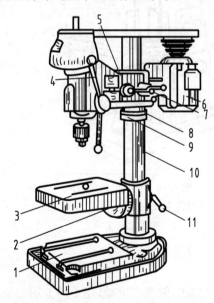

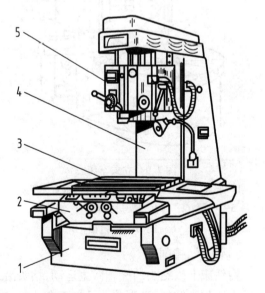

图7.11　台式钻床

1—机座;2,8—锁紧螺钉;3—工作台;

4—钻头进给手柄;5—主轴架;6—电动机;

7,11—锁紧手柄;9—定位环;10—立柱

图7.12　立式单柱坐标镗床

1—机座;2—滑座;3—工作台;

4—立柱;5—主轴箱

4)磨削

磨削加工是在磨床上使用砂轮与工件作相对运动,对工件进行的一种多刀多刃的高速切削方法。它主要用于零件的精加工,尤其对难切削的高硬度材料,如淬硬钢、硬质合金、玻璃及陶瓷等进行加工。磨削加工的适应性很广,几乎能对各种形状的表面进行加工。磨削的主要加工类型有外圆磨削(见表7.1的图(f))、内圆磨削、平面磨削等。

磨床的种类很多,生产中常用的有外圆磨床、内圆磨床和平面磨床等。如图7.13所示为万能外圆磨床。

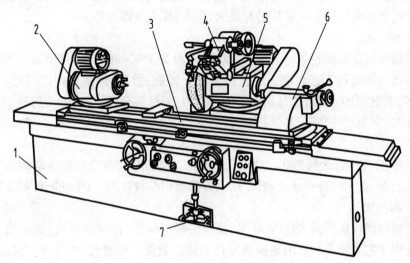

图 7.13　万能外圆磨床

1—床身;2—头架;3—工作台;

4—内圆磨装置;5—砂轮架;6—尾座;7—脚踏操纵板

(3)材料累加法

材料累加法又称"质量增加工艺",是指将分离的原材料通过加热、加压或其他手段结合成零件的方法。属于此类工艺的有焊接、快速原形制造等。

1)焊接

焊接是指通过加热或加压、使用填充材料将分离的两部分结合成同一零件的加工方法。生产中焊接的方法很多,按照焊接过程的特点不同,可分为熔焊、压焊和钎焊三大类。

2)快速原形制造

快速原形制造(RPM)是机械工程、计算机技术、数控技术以及材料科学技术的集成。它能将计算机数学几何模型的设计迅速、自动地物化为具有一定结构和功能的原形或零件。RPM的核心是将零件(或产品)的三维实体按一定厚度分层,以平面制造方式将材料层次堆叠,并使每个薄层自动黏结成形,形成完整的零件。目前,它主要用于产品开发及模具制造方面。

快速原形制造工艺流程如图7.14所示。

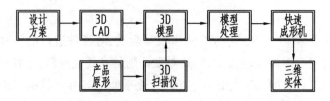

图 7.14　快速原形制造工艺流程

(4)材料改性法

材料改性法是生产中常用的热处理工艺。其主要目的是改善材料的加工性能、去除内应力以及提高零件使用性能。常用的有退火、正火、淬火及回火等。

1)退火和正火

退火是指将钢件加热到某一温度(对碳钢,一般为 750～900 ℃)并保温一段时间,然后随炉缓慢冷却的热处理工艺。退火工艺主要用于铸造、锻造、焊接零件的处理。退火的目的:一是均匀组织、细化晶粒;二是消除工件内应力,如经铸造、锻造或焊接后的钢件,因为有内应力的存在,会使工件变形,甚至开裂,故必须退火处理,消除内应力;三是降低工件硬度,使其便于切削加工。

正火是指把钢件加热到 780～920 ℃,保温一段时间后,在空气中冷却的热处理工艺。与退火不同的是,正火的冷却速度较快,所获得的组织晶粒较细,力学性能得到改善。

2)淬火和回火

淬火是指将钢件加热到 780～860 ℃,保温一段时间后,在冷却介质(如水或油)中快速冷却的热处理工艺。淬火的目的是提高零件表面的硬度和耐磨性,如各种刀具、量具、模具及许多机器零件都需要进行淬火处理。

回火是指将淬火后的零件,加热到一定温度并保温一段时间后,在空气中冷却的热处理工艺。

常用的热处理方法见附录中的附表 1。

7.3.2　机械装配方法

(1)永久结合法

在装配方法中,属于永久结合的工艺主要有焊接和黏结等。其中,焊接最常用。焊接后的工件不可拆卸,两个焊接件联接质量和接头密封性好,并可承受高压,但焊接过程会产生变形、裂纹等现象。

(2)机械紧固法

机械紧固法是机械装配中最常用的工艺,如螺纹联接、销钉、铰链、滑道等。与永久结合不同,机械紧固联接是可拆卸的,它便于产品及其零件的维护和修理。

7.4　机械工程材料简介

机械工程材料主要包括金属材料和非金属材料。金属材料是应用最广泛的工程材料,它包括纯金属及其合金。在工业领域,金属材料分为两类:一类是黑色金属,主要是指应用最广泛的钢铁;另一类是有色金属,是指除黑色金属之外的所有金属及其合金。非金属材料是近年来发展非常迅速的工程材料,因其具有金属材料无法具备的某些性能(如电绝缘性、耐腐蚀性等),在工业生产中已成为不可替代的重要材料,如高分子材料、工业陶瓷和复合材料等。

7.4.1 金属材料

(1)黑色金属

黑色金属是指铁和铁的合金,如钢、生铁、铁合金、铸铁等。钢和铸铁是工业生产中应用最广泛的黑色金属材料。

1)钢

工业生产中,将含碳量小于2.11%的铁碳合金,称为钢。钢的主要元素除铁、碳外,还有硅、锰、硫、磷等。

钢按化学成分不同,可分为碳素钢和合金钢。按含碳量不同,碳素钢可分为低碳钢、中碳钢和高碳钢。按质量差异,可分为普通钢、优质钢和高级优质钢;按用途不同,可分为结构钢、工具钢和特殊性能钢等。

2)铸铁

含碳量大于2.11%的铁碳合金,称为铸铁。铸铁具有优良的铸造性能、切削加工性能、耐磨性、减振性及耐蚀性,且价格较低,故广泛应用于机械制造、石油化工、交通运输、基本建设及国防工业等。

铸铁根据铸铁中石墨形态的不同,可分为灰口铸铁、球墨铸铁和可锻铸铁等。

常用的黑色金属牌号及用途见附录中的附表2。

(2)有色金属

工业生产中,通常把铁和铁基合金以外的金属,称为有色金属。有色金属种类很多,常用的有色金属有铝及铝合金、铜及铜合金、铅及铅合金、钛及钛合金及轴承合金等。

1)铝及铝合金

除钢铁以外,铝材是用量最多、应用范围最广的第二大类金属材料。纯铝的强度很低,一般不宜直接作为结构材料和制造机械零件,但加入适量合金元素的铝合金,再经过强化处理后,其强度得到很大提高。铝合金按其成分、组织和工艺特点,可分为形变铝合金和铸造铝合金。

2)铜及铜合金

纯铜强度低,虽经冷变形后可以提高强度,但塑性显著下降,一般也不作结构材料使用,主要用于制造电线、电缆、导热零件和配制铜合金。铜合金主要有黄铜、青铜和白铜三大类。其中,青铜和黄铜应用最广泛。

常用的有色金属牌号及用途见附录中的附表3。

7.4.2 非金属材料

(1)塑料

塑料的主要成分是合成树脂。它是将各种单体通过聚合反应合成的高聚物在一定的温度、压力下软化成型。它是最主要的工程材料之一,主要用于电工、化工等工程领域。

塑料具有良好的电绝缘性、耐腐蚀性、耐磨性和成型性,而密度只有钢的1/6,对减轻其自身质量具有重大意义。塑料的缺点是强度、硬度较低,耐热性差,以及易老化、易蠕变等。根据热性能的不同,塑料可分为热塑性塑料和热固性塑料两类。

（2）橡胶

橡胶与塑料不同之处是橡胶在室温下具有很高的弹性。经硫化处理和炭黑增强后,其抗拉强度为 25～35 MPa,并具有良好的耐磨性。常用的橡胶有天然橡胶、合成橡胶和特种橡胶等。工业中,橡胶常用于制造轮胎、胶带、胶管、减振器、橡胶弹簧、输油管、储油箱、密封件、电缆绝缘层等。

常用的非金属材料牌号及用途见附录中的附表4。

7.5 机械工程图样概述

用来表达机械产品的图样,称为机械图。机械图包括装配图和零件图。机械图是机械产品生产制造过程中重要的技术文件。

7.5.1 零件及其分类

零件是组成机器（或部件）的不可再拆分的基本单元。根据零件的标准化程度,一般将零件分为以下 3 种类型：

（1）**标准件**

标准件是指结构、尺寸、材料等都标准化的零件,如螺纹紧固件、键、销、轴承等,如图7.15（a）所示。

（a）标准件

（b）常用件

（c）一般零件

图 7.15 零件的分类

（2）**常用件**

常用件是指部分结构和尺寸为标准化的零件,如齿轮、弹簧等,如图 7.15（b）所示。

（3）一般零件

一般零件是指根据机器或部件需要而设计的零件。按照结构和功能,一般零件可分为轴套类、盘盖类、叉架类、箱体类及其他类零件,如图7.15(c)所示。

7.5.2 零件与机器(部件)的关系

机器或部件是由若干零件按一定的装配关系和技术要求装配而成的。在机器中,零件或按确定的位置相互联接,或按给定的规律作相对运动,共同完成机器的功能而发挥各自的作用。因此,组成机器的各部分零件一旦按照一定的方式和规律组合到一部机器中,它们就成为机器上不可或缺的一部分。任何机器的性能都是建立在其主要零件的性能或关键零件的综合性能的基础上的。要想设计出一台很好的机器,必须首先设计和选择其零件,而每个零件的设计和选择,又与整部机器的要求分不开。

如图7.16所示为一个滑动轴承部件(完成同一功用的若干零件的组合,称为部件)。该部件是用来支承轴及轴上零件的一种装置。该装置共由轴承座、轴承盖、上轴瓦、下轴瓦、轴瓦固定套、油杯、螺母及方头螺栓组成。它们按照一定的装配关系和技术要求装配成部件(滑动轴承),用以支承轴及轴上零件传递扭矩。

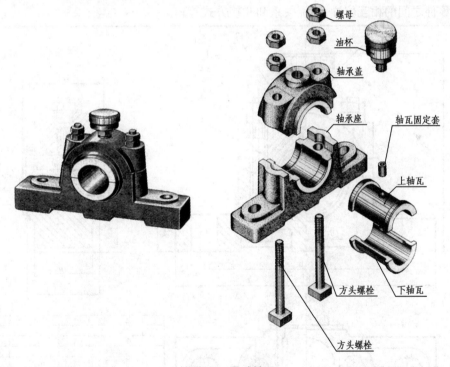

图7.16 滑动轴承

7.5.3 机械图概述

在工业及技术领域,广泛应用各种工程图样来表达工业产品的结构形状、尺寸大小以及制造加工要求等重要的技术信息。工程图样是工业制造领域重要的技术文件之一,故称"工程技术语言"。

不同工业技术领域使用不同的工程图样。机械图包括装配图和零件图。表达一台机器或一个部件的图样,称为装配图;表达单个机械零件的图样,称为零件图。

对一个机器或部件的设计,一般首先按设计要求画出装配图,然后根据装配图拆画出各个零件图。机器或部件的装配图和组成机器或部件的所有零件图,构成一套完整的图纸。在生产过程中,先根据零件图加工生产出全部合格零件,再根据装配图来完成机器或部件的组装,并生产出合格的产品。零件图和装配图的画图和看图是完成整个生产过程的基础。

(1)装配图

装配图是表示机器或部件工作原理、结构形状以及各零件之间装配联接关系的图样。它是机器或部件装配、检验、维修的重要技术文件。表达机器的机械图样,称为机器装配图;表达部件的机械图样,称为部件装配图。

如图7.17所示为图7.16滑动轴承的装配图。它详细表达了该轴承的结构形状与零件之间装配联接关系。

从该图样的组成来看,装配图应包含以下内容:

1)一组视图

用一组视图(包括视图、剖视图、断面图等)表达机器或部件的主要结构形状、工作原理,以及各零件之间的相互位置、装配关系和联接方式等。

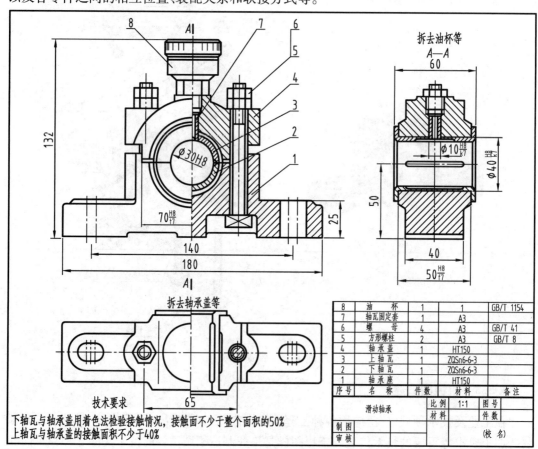

图7.17 滑动轴承装配图

2)必要的尺寸

装配图上只标注以下几类尺寸:机器或部件的规格性能尺寸、配合尺寸、安装尺寸、外形尺寸及其他重要尺寸等。如图 7.17 所示的 φ30H8 为规格性能尺寸,70H8/f7,φ40H8/k7 等为配合尺寸,140 为安装尺寸,180,60,132 为外形尺寸。

3)技术要求

用文字或符号说明机器或部件的性能、装配、安装、检验及调试等方面的要求,如图7.17所示的"技术要求"项目。

4)零部件序号、明细栏和标题栏

为便于图样管理、读图以及为生产过程组织管理提供方便,对装配图中所有零部件编写序号,并在标题栏上方填写与图中序号对应的零件明细栏,如图 7.17 所示。

(2)零件图

零件图是表达单个零件的结构形状、尺寸大小和加工、检验等信息的工程图样。它是零件加工、制造、检验及维修的重要技术文件。

如图 7.18 所示为图 7.16 滑动轴承中轴承座的零件图。

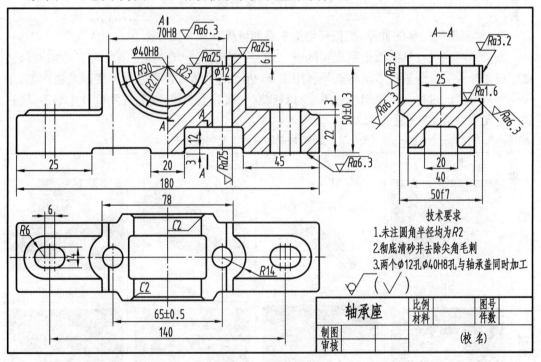

图 7.18 滑动轴承座零件图

零件图应包含以下内容:

1)一组视图

用于正确、完整、清晰地表达零件详细结构形状的一组视图,可选择基本视图、局部视图、斜视图、各种剖视图、断面图、局部放大图以及其他简化画法等表达方法。如图 7.18 所示为采用主视图半剖、左视图全剖等表达方法。

2)全部尺寸

零件图中,应正确、完整、清晰、合理地标注出制造零件所需的全部尺寸及误差要求等信息。如何正确、完整、清晰地标注尺寸,在组合体一章已有详细介绍。在零件图上标注尺寸还要做到合理,即尺寸标注既能保证零件安全可靠地工作,又便于制造、测量和检验。

3)技术要求

零件图的技术要求包括零件表面结构、尺寸公差、几何公差、材料和热处理、检验检测要求以及其他与加工制造相关的特殊要求等。如图7.18所示,70H8,ϕ40H8等规定了该尺寸的加工误差要求,用符号、代号等形式标注了对零件表面粗糙度等方面的要求,技术要求中还规定了零件的其他技术要求。

4)标题栏

标题栏应配置在图框的右下角,填写的内容主要有零件的名称、材料、数量、比例,以及制图和审核的姓名、日期等。标题栏的尺寸和格式可参考相关标准。

视野拓展

制造技术概述

"科学家研究已有的世界,工程师创造未有的世界。"——西尔多·冯·卡门

制造是产品设计从图纸走到现实的唯一途径,创造出这个世界上前所未有的东西以便更好地服务人类。制造技术就是人类利用工具、机器或化学过程将原材料变成最终产品,是一个创造价值的过程。依据制造过程原材料改变形状的主特征,制造技术可分为变形、增材和减材3类制造工艺(见表7.2)。

表7.2 变形、增材和减材3类制造工艺

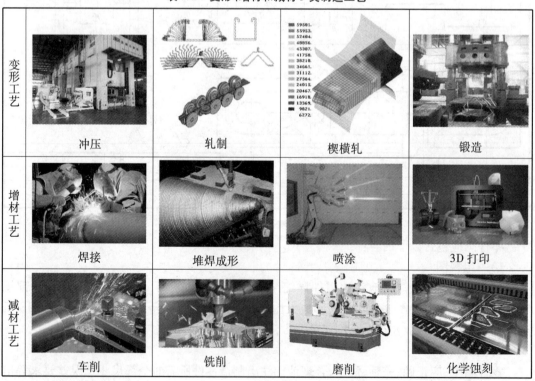

变形工艺	冲压	轧制	楔横轧	锻造
增材工艺	焊接	堆焊成形	喷涂	3D打印
减材工艺	车削	铣削	磨削	化学蚀刻

　　为了更高效地创造价值,产品制造过程往往采用各种高效率的专用组合机床、专用工艺装备、先进的生产工艺和技术,有利于实现连续而有节奏的生产,提高生产效率和产品质量,降低劳动和物料消耗,缩短生产周期。同时,产品和零部件的加工精度严格限制在规定的技术要求之内,从产品设计开始即贯彻零部件的标准化、通用化和产品的系列化原则,增加产品和零件的互换性。

第8章 标准件与常用件

机器或部件都是由零件装配而成的。零件可分为 3 类：标准件、常用件和一般零件，如图 8.1 所示。

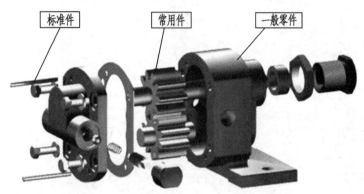

图 8.1　齿轮泵的组成

在装配过程中，大量使用标准件和常用件。为了便于制造和使用，国家标准对这些零件的结构形式、尺寸规格和技术要求等都有统一的规定，并由专门的工厂大量生产，这类零件称为标准件，如螺栓、螺钉、螺母、键及滚动轴承等。有些零件其结构形式、尺寸规格只是部分地实现了标准化，这类零件称为常用件，如齿轮等。本章将介绍标准件及常用件的基本知识、规定画法、规定标记及标注方法。

8.1　螺纹及其螺纹紧固件

8.1.1　螺纹

螺纹是指在圆柱或圆锥表面上，沿螺旋线所形成的、具有相同断面的连续凸起和沟槽。在圆柱或圆锥外表面上形成的螺纹，称为外螺纹；在其内表面上形成的螺纹，称为内螺纹。内外螺纹成对使用，可用于各种机械联接，传递运动和动力。

如图 8.2 所示为内外螺纹的常见加工方法。

（1）**螺纹要素及其结构**

1）牙型

在通过螺纹轴线的断面上，螺纹的轮廓形状，称为螺纹牙型。常见的螺纹牙型有三角形、梯形、锯齿形及矩形等。不同牙型的螺纹有不同的用途，并有相对应的名称及特征代号（见图 8.3）。

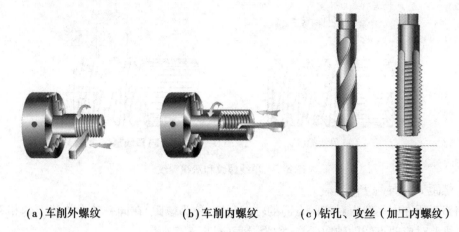

（a）车削外螺纹　　　　　（b）车削内螺纹　　　　（c）钻孔、攻丝（加工内螺纹）

图 8.2　内外螺纹的加工方法

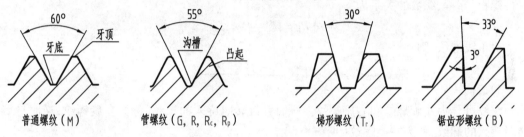

普通螺纹（M）　　　　管螺纹（G, R, Rc, Rp）　　　　梯形螺纹（Tr）　　　　锯齿形螺纹（B）

图 8.3　螺纹牙型

2）螺纹的直径

螺纹的直径分为大径（外螺纹用 d 表示，内螺纹用 D 表示）、小径（d_1，D_1）和中径（d_2，D_2）（见图 8.4）。螺纹的大径是与外螺纹牙顶或内螺纹牙底相切的假想圆柱或圆锥的直径；小径是与外螺纹牙底或内螺纹牙顶相切的假想圆柱或圆锥的直径；中径是母线通过牙型上沟槽和凸起宽度相等处的假想圆柱或圆锥的直径。普通螺纹和梯形螺纹的公称直径为大径（管螺纹用尺寸代号表示）。

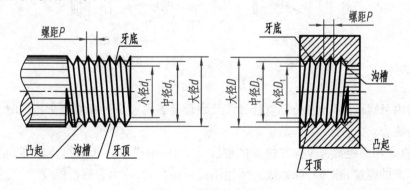

图 8.4　螺纹的直径

3）线数 n

螺纹可分为单线螺纹和多线螺纹。沿一条螺旋线形成的螺纹，称为单线螺纹；沿两条或两条以上，且在轴向等距离分布的螺旋线所形成的螺纹，称为多线螺纹（见图 8.5）。

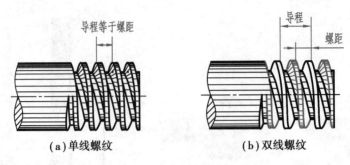

（a）单线螺纹　　　　　　　　（b）双线螺纹

图 8.5　单线螺纹和双线螺纹

4）螺距 P 和导程 P_h

相邻两牙在中径线上对应两点间的轴向距离，称为螺距；在同一条螺旋线上的相邻两牙在中径线上对应两点间的轴向距离，称为导程（见图 8.5）。

螺距、导程、线数的关系为

$$导程\ P_h = 螺距\ P \times 线数\ n$$

对单线螺纹，则

$$导程\ P_h = 螺距\ P$$

5）旋向

螺纹可分为左旋螺纹和右旋螺纹。顺时针旋转时旋入的螺纹，称为右旋螺纹；逆时针旋转时旋入的螺纹，称为左旋螺纹（见图 8.6）。

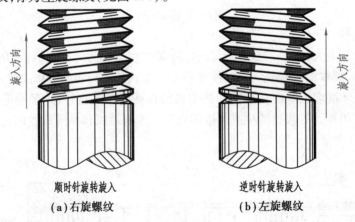

顺时针旋转旋入　　　　　　　逆时针旋转旋入

（a）右旋螺纹　　　　　　　　（b）左旋螺纹

图 8.6　螺纹的旋向

只有当内外螺纹的牙型、公称直径、螺距、线数及旋向这 5 个要素完全相同时，内外螺纹才能正确地旋合。

牙型、直径和螺距都符合国家标准的螺纹，称为标准螺纹。牙型符合标准，而直径或螺距不符合标准的螺纹，称为特殊螺纹。牙型不符合标准的，称为非标准螺纹。

6）螺尾、倒角及退刀槽

螺尾、倒角及退刀槽是螺纹上的常见结构。在制造螺纹时，由于退刀的缘故，螺纹的尾部会出现渐浅部分（见图 8.7（a）），这种不完整的牙型，称为螺尾。为了消除这种现象，常在螺纹终止处加工一个退刀槽（见图 8.7（b））。为了便于内外螺纹的旋合，在螺纹的端部制有倒角（见图 8.7（b））。

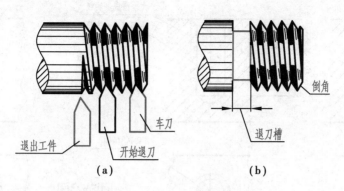

图8.7　螺纹的倒角和退刀槽

（2）螺纹的规定画法

1）外螺纹的规定画法

螺纹的牙顶（大径）和螺纹终止线用粗实线表示。牙底（小径）用细实线表示（小径≈0.85大径），与轴线平行的视图上表示牙底的细实线应画入倒角内，与轴线垂直的视图上，表示牙底的细实线圆只画3/4圈。螺杆端面的倒角圆省略不画（见图8.8（a））。实心轴上的外螺纹不必剖切，管道上的外螺纹沿轴线剖切后的画法如图8.8（b）所示。

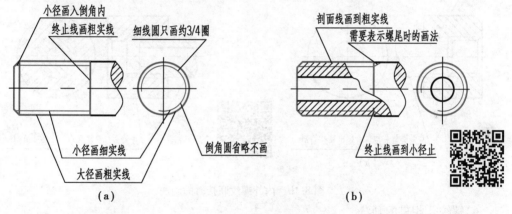

图8.8　外螺纹的画法

2）内螺纹的规定画法

当内螺纹画成剖视图时，牙底（大径）用细实线表示，牙顶（小径）和螺纹终止线用粗实线表示，剖面线画到粗实线处。与轴线垂直的视图上，表示牙底的细实线圆只画3/4圈，倒角圆省略不画。对于不通的螺孔，应将钻孔深度和螺孔深度分别画出，钻孔深度比螺孔深度深$0.5D$，底部的锥顶角应画成120°（见图8.9（a））。内螺纹不剖时，与轴线平行的视图上，所有图线均用细虚线表示（见图8.9（b））。

3）螺纹联接画法

在剖视图中，内外螺纹旋合部分按外螺纹的画法绘制，其余部分按各自的规定画法绘制（见图8.10）。此时，内外螺纹的大径和小径应分别对齐，螺纹的小径与螺杆的倒角大小无关，剖面线均应画到粗实线。

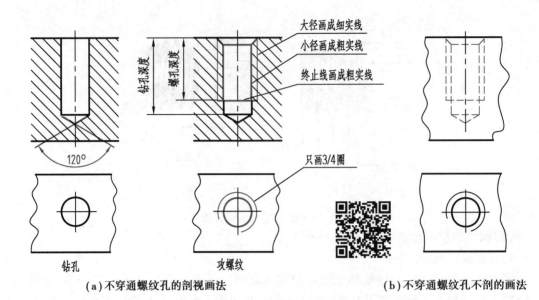

大径画成细实线
小径画成粗实线
终止线画成粗实线

只画3/4圈

钻孔深度
螺孔深度

120°

钻孔   攻螺纹

（a）不穿通螺纹孔的剖视画法   （b）不穿通螺纹孔不剖的画法

图 8.9　内螺纹的画法

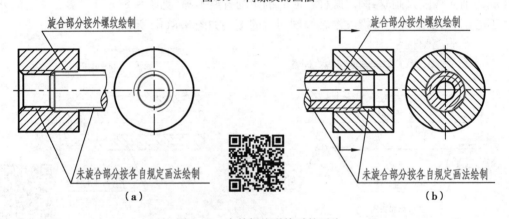

旋合部分按外螺纹绘制   旋合部分按外螺纹绘制

未旋合部分按各自规定画法绘制   未旋合部分按各自规定画法绘制

（a）   （b）

图 8.10　内外螺纹联接时的画法

4）螺纹孔相贯的画法

螺纹孔与圆柱孔相交时,仅画出牙顶圆柱面与孔的交线(粗实线),如图 8.11(a)所示。
螺纹孔与螺纹孔相交时,仅画出牙顶圆柱面的交线(粗实线),如图 8.11(b)所示。

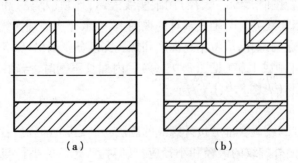

（a）   （b）

图 8.11　螺纹孔相贯的画法

（3）螺纹的种类和规定标注

螺纹按用途不同,可分为联接螺纹和传动螺纹两大类,见表8.1。

螺纹按规定画法画出后,在图样上并未表明牙型、公称直径、螺距、线数及旋向等。因此,绘制螺纹图样后,必须通过标注的方式来说明螺纹的种类和要素。

1）螺纹特征代号

常用螺纹特征代号见表8.1。

表8.1　常用标准螺纹

螺纹种类		特征代号	外形图	牙型图	用　途
联接螺纹	普通螺纹 粗牙	M	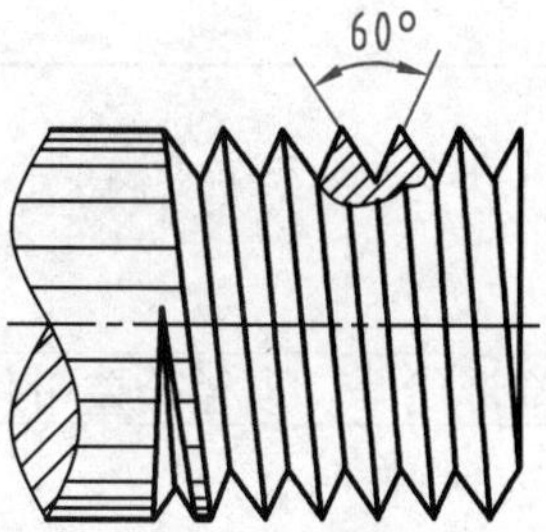 60°	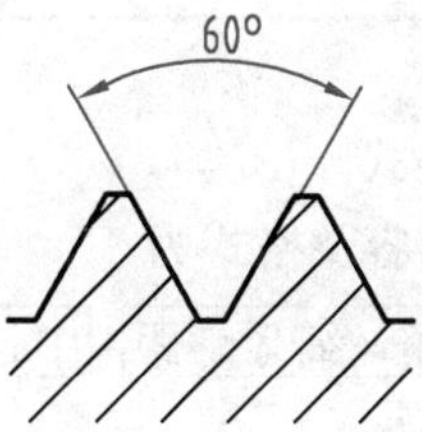 60°	最常用的联接螺纹
	普通螺纹 细牙				用于细小的精密零件或薄壁零件
	非螺纹密封的管螺纹	G	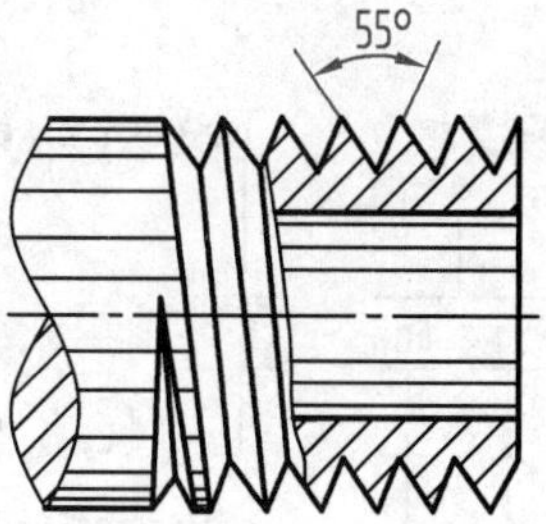 55°	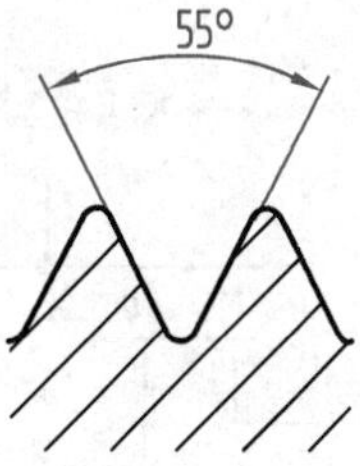 55°	用于水管、油管、气管等一般低压管路的联接
	用螺纹密封的管螺纹	R_1 R_2 R_c R_p	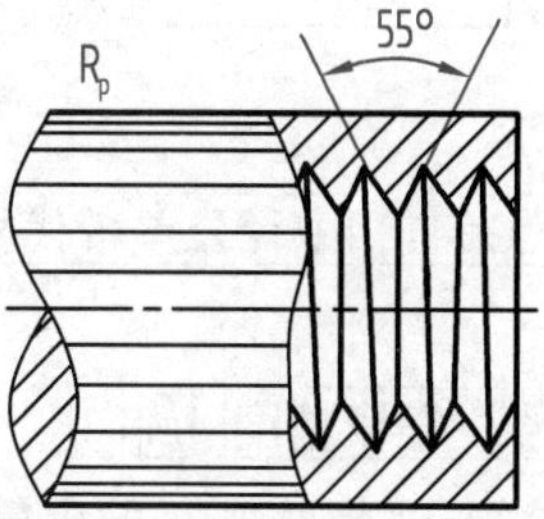 R_p 55°	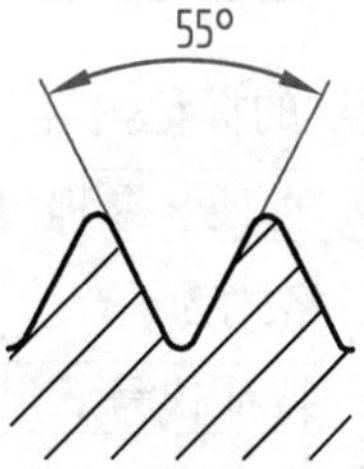 55°	用于水管、油管、气管等较大压力管路的联接
传动螺纹	梯形螺纹	T_r	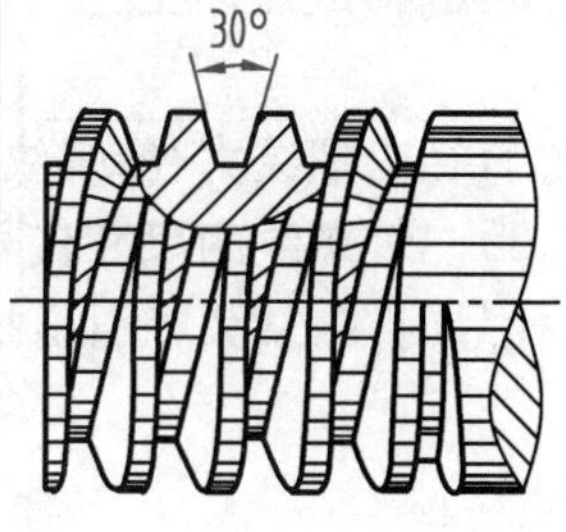 30°	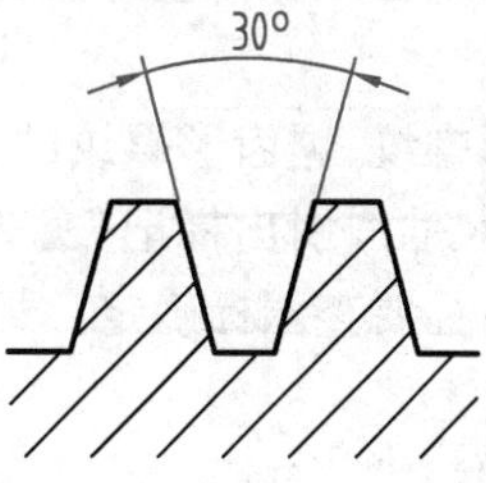 30°	机床的丝杠采用梯形螺纹进行传动

续表

螺纹种类		特征代号	外形图	牙型图	用　途
传动螺纹	锯齿形螺纹	B	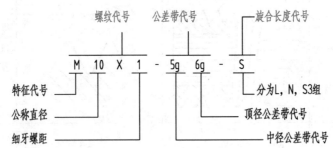		传递单方向的力

2)标注的内容及格式

普通螺纹的标记内容及格式为

特征代号　公称直径×细牙螺距	-中径公差带代号　顶径公差带代号	-旋合长度	-旋向
螺纹代号	公差带代号	旋合长度代号	

注意:粗牙普通螺纹一个公称直径对应一个螺距。因此,粗牙普通螺纹不标螺距。

标记示例

M　10　X　1　-　5g　6g　-　S

螺纹代号：特征代号、公称直径、细牙螺距
公差带代号：中径公差带代号、顶径公差带代号
旋合长度代号：分为L,N,S3组

梯形螺纹、锯齿形螺纹的标记内容及格式为

特征代号　公称直径×导程(P螺距)旋向	-中径公差带代号	-旋合长度

管螺纹的标记内容及格式为

特征代号　尺寸代号　等级精度	-旋向

注意:螺纹密封的管螺纹不需标注公差等级;非螺纹密封的内管螺纹公差等级只有一种,因此不必标注。而外管螺纹公差等级有 A,B 两种,故需标注。

3)标注的规定

①普通螺纹、梯形螺纹、锯齿形螺纹的公称直径为螺纹大径,螺纹代号应标注在螺纹大径尺寸线上或从大径尺寸线引出标记(见表8.2)。管螺纹的尺寸代号表示管子的孔径,单位为英寸,管螺纹的直径要查国标确定。标注代号时,需从大径引出指引线进行标记(见表8.2)。

②左旋螺纹加注"LH",右旋不标记(见表8.2)。

③旋合长度分为长旋合(L)、中等旋合(N)、短旋合(S)。中等旋合长度最为常用,不标注(见表8.2)。

④单线螺纹的螺距与导程相同,标记格式中的"导程(P 螺距)"一项只注螺距。

⑤外螺纹公差带代号字母小写,内螺纹公差带代号字母大写。中径与顶径公差带代号相同时,只注一个,如6G,7h(见表8.2)。

4)标记示例

表8.2 为常用螺纹的标记方式和标记示例。

表8.2 常用螺纹的标注示例

螺纹类型		标记要求	标记示例
普通螺纹	粗牙	普通螺纹,公称直径24,粗牙,螺距为3,右旋,中径公差带代号5g,顶径公差带代号6g,中等旋合长度	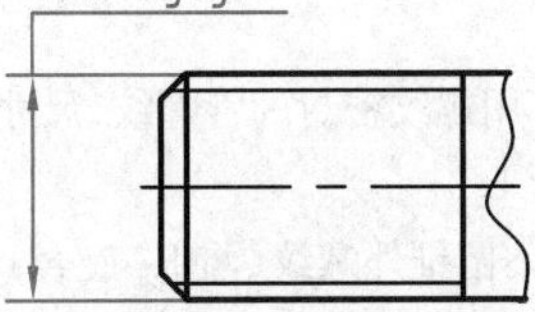 M24-5g6g
	细牙	普通螺纹,公称直径24,细牙,螺距为2,左旋,中径和顶径公差带代号均为7H,长旋合长度	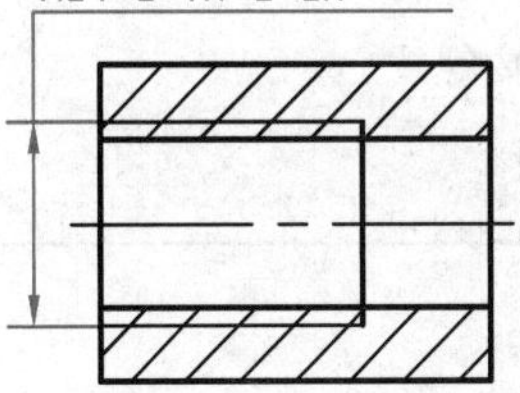 M24×2-7H-L-LH
梯形螺纹	单线	梯形螺纹,公称直径40,螺距为5,左旋,中径公差带代号7e,长旋合长度	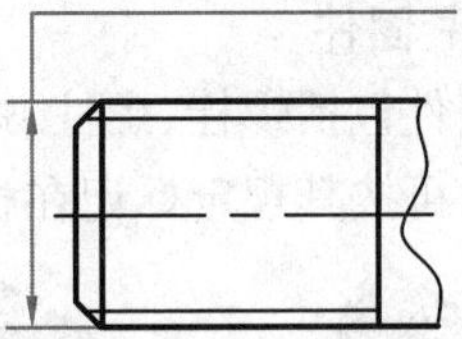 T$_r$40×5LH-7e-L
	多线	梯形螺纹,公称直径40,双线,导程10,螺距为5,左旋,中径公差带代号7e,长旋合长度	T$_r$40×10(P5)LH-7e-L
锯齿形螺纹		锯齿形螺纹,大径80,双线,导程20,螺距为10,右旋,中径公差带代号8e,长旋合长度	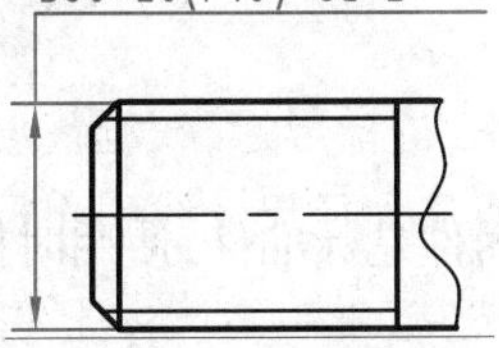 B80×20(P10)-8e-L

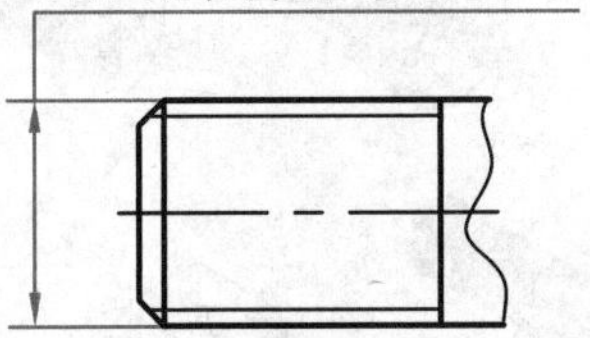

续表

螺纹类型	标记要求	标记示例
非螺纹密封管螺纹	非螺纹密封的管螺纹,尺寸代号为3/4。其中外螺纹公差等级为A级,左旋	G3/4A-LH　　G3/4-LH
用螺纹密封的管螺纹	用螺纹密封的管螺纹,尺寸代号为1/2 R_1:圆锥外螺纹(与R_p旋合) R_2:圆锥外螺纹(与R_c旋合) R_c:圆锥内螺纹 R_p:圆柱内螺纹	$R_1$1/2　R_c1/2　R_p1/2

8.1.2　螺纹紧固件

（1）螺纹紧固件

螺纹紧固件包括螺栓、螺柱、螺钉、螺母及垫圈等(见图8.12)。它们都是标准件。其结构形式和尺寸可按其规定标记在相应的国标中查出。

图8.12　常用螺纹紧固件

螺纹紧固件是标准件,使用时按规定标记直接外购即可。其规定标记格式为

名称　　国家标准代号　　型号规格

在标注后面还可带性能等级或材料及热处理、表面处理等技术参数。由螺纹紧固件的标记查阅机械设计手册相应国家标准,可得该螺纹紧固件的详细规格尺寸和各种技术参数。表8.3为常用螺纹紧固件的结构形式及标记。

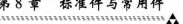

表 8.3 常用螺纹紧固件标记示例

名 称	简 图	规定标注及说明
六角头螺栓	M16 45	螺栓 GB/T 5780 M16×45 M16 为螺纹规格,45 为螺栓的公称长度
螺柱	b_m 55 M16	螺柱 GB/T 897 M16×55 M16 为螺纹规格,55 为螺柱的公称长度,两端均为粗牙普通螺纹,旋入长度 $b_m = 1d$,B 型不标注类型
开槽沉头螺钉	40 M12	螺钉 GB/T 68 M12×40 M12 为螺纹规格,40 为螺钉的公称长度
开槽锥端紧定螺钉	M12 45	螺钉 GB/T 71 M12×45 M12 为螺纹规格,45 为螺钉的公称长度
I 型六角螺母	M16	螺母 GB/T 6170 M16 M16 为螺纹规格
I 型六角开槽螺母-C 级	M20	螺母 GB/T 6179 M20 M20 为螺纹规格
平垫圈 A 级	∅17	垫圈 GB/T 97.1 16 16 为垫圈的规格尺寸

（2）螺纹紧固件联接的画法规定

螺纹紧固件是工程上应用最广泛的联接零件。常用的联接形式有螺栓联接、双头螺柱联接和螺钉联接。绘制螺纹紧固件联接图样时,应遵守以下基本规定(见图 8.13)：

①相邻两零件接触表面,只画一条线,非接触表面画两条线,如果间隙太小,可夸大画出。

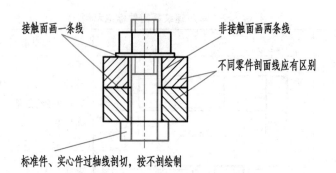

接触面画一条线   非接触面画两条线

不同零件剖面线应有区别

标准件、实心件过轴线剖切,按不剖绘制

图 8.13　螺纹联接的基本规定

②在剖视图中,相邻两被连接件的剖面线方向应相反或间距不等,而同一零件的剖面线在各个剖视图中应一致,即方向相同、间距相等。

③在剖视图中,当剖切平面通过螺纹紧固件和实心件(螺钉、螺栓、螺母、垫圈、键、球及轴等)的基本轴线剖切时,这些零件按不剖绘制。

(3)螺纹紧固件的联接画法

绘制螺纹紧固件的联接图时,允许省略六角头螺栓头部和六角螺母上的截交线、零件的工艺结构(如倒角、退刀槽等)。

1)螺栓联接

螺栓联接适用于被连接件都不太厚,能加工成通孔且受力较大的情况。通孔的大小根据装配精度的不同,查阅机械设计手册确定,一般通孔直径按 1.1 倍的螺纹大径绘制。

①螺栓联接的比例简化画法如图 8.14 所示。

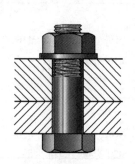

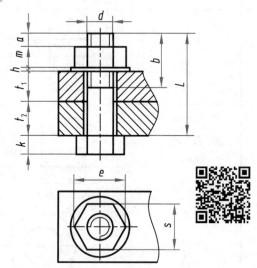

图中 d 为螺纹大径。
$a=0.3d$, $m=0.8d$, $h=0.15d$,
$k=0.7d$, $e=2d$, $b=2d$,
垫圈外径 $=2.2d$

图 8.14　螺栓联接的比例简化画法

②螺栓联接的查表画法见例 8.1。

例 8.1　已知螺栓 GB/T 5782　M20×L,螺母 GB/T 6170　M20,垫圈 GB/T 97.1　20,两零件厚 $t_1=35$,$t_2=25$,试画出螺栓联接图。

①根据标记查附表 13、附表 14,可得螺母、垫圈尺寸。螺母:$m=18$,$e=32.95$;垫圈:$d_2=37$,$h=3$。

②计算螺栓的公称长度 $L = t_1 + t_2 + h + m + 0.3 \times d = 35 + 25 + 3 + 18 + 6 = 87$，查附表8修正为标准值 $L = 90, b = 46, k = 12.5, e = 32.53$（注：$d$ 螺栓上螺纹的公称直径，h 为垫圈厚度，d_2 为垫圈外径，m 为螺母高度）。

③画图（画图过程见图8.15）。

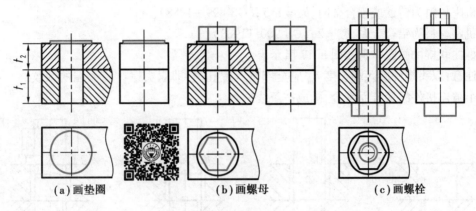

图8.15　螺栓联接的画图步骤

2）双头螺柱联接

双头螺柱联接常用于被连接件之一较厚不宜加工成通孔，且受力较大的情况。采用双头螺柱联接时，在较薄的零件上钻通孔（孔径 $=1.1d$），在较厚的零件（常称机座）上制出螺纹孔。双头螺柱的一端全部旋入被连接件的螺孔内，称为旋入端；另一端（紧固端）穿过另一被连接件的通孔，加上垫圈，旋紧螺母（见图8.16）。螺柱联接常采用弹簧垫圈，它依靠弹性增加摩擦力，防止螺母因受振动而松开。

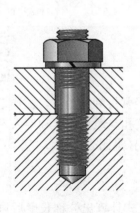

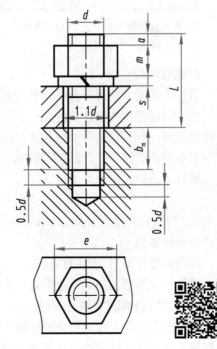

图中d为螺纹大径。

$a=0.3d$，$m=0.8d$，$s=0.2d$，
$e=2d$，垫圈外径$=1.35d$
螺孔深$=b_m+0.5d$
孔深$=b_m+d$

图8.16　螺柱联接的比例简化画法

螺柱联接比例简化画法如图 8.16 所示。其中,旋入端螺纹长度 b_m 是由机座的材料来决定的,机座的材料不同,则 b_m 的取值不同。通常 b_m 有以下 4 种不同的取值:

机座材料为钢或青铜时,$b_m = 1d$(GB 897—1988)。

机座材料为铸铁时,$b_m = 1.25d$(GB 898—1988)。

机座材料为铸铁或铝合金时,$b_m = 1.5d$(GB 899—1988)。

机座材料为铝合金时,$b_m = 2d$(GB 900—1988)。

螺柱联接的画图步骤如图 8.17 所示。

注意:双头螺柱旋入端长度 b_m 应全部旋入螺孔内,即双头螺柱旋入端的螺纹终止线应与两个被连接件的接合面重合,画成一条线。

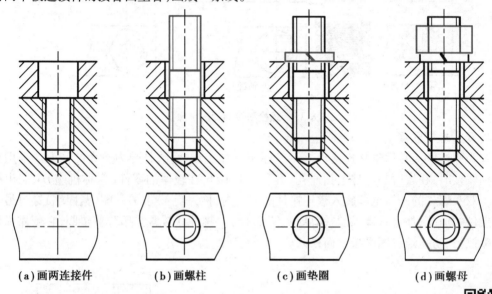

(a)画两连接件　　　(b)画螺柱　　　(c)画垫圈　　　(d)画螺母

图 8.17　螺柱联接的画图步骤

3)螺钉联接

螺钉按用途不同可分为联接螺钉和紧定螺钉。

螺钉联接常用在被连接件之一较厚且受力不大而又不经常拆卸的地方。被连接零件中一件比较薄,制成通孔,另一件较厚(机座),制成不通的螺纹孔。螺孔深度和旋入深度的确定与双头螺柱联接一致,螺钉头部的形式很多,应按规定画出(见图 8.18)。

螺钉的公称长度计算为

$$l \geq t(通孔零件厚) + b_m$$

式中,b_m 为螺钉的旋入长度,其取值与螺柱联接一致。按上式计算出公称长度后再查表将其修正为标准值 L。

画螺钉联接图时,应注意:

螺钉一字形槽,在投影为圆的视图上,画成与水平线成 45°夹角的 2 倍粗实线(见图 8.18)。在螺钉轴线平行的视图上,画一小段与轴线重合的 2 倍粗实线(见图 8.18)。

螺钉的螺纹终止线应画在两个被连接件的接合面之上(即 $b > b_m$),这样才能保证螺钉的螺纹长度与螺孔的螺纹长度都大于旋入深度,使联接牢固(见图 8.18)。

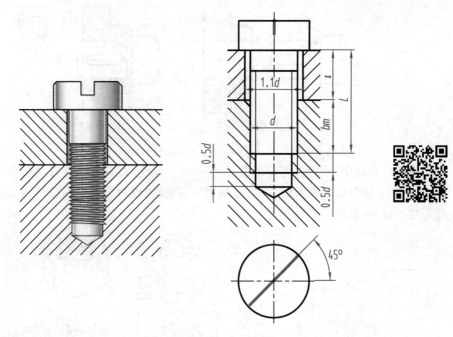

图 8.18 螺钉联接的比例简化画法

常见螺钉联接画法如图 8.19 所示。

在螺钉联接图上,可不画出 $0.5d$ 的钻孔深度,如图 8.19(b)所示。

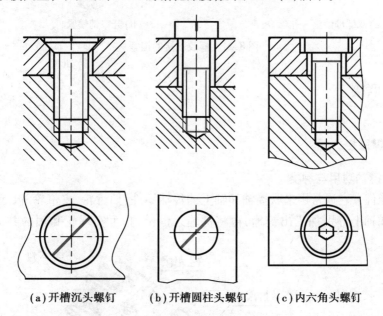

(a)开槽沉头螺钉　　(b)开槽圆柱头螺钉　　(c)内六角头螺钉

图 8.19 各种类型螺钉联接图

紧定螺钉联接的画法如图 8.20 所示。紧定螺钉主要用于定位或防松。

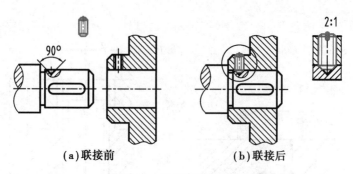

（a）联接前　　　　　　　（b）联接后

图 8.20　紧定螺钉的画法

　　在螺纹联接中，螺母虽可拧得很紧，但由于长期受力和振动，螺母往往会松动甚至脱落。因此，为防止螺母松脱现象的发生，常采用弹簧垫圈，或两个重叠的螺母，或用开口销和开槽螺母加以锁紧，如图 8.21 所示。

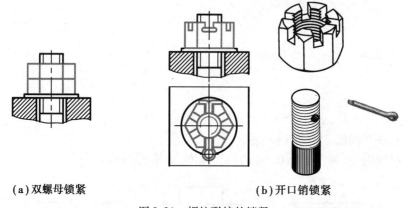

（a）双螺母锁紧　　　　　　　　　　　　　（b）开口销锁紧

图 8.21　螺纹联接的锁紧

8.2　键、销联接

8.2.1　键联接

（1）常用键的功用与种类

　　键是标准件。它通常用来联接轴和轴上的传动零件，如齿轮、皮带轮等，起传递扭矩的作用。在轮和轴上分别加工出键槽，再将键装入键槽内，可实现轮和轴的共同转动，如图8.22所示。

轮上的键槽

平键

轴上的键槽

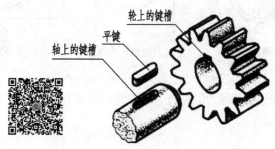

图 8.22　键联接

键有普通平键、半圆键、钩头楔键及花键等,如图8.23所示。其结构形式、规格尺寸和键槽尺寸等可从相应国家标准中查出,这里主要介绍普通平键。

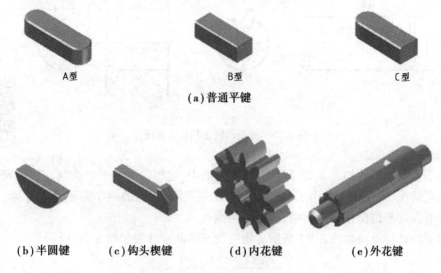

(a)普通平键

(b)半圆键　(c)钩头楔键　(d)内花键　(e)外花键

图8.23　常用键的形式

(2)普通平键的标记

普通平键应用最广,按其结构可分为圆头普通平键(A型)、方头普通平键(B型)和单圆头普通平键(C型)3种形式(见图8.23)。

普通平键的标记为

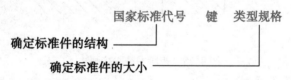

类型规格为

型号　键宽×键高×键长

例如,键宽 $b=18$ mm,键高 $h=11$ mm,键长 $L=100$ mm 的A型普通平键(见图8.24),其标记为

GB/T 1096　键　$18\times11\times100$

(A型不标注,B型和C型要加标注)

(3)普通平键键槽的尺寸及画法

采用键联接轴和轮,其上都应有键槽存在。如图8.25(a)、图8.25(b)所示为键槽的画法及尺寸标注方法。键槽是标准结构,尺寸应按附录中的附表19查阅后标注。

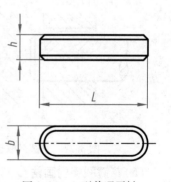

图8.24　A型普通平键

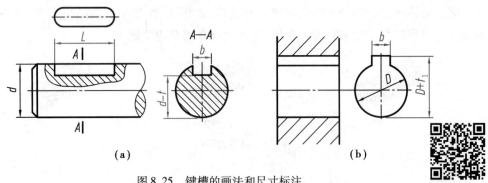

图 8.25　键槽的画法和尺寸标注

（4）键联接的画法

普通平键联接画法如图 8.26 所示。在主视图中,键和轴均按不剖绘制。为了表达键在轴上的装配情况,主视图又采用了局部剖视。在左视图上,键的两个侧面是工作面,只画一条线。键的顶面与键槽顶面不接触,应画两条线。

半圆键的联接画法如图 8.27 所示。钩头楔键的联接画法如图 8.28 所示。

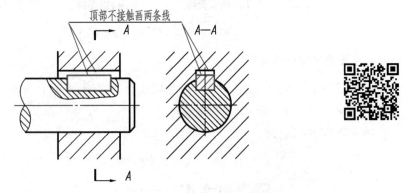

图 8.26　普通平键联接画法

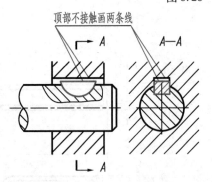

图 8.27　半圆键联接图

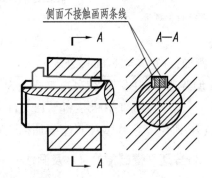

图 8.28　钩头楔键联接图

（5）花键联接的画法

花键联接是一种轴与轮毂孔之间的联接。轴上的花键称为外花键,轮毂的花键称为内花键。内外花键是一种标准结构,如图 8.23 所示。外花键上有多个键齿,内花键上有多个键槽,故称多键槽联接。花键联接与键联接相比较,减少了标准件,轴线同心度高,是一种高精度的联接。

花键联接按键齿,可分矩形花键、渐开线花键(见图 8.29)。矩形花键应用最广泛,此处只讨论矩形花键的表达。

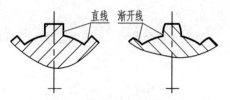

图 8.29　花键轮廓齿形

1)外花键画法及标注

在平行于花键轴线的视图中,大径 D 用粗实线绘制,小径 d 用细实线绘制,花键的工作长度的终止线和尾部长度的末端均用细实线绘制,尾部的斜细实线与轴线成 30°夹角。键齿形状用断面图 $A—A$ 表示(见图 8.30)。

外花键的标记为

　　　齿数 × 小径 × 大径 × 宽度　GB/T 1144　即 $N×d×D×b$　GB/T 1144

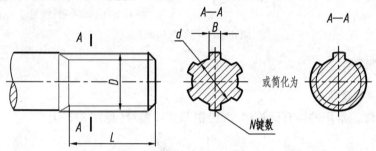

图 8.30　外花键的画法

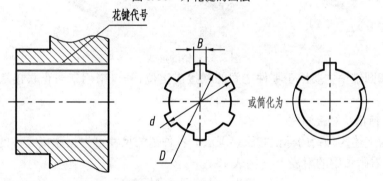

图 8.31　内花键的画法

2)内花键画法及标注

在平行于内花键轴线的剖视图中,大径 D、小径 d 均用粗实线绘制,右视方向的局部视图表示了花键键齿形状(见图 8.31)。

内花键的标记为

　　　齿数 × 小径 × 大径 × 宽度　GB/T 1144　即 $N×d×D×b$　GB/T 1144

3)内外花键联接的画法

花键联接通常用剖视图和断面图表示。如图 8.32 所示,主视图全剖,花键联接处按外花键绘制,断面图 $A—A$ 也是在花键联接处剖切的,故按外花键绘制。可在花键联接图中标注花键标记的代号。

花键联接的标记为

　　　齿数 × 小径(配合尺寸) × 大径(配合尺寸) × 宽度(配合尺寸)　GB/T 1144

即

$$N \times d (配合尺寸) \times D (配合尺寸) \times b (配合尺寸) \quad GB/T\ 1144$$

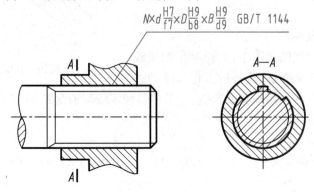

图 8.32　花键联接画法

8.2.2　销联接

(1)销的种类及功用

销是标准件。常用的销有圆柱销、圆锥销和开口销等(见图 8.33)。

圆柱销　　　　　　　圆锥销　　　　　　　开口销

图 8.33　销的形式

圆柱销和圆锥销主要用于零件之间的联接或定位;开口销用来防止联接螺母松动或固定其他零件。

(2)销的标记及联接画法

表 8.4 为上述 3 种销的标记和联接画法。各种销的尺寸可根据联接零件的大小和受力情况查表(参看附录中的附表 16—附表 18)。

表 8.4　销的画法及标注

名称及标准	图　例	标　记	联接画法
圆柱销 GB/T 119.1		销 GB/T 119.1 $d \times 1$	

续表

名称及标准	图　例	标　记	联接画法
圆锥销 GB/T 117	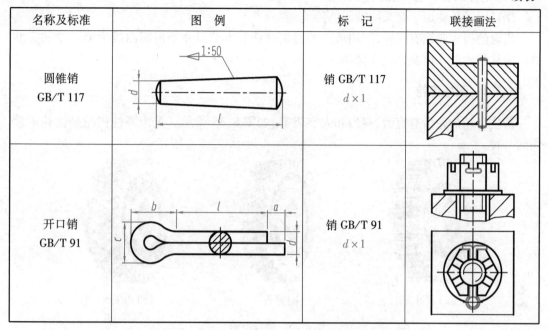	销 GB/T 117 $d \times l$	
开口销 GB/T 91		销 GB/T 91 $d \times l$	

圆柱销和圆锥销的装配要求较高,其销孔一般要在被联接零件装配时才加工,并在零件图上加以注明。

8.3　齿　轮

8.3.1　齿轮的功用及分类

齿轮是机械传动中广泛应用的传动零件。它可用来传递动力,改变转速和旋转方向。其常见的传动形式有:

(1)**圆柱齿轮传动**(见图 8.34(a))

圆柱齿轮传动用于两平行轴间的传动。

(2)**圆锥齿轮传动**(见图 8.34(b))

圆锥齿轮传动用于相交两轴间的传动。

(a)圆柱齿轮传动　　　　(b)圆锥齿轮传动　　　　(c)蜗轮蜗杆传动

图 8.34　常见齿轮传动形式

（3）**蜗杆蜗轮传动**（见图8.34（c））

蜗杆蜗轮传动用于交叉两轴间的传动。

齿轮的齿廓曲线有多种,应用最广的是渐开线。本节只介绍齿廓曲线为渐开线的标准直齿圆柱齿轮的几何要素及其画法。

8.3.2 圆柱齿轮

圆柱齿轮的轮齿有直齿、斜齿和人字齿等,如图8.35所示。直齿圆柱齿轮是齿轮中常用的一种。

（a）直齿　　　　　　　（b）斜齿　　　　　　　（c）人字齿

图8.35　圆柱齿轮

（1）**直齿圆柱齿轮各部分名称和主要参数**（见图8.36）

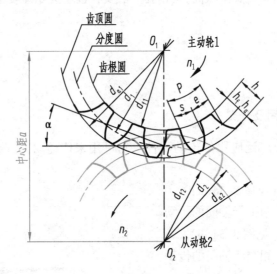

图8.36　齿轮各部分名称和代号

1）齿顶圆

齿轮端面齿顶处的圆,称为齿顶圆。其直径用 d_a 表示。

2）齿根圆

齿轮端面齿根部的圆,称为齿根圆。其直径用 d_f 表示。

3）分度圆

分度圆是指齿轮设计和加工时计算尺寸的基准圆。它是一个假想圆,在该圆上,齿厚 s 与齿槽宽 e 相等。分度圆直径用 d 表示。

4）节圆

在两齿轮啮合时，齿廓的接触点 C（称为节点）将齿轮的连心线分为两段。分别以 O_1，O_2 为圆心，以 O_1C，O_2C 为半径所画的圆，称为节圆，其直径用 d' 表示。齿轮的传动就可假想成这两个圆在作无滑动的纯滚动。正确安装的标准齿轮，分度圆和节圆直径相等，即 $d = d'$。

5）齿顶高

分度圆到齿顶圆之间的径向距离，称为齿顶高，用 h_a 表示。

6）齿根高

分度圆到齿根圆之间的径向距离，称为齿根高，用 h_f 表示。

7）齿高

齿顶圆到齿根圆之间的径向距离，称为齿高，用 h 表示，则 $h = h_a + h_f$。

8）齿厚

在分度圆上，同一齿两侧齿廓之间的弧长，称为齿厚，用 s 表示。

9）齿间

在分度圆上，齿槽宽度的一段弧长，称为齿间，也称齿槽宽，用 e 表示。

10）齿距

在分度圆上，相邻两齿同侧齿廓之间的弧长，称为齿距，用 p 表示。

11）齿形角（啮合角、压力角）

两齿轮啮合时，齿廓在节点 C 处的公法线与两节圆的公切线所夹的锐角，称为齿形角，也称啮合角或压力角，用字母 α 表示。渐开线圆柱齿轮基准齿形角为 $20°$。

12）中心距

两齿轮回转中心的距离，称为中心距，用 a 表示。

13）模数

如图 8.36 所示，分度圆大小与齿距和齿数有关，即分度圆周长 $\pi d = pz$ 或 $d = zp/\pi$，令 $m = p/\pi$，则

$$d = mz$$

式中，m 称为模数，单位为毫米，模数的大小直接反映出齿轮的大小。一对相互啮合的齿轮，其模数 m 和压力角 α 必须相等。为了便于设计和制造齿轮，减少齿轮加工的刀具，模数已标准化。其系列值见表 8.5。

表 8.5　齿轮模数系列（GB/T 1357—2008）

第一系列	… 1.25 1.5 2 2.5 3 4 5 6 8 10 12 16 20 25 32 40 50
第二系列	… 1.75 2.25 2.75(3.25) 3.5 (4.5) 5.5 (6.5) 7 9 (11) 14 18 22 28 36 45

注：优先选用第一系列，括号内的模数，尽可能不用。

（2）**直齿圆柱齿轮各部分尺寸计算公式**

直齿圆柱齿轮各部分尺寸计算公式见表 8.6。

表8.6　直齿圆柱齿轮轮齿的各部分尺寸关系

	基本参数：　模数 m　齿数 z				
名　称	代　号	尺寸公式	名　称	代　号	尺寸公式
分度圆	d	$d = mz$	齿根圆直径	d_f	$d_f = d - 2h_f = m(z - 2.5)$
齿顶高	h_a	$h_a = m$	齿距	p	$p = \pi m$
齿根高	h_f	$h_f = 1.25m$	齿厚	s	$s = \dfrac{p}{2}$
齿高	h	$h = h_a + h_f = 2.25m$	中心距	a	$a = \dfrac{d_1 + d_2}{2} = \dfrac{m(z_1 + z_2)}{2}$
齿顶圆直径	d_a	$d_a = d + 2h_a = m(z + 2)$			

（3）标准直齿圆柱齿轮的规定画法

1）单个圆柱齿轮的规定画法

单个齿轮的表达一般采用两个视图,将与轴线平行的视图画成剖视图（全剖或半剖）,与轴线垂直的视图应将键槽的位置和形状表达出来,如图8.37所示。齿顶线和齿顶圆用粗实线绘制;分度线和分度圆用细点画线绘制;在视图中,齿根线和齿根圆用细实线绘制,也可省略不画。在剖视图中,当剖切平面通过齿轮轴线时,齿根线用粗实线绘制。轮齿按不剖绘制,即轮齿部分不画剖面线。

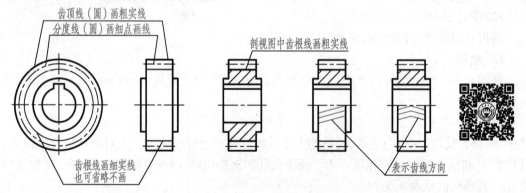

图8.37　单个齿轮的画法

对斜齿、人字齿齿轮,常采用半剖视图,并在半个视图中用3条细实线表示齿线方向（见图8.37）。

齿轮的零件图应按零件图的全部内容绘制和标注完整,并在其零件图的右上角画出有关齿轮的啮合参数和检验精度的表格,并注明相关参数,如图8.38所示。

2）圆柱齿轮啮合的规定画法

与齿轮轴线垂直的视图中,啮合区内的齿顶圆均用粗实线绘制,也可省略不画（见图8.39（b））。两分度圆用细点画线画成相切,两齿根圆省略不画。

与齿轮轴线平行的视图（常画成剖视图）中,啮合区内的两条节线重合为一条,用细点画线绘制。两条齿根线都用粗实线画出,两条齿顶线,其中一条用粗实线绘制,另一条用细虚线绘制（见图8.39（a）和图8.40）。若不画成剖视图,啮合区内的齿顶线和齿根线都不必画

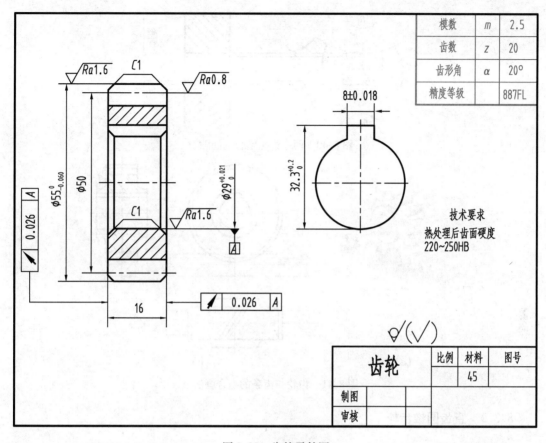

模数	m	2.5
齿数	z	20
齿形角	α	20°
精度等级		887FL

技术要求
热处理后齿面硬度
220~250HB

齿轮	比例	材料	图号
		45	
制图			
审核			

图 8.38　齿轮零件图

出，节线用粗实线绘制(见图 8.35(c))。

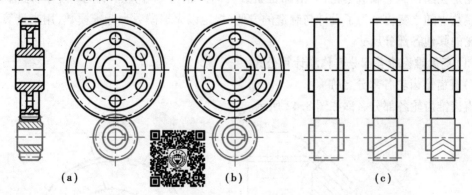

（a）　　　　　（b）　　　　　（c）

图 8.39　齿轮的啮合画法

在齿轮啮合的剖视图中，由于齿根高和齿顶高相差 $0.25m$，因此一个齿轮的齿顶线与另一个齿轮的齿根线之间应有 $0.25m$ 的间隙(见图 8.40)。

3）齿轮、齿条的啮合画法

当齿轮的直径无限大时，齿轮就成为齿条，如图 8.41(a)所示。齿条的齿顶圆、分度圆、齿根圆及齿廓曲线都成为直线。齿轮与齿条啮合时，齿轮旋转，齿条作直线运动。齿轮与齿条的啮合画法如图 8.41(b)所示。

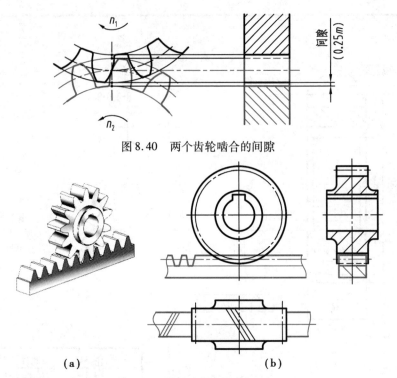

图 8.40　两个齿轮啮合的间隙

（a）　　　　　　　　　　　（b）

图 8.41　齿轮与齿条的啮合画法

8.3.3　直齿圆锥齿轮

直齿锥齿轮用于两相交轴之间的传动。常见两轴心线在同一平面内成直角相交。直齿锥齿轮是在圆锥面上制造出轮齿，沿圆锥素线方向的轮齿一端大、一端小，齿厚、齿槽宽、齿高及模数也随之变化。为了设计与制造的方便，规定以大端模数为标准模数，用来计算和决定齿轮的其他各部分尺寸。

（1）直齿锥齿轮各部分名称和计算公式

1）直齿锥齿轮各部分名称

直齿锥齿轮各部分名称如图 8.42 所示。

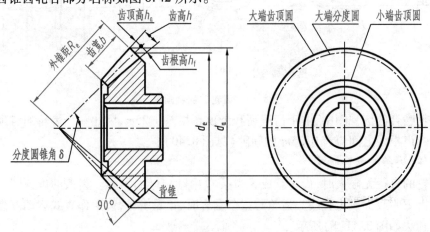

图 8.42　直齿锥齿轮

2)直齿锥齿轮的计算公式(见表8.7)

直齿锥齿轮的基本参数有大端模数 m、齿数 z、分度圆锥角 δ。

表8.7 直齿锥齿轮计算公式

序号	名称	代号	计算公式
1	分度圆直径	d_e	$d_e = mz$
2	齿顶高	h_a	$h_a = m$
3	齿根高	h_f	$h_f = 1.2m$
4	齿高	h	$h = h_a + h_f = 2.2m$
5	齿顶圆直径	d_a	$d_a = m(z + 2\cos\delta)$
6	齿根圆直径	d_f	$d_f = m(z - 2.4\cos\delta)$
7	外锥距	R_e	$R_e = \dfrac{mz}{2\sin\delta}$
8	齿宽	b	$b \leqslant \dfrac{R_e}{3}$

(2)单个锥齿轮的画法

锥齿轮的规定画法与圆柱齿轮基本相同。单个锥齿轮画法如图8.42所示。主视图画成剖视,当剖切平面通过齿轮轴线时,轮齿按不剖处理,用粗实线画出齿顶线及齿根线,用细点画线画出分度线。在反映各圆的左视图上,规定用粗实线画出齿轮大端和小端的齿顶圆,用细点画线画大端的分度圆,小端的分度圆不画,齿根圆不画。

(3)锥齿轮啮合的画法

锥齿轮啮合的画法与圆柱齿轮啮合的画法基本相同,如图8.43所示。

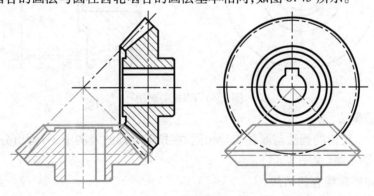

图8.43 锥齿轮啮合画法

8.3.4 蜗杆和蜗轮

蜗杆和蜗轮一般用于垂直交错两轴之间的运动传递。一般情况下,蜗杆是主动的,蜗轮是从动的。蜗杆蜗轮传动的最大特点是传动比大,一般传动比 $i = 20 \sim 80$,且结构紧凑,传动平稳。

蜗杆的外形与梯形螺纹相似,可分为单头和多头(单头蜗杆转动一圈,蜗轮转过一个轮齿)。最常用的蜗杆为长圆柱形。

蜗轮的外形类似斜齿圆柱齿轮。蜗轮轮齿部分的主要尺寸以垂直于轴线的中间平面为准。

(1)蜗杆的画法

蜗杆的规定画法与圆柱齿轮的规定画法基本相同。为了表明蜗杆的牙型,一般采用局部剖视图或放大图形画出几个齿(见图 8.44)。

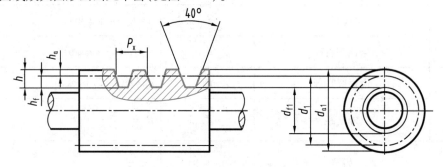

图 8.44　蜗杆的画法

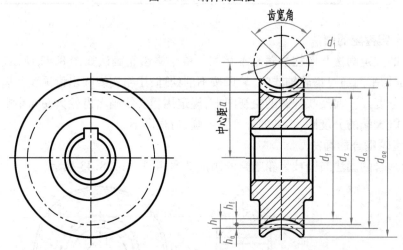

图 8.45　蜗轮的画法

(2)蜗轮的画法

在剖视图上,轮齿的画法与圆柱齿轮相同;在投影为圆的视图上,只画出分度圆和外圆,齿顶圆与齿根圆不画(见图 8.45)。

(3)蜗杆和蜗轮啮合的画法

图 8.46(a)采用了两个外形视图,图 8.46(b)采用了全剖视和局部剖视。在全剖视图中,蜗轮在啮合区被遮挡部分的细虚线省略不画,局部剖视中啮合区内蜗轮的齿顶圆和蜗杆的齿顶线也可省略不画。

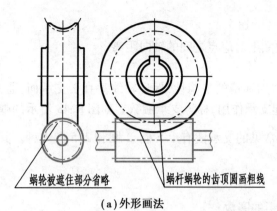
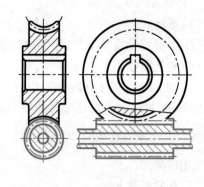

蜗轮被遮住部分省略　　　蜗杆蜗轮的齿顶圆画粗线

（a）外形画法　　　　　　　　　　　（b）剖视画法

图 8.46　蜗杆和蜗轮啮合的画法

8.4　弹　簧

弹簧主要用来减振、夹紧、测力和储存能量。弹簧的特点是去除外力后，能立即恢复原状。常见的有螺旋弹簧和涡卷弹簧等。根据受力情况不同，螺旋弹簧可分为压缩弹簧、拉伸弹簧和扭转弹簧等，如图 8.47 所示。本节只介绍圆柱螺旋压缩弹簧。

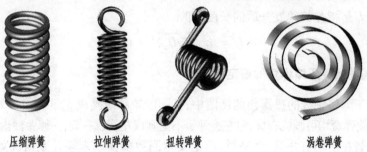

压缩弹簧　　　拉伸弹簧　　　扭转弹簧　　　　　涡卷弹簧

图 8.47　常用弹簧的种类

8.4.1　圆柱螺旋压缩弹簧各部分名称及尺寸计算

圆柱螺旋压缩弹簧各部分名称及尺寸计算如图 8.48 所示。

（1）**簧丝直径 d**

簧丝直径 d 是指弹簧钢丝的直径。

（2）**弹簧外径 D**

弹簧外径 D 是指弹簧的最大直径。

（3）**弹簧内径 D_1**

弹簧内径 D_1 是指弹簧的最小直径，即

$$D_1 = D - 2d$$

（4）**弹簧中径 D_2**

弹簧中径 D_2 是指弹簧内径和外径的平均值，即

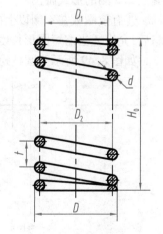

图 8.48　弹簧各部分名称

$$D_2 = \frac{D + D_1}{2} = D_1 + d = D - d$$

（5）**节距** t

节距 t 是指除支承圈外，相邻两有效圈上对应点之间的轴向距离。

（6）**支承圈数** n_0

为了使压缩弹簧工作时受力均匀，增加弹簧的平稳性，保证轴线垂直于支承面，通常将弹簧的两端并紧、磨平。这部分圈数只起支承作用，称为支承圈数。如图 8.48 所示的弹簧，两端各有 $1\frac{1}{4}$ 圈为支承圈，即 $n_0 = 2.5$。常见的支承圈有 1.5 圈、2 圈和 2.5 圈 3 种。其中，2.5 圈用得最多。

（7）**有效圈数** n

有效圈数 n 是指弹簧能保持相同节距的圈数。

（8）**总圈数** n_1

有效圈数与支承圈数之和，称为总圈数，即

$$n_1 = n + n_0$$

（9）**自由高度** H_0

自由高度 H_0 是指弹簧没有负荷时的高度，即

$$H_0 = nt + (n_0 - 0.5)d$$

（10）**展开长度** L

展开长度 L 是指弹簧丝展开后的长度，即

$$L = n_1\sqrt{(\pi D_2)^2 + t^2}$$

8.4.2 圆柱螺旋压缩弹簧的规定画法

①在平行于弹簧轴线的投影面的视图中，各圈的轮廓线画成直线。

②圆柱螺旋弹簧均可画成右旋，但左旋弹簧不论画成左旋或右旋，一律要注出旋向"左"字。

③压缩弹簧在两端有并紧、磨平时，不论支承圈数多少或末端并紧情况如何，均按支承圈数 2.5 圈的形式画出。

④有效圈数在 4 圈以上的螺旋弹簧，允许每端只画两圈（不包括支承圈）。中间部分省略后，允许适当缩短图形长度，但应注明弹簧设计要求的自由高度。

如图 8.49 所示为圆柱螺旋压缩弹簧的画法步骤。

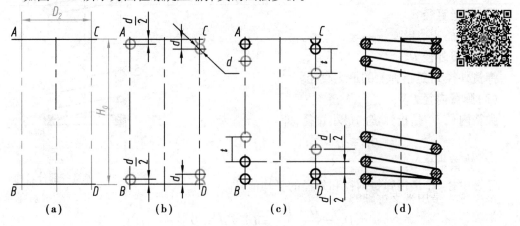

（a） **（b）** **（c）** **（d）**

图 8.49　圆柱螺旋压缩弹簧的画法

圆柱螺旋压缩弹簧的工作图如图 8.50 所示。

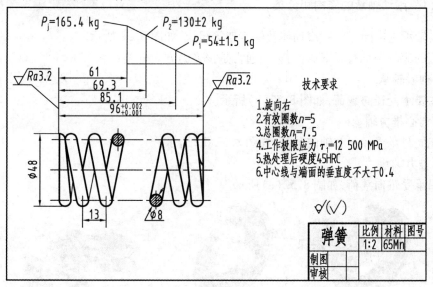

图 8.50　圆柱螺旋压缩弹簧的工作图

8.4.3　弹簧在装配图中的画法

在装配图中,弹簧的画法要注意以下两点:

①弹簧被剖切后,不论中间各圈是否省略,被弹簧挡住的结构一般不画,其可见部分应从弹簧的中径画起,如图 8.51(a)所示。

②当弹簧钢丝的直径在图形上小于或等于 2 mm 时,其断面可涂黑表示或采用示意画法,如图 8.51(b)、(c)所示。

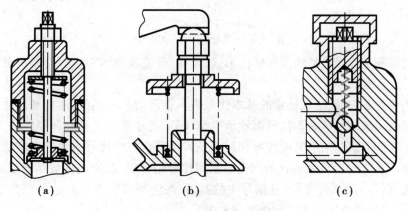

图 8.51　弹簧在装配图中的画法

8.5　滚动轴承

滚动轴承是用来支承轴的一种标准组件。由于有结构紧凑,摩擦力小,机械效率高,拆装方便等优点。因此,在各种机器、仪表等产品中得到广泛应用。

8.5.1　滚动轴承的结构和分类

滚动轴承由内圈、外圈、滚动体及保持架等组成,如图 8.52 所示。

常用的滚动轴承有以下 3 种,它们通常是按受力方向分类:

（1）向心轴承

它主要承受径向载荷,如图 8.52（a）所示。

（2）向心推力轴承

它能同时承受径向和轴向载荷,如图 8.52（b）所示。

（3）推力轴承

它只承受轴向载荷,如图 8.52（c）所示。

（a）　　　　　　　　　（b）　　　　　　　　　（c）

图 8.52　常用的 3 种滚动轴承

8.5.2　滚动轴承代号

滚动轴承的代号（GB/T 272）为

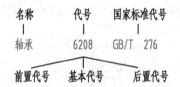

前置代号和后置代号是轴承在结构形式、尺寸、公差及技术要求等有特殊要求时,才需要给出的补充代号。

基本代号是必需的,滚动轴承的基本代号表示轴承的基本类型、结构和尺寸,是滚动轴承代号的基础。滚动轴承基本代号由轴承类型代号、尺寸系列代号和内径代号 3 个部分构成。表 8.8 为部分滚动轴承类型代号和尺寸系列代号。类型代号由数字或字母表示;尺寸系列代号由轴承宽（高）度系列代号和直径系列代号组合而成,用两位数字表示,其中,左边一位数字为宽（高）度系列代号（凡括号中的数值,在注写时省略）,右边一位数字为直径系列代号;内径代号的意义及注写示例见表 8.9。

表 8.8　滚动轴承类型代号和尺寸代号

轴承类型名称	类型代号	尺寸系列代号	标准编号
双列角接触球轴承	0	32 33	GB/T 296

续表

轴承类型名称	类型代号	尺寸系列代号	标准编号
调心球轴承	1	(0) 2 (0) 3	GB/T 281
调心滚子轴承 推力调心滚子轴承	2	13 92	GB/T 288 GB/T 5859
圆锥滚子轴承	3	02 03	GB/T 297
双列深沟球轴承	4	(2) 2	GB/T 276
推力球轴承 双向推力球轴承	5	11 22	GB/T 301
深沟球轴承	6	18 (0) 2	GB/T 276
角接触球轴承	7	(0) 2	GB/T 292
推力圆柱滚子轴承	8	11	GB/T 4663
外圈无挡圈圆柱滚子轴承 双列圆柱滚子轴承	N NN	10 30	GB/T 283 GB/T 285
圆锥孔外球面球轴承	UK	2	GB/T 3882
四点接触球轴承	QJ	(0) 2	GB/T 294

表 8.9　轴承内径代号

轴承公称内径/mm		内径代号	注写示例及说明
0.6~1.0 (非整数)		用公称内径(mm)直接表示,在其与尺寸系列代号之间用"/"分开	618/2.5——深沟球轴承,类型代号6,尺寸系列代号18,内径 $d = 2.5$ mm
1~9(整数)		用公称内径(mm)直接表示,对深沟及角接触球轴承用7,8,9直径系列,内径与尺寸系列代号之间用"/"分开	618/5——深沟球轴承;类型代号6,尺寸系列代号18,内径 $d = 5$ mm 725——角接触球轴承,类型代号7,尺寸系列代号(0)2,内径 $d = 5$ mm
10~17	10 12 15 17	00 01 02 03	6201——深沟球轴承,类型代号6,尺寸系列代号(0)2,内径 $d = 12$ mm
20~480 (22,28,32)除外		公称内径除以5的商数,商数只有一位数时,需在商数前加"0"	23208——调心滚子轴承,类型代号2,尺寸系列代号32,内径代号08,则内径 $d = 5 \times 8$ mm $= 40$ mm
>500以及22,28,32		用公称内径(mm)直接表示,在其与尺寸系列代号之间用"/"分开	230/500——调心滚子轴承,类型代号2,尺寸系列代号30,内径 $d = 500$ mm

例如,滚动轴承61204,其规定标记为

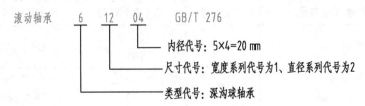

滚动轴承　　6　12　04　　GB/T 276
内径代号:5×4=20 mm
尺寸代号:宽度系列代号为1、直径系列代号为2
类型代号:深沟球轴承

8.5.3　滚动轴承的画法

滚动轴承是标准组件,一般不单独绘出零件图。国家标准规定,在装配图中采用简化画法和规定画法来表示。

简化画法可分为通用画法和特征画法两种。在装配图中,若不必确切地表示滚动轴承的外形轮廓、载荷特征和结构特征,可采用通用画法来表示,即在轴的两侧用粗实线矩形线框及位于线框中央正立的十字形符号表示,十字形符号不应与线框接触(见图8.53)。

在装配图中,采用规定画法来表示时,轴承的保持架及倒角省略不画,滚动体不画剖面线各套圈的剖面线方向可画成一致,间隔相同。一般只在轴的一侧用规定画法表达轴承,在轴的另一侧仍然按通用画法表示(见图8.53)。

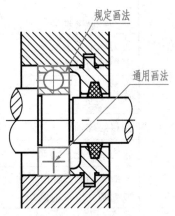

图 8.53　轴承在装配图中的画法

在装配图中,若要较形象地表示滚动轴承的结构特征,可采用特征画法来表示。规定画法和特征画法见表8.10。

表8.10　常用滚动轴承的规定画法和特征画法

轴承名称	结构形式	应用	规定画法	特征画法
深沟球轴承6000型(绘图时需查 D,d,B)	外圈 滚动体 内圈 保持架	主要承受径向力		

续表

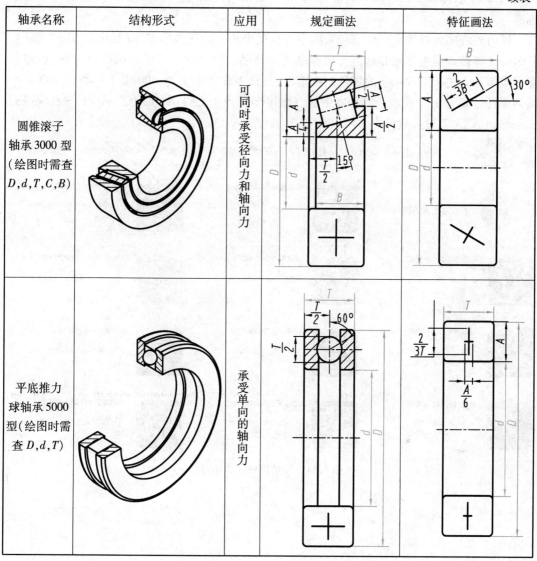

轴承名称	结构形式	应用	规定画法	特征画法
圆锥滚子轴承 3000 型（绘图时需查 D,d,T,C,B）		可同时承受径向力和轴向力		
平底推力球轴承 5000 型（绘图时需查 D,d,T）		承受单向的轴向力		

视野拓展

机械标准件库

据统计,机械产品有 10% ~ 25% 的零件为标准件,标准件的使用极大地节省产品的制造成本。在产品开发过程中,标准件库能节省大量的设计成本。如果没有标准件的三维模型库,工程师将花费大量的时间在简单的重复建模工作上,造成设计资源的浪费。

标准件库是为三维 CAD 软件提供标准件模型的插件,可帮助工程师快速创建标准件模型。它按种类,可分为紧固件、轴承、密封件、润滑件、电动机、液压缸、法兰、管接头等。大多数三维 CAD 软件(UG NX,Solidwork 等)都自带标准件库,但主要覆盖国际标准和部分国家标准。

国内外许多标准件生产厂家和采购平台也提供相应的三维模型库(见图 8.54)。其中,3DSource 零件库是近年来非常流行的标准件库产品。该零件库提供中国国家标准、机械行业标准等八大主要工业标准的零件三维模型,共计 100 多个大类、400 多个小类、1 800 多个系列零件、150 多万个模型。零件库中的三维模型可用于 CATIA,UG NX,Pro/E,Solidworks,Inventor,CAXA 等设计软件中。

通用机械零部件	电机/减速机	液压气动元件	管路附件	重型机械零部件	机床附件	模具标准件	汽车零部件

 下载零件库APP >>

 标准紧固件CAD模型库
螺栓、螺钉、螺柱、螺母、铆钉、焊钉、垫圈

 标准滚动轴承CAD模型库
向心轴承、推力轴承、组合轴承、专用轴承

 标准齿轮CAD模型库
圆柱齿轮、圆锥齿轮、齿条

 标准型材CAD模型库
钢型材、钢管材、铝型材、铝管材、铜管材

 标准密封件、润滑件CAD模型库
橡胶密封件、真空磁流体动密封件、油封

 标准带轮CAD模型库
V带轮、平带轮、同步带轮、多模带轮

 标准链轮CAD模型库
单排链轮、双排链轮、多排链轮

 常用操作件CAD模型库
手轮、手柄、把手、扳手、门闩

 标准弹簧CAD模型库
螺旋弹簧、碟形弹簧

 常用联轴器CAD模型库
弹性联轴器、刚性联轴器、固定式刚性联轴器

 标准滑动轴承CAD模型库
卷制轴承、烧结轴套、铜合金轴套

图 8.54　常见机械标准件库

第9章　零件图

一台完整的机器或部件都是由一些零件按一定的装配关系和技术要求组装而成的。这些零件是构成机器或部件的最小单元,是不可拆分的独立部分。零件图表达零件的详细结构形状、尺寸大小和技术要求,它是加工、检验和生产零件的重要依据。零件图阅读与绘制是工程技术人员必备的基本技能。本章主要介绍绘制和阅读零件图的一些基本知识。

9.1　零件的视图选择

零件的视图选择就是选用一组平面图形(视图、剖视图、断面图等),正确、完整、清晰地表达零件的结构形状,并符合设计和制造的要求,便于读图,且画图简便。零件结构形状复杂或简单是决定视图多少的主要因素。

9.1.1　主视图的选择

主视图是表达零件最主要的一个视图。主视图选择得合理,则使看图和画图变得容易。选择主视图主要从以下两个方面进行考虑:

(1)**零件的放置位置**

①尽可能按零件的主要加工位置放置,这样便于工人加工时,图、物对照和测量尺寸。轴、套、轮等回转体零件主要在车床和磨床上进行加工。因此,常将这类零件的轴线水平放置画主视图,如图9.1(a)所示的传动轴。

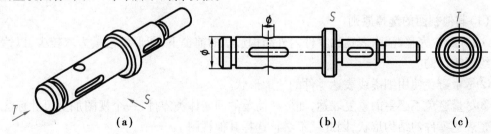

图9.1　传动轴

②尽可能按零件在机器或部件中的工作位置放置,这样放置便于对照装配图来看图和画图。支架及箱体类零件结构形状较复杂,加工零件不同表面时其加工位置不同。因此,这类零件常按工作位置放置绘制主视图,如图9.2(a)所示的轴承座。

③当零件加工位置和工作位置都不确定时(如运动的叉架类零件),常按零件的几何形状特征选择较为稳定的自然位置放置,并使零件表面尽可能多地与投影面平行或垂直,如图9.3(a)所示的拨叉。

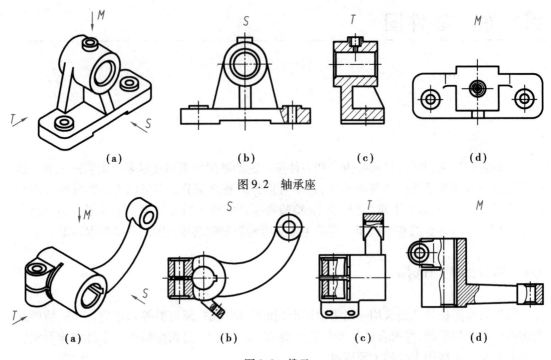

图9.2　轴承座

图9.3　拨叉

（2）主视图的投射方向

选择能充分反映零件形状特征以及各组成部分相对位置为主视图的投射方向。如图9.1（a）、图9.2（a）、图9.3（a）所示的零件，分析图9.1（b）—（c），以及图9.2（b）—（d）、图9.3（b）—（d），显然 S 向投射比 T 向、M 向投射更能反映零件的形状特征及各组成部分的相对位置。因此，宜选择 S 向为主视图的投射方向（见图9.1（b）、图9.2（b）、图9.3（b））。此外，选择主视图投射方向时，还应考虑使其他视图细虚线较少和合理利用图纸幅面等。

9.1.2　其他视图的选择

（1）其他视图的选择原则

①在准确、完整、清晰表达出零件内外结构形状的前提下，图形的数量力求较少，以达到便捷绘图的目的。

②尽量避免使用细虚线表达零件的轮廓形状。

③尽量避免不必要的重复表达，如形状简单的回转体类零件，一个视图加上尺寸标注就能清楚表达零件的结构形状，因此就不必再选择其他视图。

（2）其他视图选择步骤

①分析已确定的主视图，找出主视图中没有表达清楚的结构形状。

②增加视图来补充表达主视图中没有表达清楚的结构形状。注意，每增加一个图形必须要有一个表达目的。

下面通过举例来说明。

例9.1　确定如图9.1（a）所示传动轴的视图选择。

1)分析零件

该传动轴主要用于安装齿轮、皮带轮,传递运动。该传动轴为同轴回转体,其上有两处用于安装齿轮、皮带轮的键槽及销孔(见图9.1(a))。材料为45号碳素钢。

2)选择主视图

根据前述按传动轴加工位置(轴线水平)放置零件,选择 S 向为主视图投射方向(见图9.1(b))。

3)选择其他视图

主视图配上尺寸标注传动轴的主体结构(各段轴径及长)已表达清楚,不清楚的是销孔的穿通情况及两处键槽的深度,因此增加两个移出断面图进行补充表达(见图9.4)。

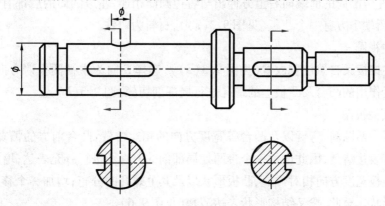

图9.4　传动轴的表达

例9.2　确定如图9.2(a)所示轴承座的视图选择。

1)分析零件

该轴承座用于支承轴类零件。其主体结构由带凸台的圆筒及底板、支承板、肋板叠加构成(见图9.2(a)),材料为铸铁。

2)选择主视图

根据前述按轴承座工作位置放置(见图9.2(a)),选择 S 向为主视图投射方向,并在主视图中对安装孔进行局部剖切(见图9.2(b))。

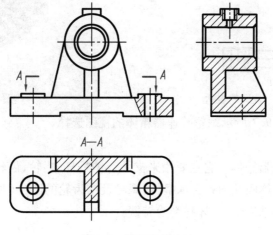

图9.5　轴承座的表达

3)选择其他视图

在主视图中,圆筒的穿通情况、圆筒上方凸台宽度方向位置及其上小孔的穿通情况,肋板的形状,底板、肋板、支承板宽度方向的相对位置没有表达清楚,因此增加一个全剖的左视图进行补充表达;再增加一个全剖的俯视图用以表达底板的形状,以及支承板、肋板的断面。至此,轴承座结构形状表达清楚(见图9.5)。

例9.3 确定如图9.3(a)所示拨叉的视图选择。

1)分析零件

该拨叉在机器中起连接和拨动作用的一个零件。其主要结构由一个弯臂连接两个圆筒构成,弯臂从左边圆筒的前端向右上方伸出与右边圆筒相连,左边圆筒的后部有一个起夹紧作用的凸台,后端下方有一个凸板(见图9.3(a)),材料为铸铁。

2)选择主视图

根据前述按拨叉自然位置放置(见图9.3(a)),选择 S 向为主视图投射方向,并在主视图中对起夹紧作用的凸台及凸板上的螺孔进行局部剖切(见图9.3(b))。

3)选择其他视图

在主视图中两圆筒、弯臂以及凸台等宽度方向的相对位置,凸台前方的槽宽,两圆筒的穿通情况没有表达清楚,因此增加一个带两处局部剖的俯视图进行补充表达;增加一个 A 向斜视图表达凸板宽度方向相对位置、凸板形状以及其上螺孔的分布;增加一个移出断面图表达弯臂断面形状。至此,拨叉结构形状表达清楚(见图9.6)。

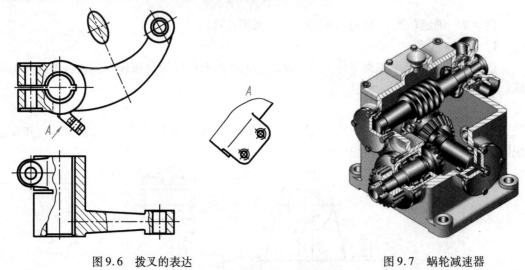

图9.6　拨叉的表达　　　　　　　　　　　　图9.7　蜗轮减速器

例9.4 确定如图9.7所示蜗轮减速器箱体的视图选择。

1)分析零件

该零件为蜗轮减速器箱体。它主要用来支承容纳蜗杆、蜗轮、齿轮等零件,完成减速器的安装(见图9.7)。箱体四壁均有支承蜗杆、蜗轮及锥齿轮的凸台(见图9.8),下方的矩形底板用于完成该减速器的安装,箱体材料为铸铁。

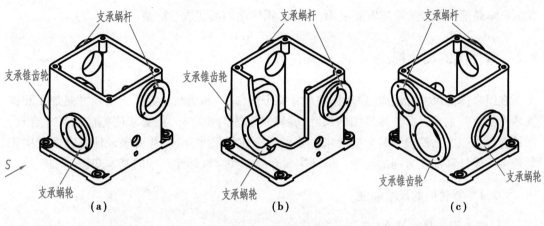

图9.8 减速器箱体

2）选择主视图

按箱体工作位置放置，选择 S 向为主视图投射方向（见图9.8（a）），并对其进行局部剖切，保留部分细虚线表达底面的倾斜情况及观察孔、油塞孔穿通情况（见图9.9）。

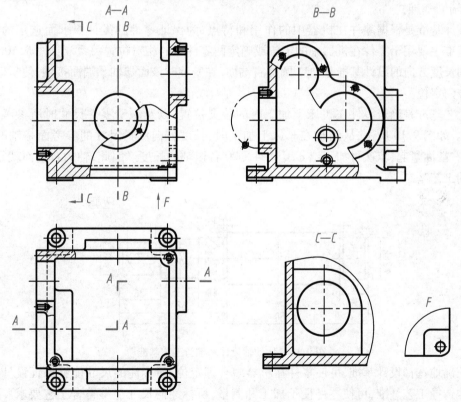

图9.9 减速器箱体的表达

3）选择其他视图

增加一个局部剖的俯视图，表达箱体主体结构形状及箱体四壁内外凸台的厚度，安装底板形状；增加一个局部剖的左视图，表达箱体左侧外凸台和螺孔分布、表达箱体后壁凸台上螺孔的分布、表达观察孔、油塞孔位置；增加一个 $C—C$ 局部剖视图表达箱体左侧内部凸台形状。F 向局部视图表达箱体安装底面。至此,箱体结构形状表达清楚(见图9.9)。

9.2 零件图的尺寸标注

在组合体的尺寸标注中,要求标注尺寸要正确、完整和清晰。零件图的尺寸是加工和检验零件的重要依据。标注零件图的尺寸,除满足上述的要求外,还必须使标注的尺寸合理,即符合设计、加工、检验和装配的要求。要做到标注的尺寸合理,就要求设计者在实践中积累较多的设计和加工方面的经验。下面主要介绍一些合理标注尺寸的基本知识。

9.2.1 零件图的尺寸标注

(1)零件图的尺寸基准

零件图上用于确定零件各部分相对位置的几何元素就是尺寸基准。它是标注或测量尺寸的起点。通常选择零件上的重要端面、安装底面、对称面和孔的轴线等作为尺寸基准。

根据尺寸基准在生产过程中的作用不同,尺寸基准可分为设计基准(主要基准)和工艺基准(辅助基准)。

设计基准是根据零件在机器中的作用和特点,为保证零件的设计要求而选定的基准。设计基准主要用于零件在机器中的定位或确定两零件间的相对位置关系。如图9.10所示,从动轴长度方向的设计基准是 φ32 圆柱右端面,在安装时该面与轴承端面接触,使从动轴在长度方向定位。

工艺基准是确定零件在机床上加工时的装夹位置,以及测量零件尺寸时所参考的点、线、面。如图9.10所示,从动轴在车床上加工时,长度方向测量尺寸的参考面是轴的右端面,从右端面量起,依次可加工出 φ26,φ24,φ20 各段轴的长度。因此,轴的右端面就是长度方向的工艺基准。

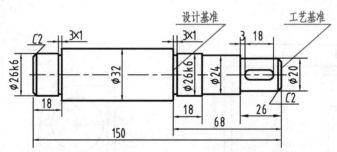

图 9.10　从动轴设计基准与工艺基准

正确地选择设计基准,可使零件在机器中合理定位,所标注的尺寸能够保证设计要求;正确地选择工艺基准,可使零件便于加工和测量,所标注的尺寸能够符合工艺要求。因此,最好使零件在同一方向上的设计基准和工艺基准重合。如图9.10所示,从动轴径向尺寸的设计基准和工艺基准都是轴线。当设计基准和工艺基准不重合时,零件在同一方向上就会出现多个尺寸基准,将设计基准称为主要基准,工艺基准称为辅助基准。如图9.11所示,其高度方向的主要基准是零件的底面,台阶面是辅助基准,沿辅助基准往下标注,就是沉孔的深度。标注尺寸时,主要基准和辅助基准之间必须有尺寸联系,基准选定后,重要尺寸应从主要基准直接标注,以满足设计要求。

(2)尺寸标注注意事项

1)零件的重要尺寸必须从基准直接注出

零件上的重要尺寸通常是指有装配要求、配合要求、精度要求、性能或形状要求等的一些尺寸。由于零件的加工总存在误差,因此,为使零件的重要尺寸不受其他尺寸的影响,应在零件图中把重要尺寸直接注出,如图9.11所示轴承座轴线的高度尺寸。

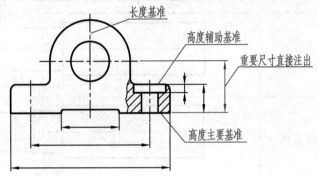

图9.11 尺寸基准

2)避免注成封闭尺寸链

封闭尺寸链是指同一方向的尺寸首尾相接构成一封闭环。如图9.12所示轴承座高度方向的尺寸 a,b,c 就构成了封闭的尺寸链。这样标注是不合理的,加工者将分不清尺寸的主次,如加工者错误地按 a,b 尺寸来加工,则不能保证重要尺寸 c 的精度。为保证重要尺寸 c 的精度,常将不重要的尺寸 b 不标注,让其他尺寸的误差累积到此处,由于该尺寸的重要性相对其他尺寸要差,因此,对设计要求没有影响。有时,为了加工时参考,也可注成封闭尺寸链,但这时需要将某一尺寸用括号括起来作为参考尺寸。

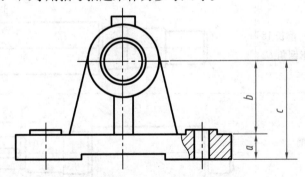

图9.12 避免注成封闭的尺寸链

3)轴套类零件标注尺寸时应尽量符合零件的加工顺序

如图9.10所示为从动轴的尺寸注法。表9.1为从动轴在车床上的加工顺序。按表上所列依次加工出各段圆柱体后再铣键槽,两者对照可知,图9.10上所有尺寸按加工顺序分解后就是表9.1中各段加工的尺寸。

表 9.1　从动轴的加工顺序

序　号	说　明	简　图
1	车 $\phi32$,下料 150 长	φ32　150
2	车 $\phi26$,留长 68	φ26　68
3	车 $\phi24$,留长 18	φ24　18
4	车 $\phi20$,留长 26	φ20　26
5	车槽 3×1 车倒角 $C2$	3×1　C2
6	调头,车 $\phi26$,留长 18 车槽 3×1;车倒角 $C2$	3×1　C2　φ26　18
7	铣键槽	3　18　16　$6_{-0.03}^{0}$

4)标注尺寸要便于加工,并尽量使用通用量具

如图 9.13(a)所示,阶梯轴及套类零件通常要加工退刀槽、砂轮越程槽和倒角,在标注轴或孔的分段长度尺寸时,应把这些工艺结构包括在内,才符合工艺要求,如图 9.13(b)所示的尺寸注法是错误的。

5)标注尺寸时应考虑便于测量

如图 9.13(c)所示的阶梯孔,两端的大孔深度直接注出,再注出全长尺寸,这样测量起

来就比较方便。如图9.13(d)所示,注出中间小孔的长度,测量起来不方便。

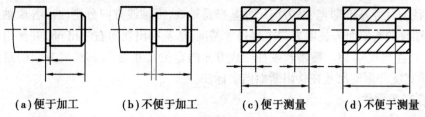

| (a)便于加工 | (b)不便于加工 | (c)便于测量 | (d)不便于测量 |

图9.13 标注尺寸便于加工和测量

9.2.2 典型零件分析

零件结构形状由其用途确定。根据零件的结构形状特征,通常将零件分为轴套类、盘盖类、叉架类及箱体类。下面对各类零件的表达方法和尺寸标注作简要分析。

(1)轴套类零件

1)结构特征

轴套类零件属于同轴回转体,其轴向尺寸远大于径向尺寸,沿轴线方向通常有轴肩、倒角、退刀槽、键槽等结构要素(见图9.14)。

2)视图选择分析

轴套类零件一般是在车床或磨床上加工。常用表达方法是轴线水平放置的一个主视图,加上断面图和局部放大图等(见图9.14)。

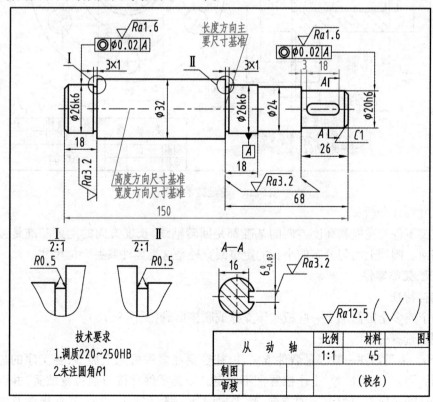

图9.14 轴套类零件图

3）尺寸标注分析

轴的径向尺寸基准即宽、高方向尺寸基准是轴线，沿轴线方向分别注出各段轴的直径尺寸。φ32 轴段的右端面为长度方向主要尺寸基准，从基准出发向右注出 68，并注出轴的总长尺寸 150，再注出尺寸 18。键槽长度在轴线方向的定位尺寸为 3，其长度方向的定形尺寸为 18，其键槽宽度和深度尺寸在移出断面图中标注。

（2）盘盖类零件

1）结构特征

扁平的盘状结构，多数属于同轴回转体，径向尺寸远大于轴向尺寸（见图9.15）。

2）视图选择分析

盘盖类零件一般选用轴线水平放置的全剖主视图，并常用左视图或右视图表达其上分布的孔或槽（见图9.15）。

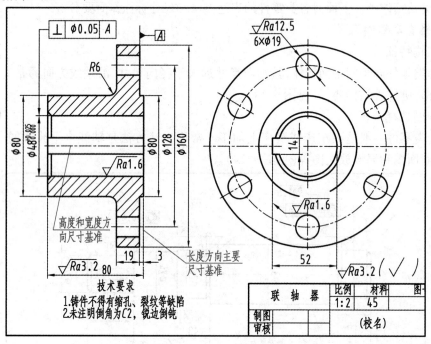

图 9.15　轮盘类零件图

3）尺寸标注分析

盘盖类零件的宽度和高度方向的基准都是回转轴线，长度方向的主要基准是经过加工的较大端面。圆周上均匀分布的小孔的定位圆直径是这类零件典型定位尺寸。

（3）叉、架类零件

1）结构特征

由一个或多个圆筒加上一些板状体支撑或联接形成（见图9.16）。

2）视图选择分析

由于叉、架类零件一般都是锻件或铸件，往往要在多种机床上加工，各工序的加工位置不尽相同。因此，加工位置、工作位置常不确定。该类零件常按习惯位置放置，并以反映零件形体特征的投射方向为主视图方向，除主视图外一般还需 1～2 个基本视图及斜视图等

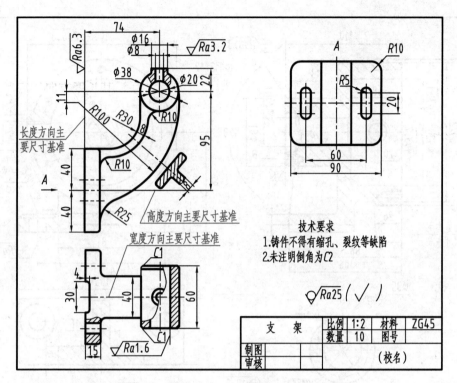

图9.16 叉架类零件

（见图9.16）。

3）尺寸标注分析

叉、架类零件在长、宽、高3个方向的主要基准一般为孔的轴线、对称平面和较大的加工面。定位尺寸较多,孔的轴线之间、孔的轴线到平面或平面到平面之间的距离一般都要注出。

（4）箱体类零件

1）结构特征

呈内空状,结构较复杂。箱壁常有支撑运动件的孔、凸台等结构。一般多为铸件。

2）视图选择分析

箱体类零件的加工工序较多,装夹位置又不固定。因此,常以工作位置放置零件,以反映零件形体特征为主视图。除主视图外,一般还需2～3个基本视图及局部视图和斜视图等（见图9.17）。

3）尺寸标注分析

箱体类零件的长、宽、高3个方向的主要基准采用重要的轴线、对称平面和较大的加工端面。因结构形状复杂,定位尺寸多,故各孔中心线（或轴线）之间的距离一定要直接标注出来。

除了上述类型零件外,还有一些其他类型的零件,如冲压件、注塑件和镶嵌件等。它们的表达方法与上述类型零件的表达方法类似。

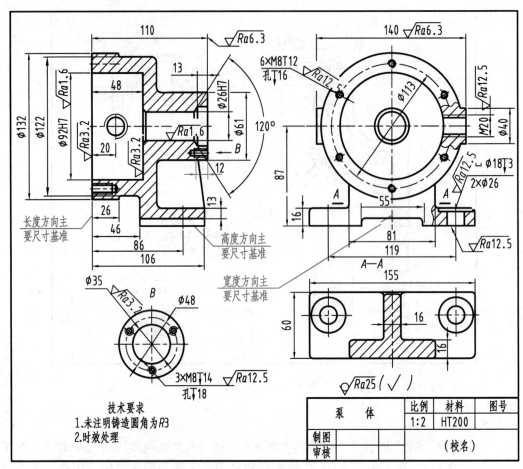

图 9.17 箱体类零件图

9.3 零件上常见的工艺结构

零件的结构形状,不仅要满足零件在机器中使用的要求,而且在制造零件时还要符合制造工艺的要求。下面介绍零件的一些常见的工艺结构。

9.3.1 铸造零件的工艺结构

在铸造零件时,一般先用木材或其他容易加工制作的材料制成模样,将模样放置于型砂中,当型砂压紧后,取出模样,再在型腔内浇入铁水或钢水,待冷却后取出铸件毛坯。对零件上有配合关系的接触表面,还应切削加工,才能使零件达到最后的技术要求。

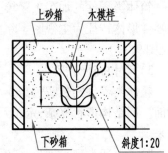

图 9.18 铸件的起模斜度

(1)起模斜度

在铸件造型时,为了便于起出木模,在木模的内外壁沿起模方向作成 1∶10～1∶20 的斜度,称为起模斜度。在画零件图时,起模斜度可不画出、不标注。必要时,在技术要求中用文字加以说明,如图 9.18 所示。

（2）铸造圆角及过渡线

为了便于铸件造型时拔模，防止铁水冲坏转角处、冷却时产生缩孔和裂纹，将铸件的转角处制成圆角，这种圆角称为铸造圆角，如图9.19所示。画图时，应注意毛坯面的转角处都应有圆角；若为加工面，圆角被加工掉了，故要画成尖角，如图9.19所示。

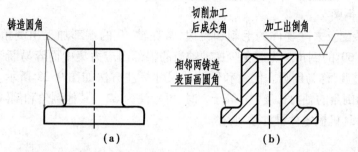

图9.19　铸造圆角

如图9.20所示为由于铸造圆角设计不当造成的裂纹和缩孔情况。铸造圆角在图中一般应画出，圆角半径一般取壁厚的0.2～0.4倍，同一铸件圆角半径大小应尽量相同或接近。铸造圆角可不标注尺寸，而在技术要求中加以说明。

（a）裂纹　　　　　（b）缩孔　　　　　（c）正常

图9.20　裂纹及缩孔的产生

由于铸件毛坯表面的转角处有圆角，其表面交线模糊不清。因此，为了看图和区分零件不同的表面仍然要用细实线画出交线来，但交线两端空出不与轮廓线的圆角相交，这种交线称为过渡线。如图9.21所示为常见过渡线的画法。

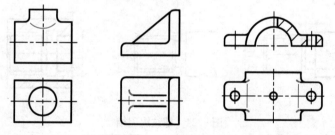

图9.21　过渡线的画法

（3）铸造壁厚

铸件的壁厚要尽量做到基本均匀，如果壁厚不均匀，就会使铁水冷却速度不同，导致铸件内部产生缩孔和裂纹，在壁厚不同的地方可逐渐过渡，如图9.22所示。

（a）壁厚均匀　　　　　（b）逐渐过渡　　　　　（c）壁厚突变

图9.22　铸件壁厚

9.3.2 零件机械加工工艺结构

零件的加工面是指切削加工得到的表面,即通过车、钻、铣、刨或镗用去除材料的方法加工形成的表面。

(1)倒角和倒圆

为了便于装配及去除零件的毛刺和锐边,常在轴、孔的端部加工出倒角。常见倒角为45°,也有30°或60°的倒角。为避免阶梯轴轴肩的根部因应力集中而容易断裂,故在轴肩根部加工成圆角过渡,称为倒圆。倒角和倒圆的尺寸标注方法如图 9.23 所示。其中,C 表示45°倒角,n 表示倒角的轴向长度。n 等于 2 时,可标注为 $C2$。其他倒角和倒圆的大小可根据轴(孔)直径查阅《机械零件设计手册》。

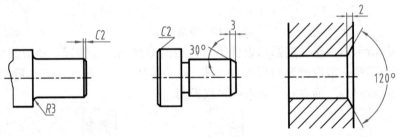

图 9.23　倒角和倒圆

(2)退刀槽和砂轮越程槽

在车削螺纹时,为了不产生螺尾,常在零件的待加工表面的末端车出螺纹退刀槽,退刀槽的尺寸标注一般按"槽宽×直径"的形式标注,如图 9.24 所示。在磨削加工时,为使砂轮能稍微超过磨削部位,常在被加工部位的终端加工出砂轮越程槽,如图 9.25 所示。其结构和尺寸可根据轴(孔)直径查阅《机械零件设计手册》。其尺寸可按"槽宽×槽深"或"槽宽×直径"的形式注出。

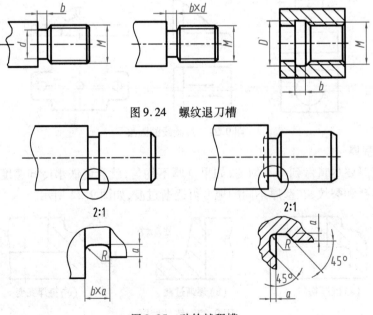

图 9.24　螺纹退刀槽

图 9.25　砂轮越程槽

(3)凸台与凹坑

　　零件上与其他零件接触的表面,一般都要经过机械加工,为保证零件表面接触良好和减少加工面积,可在接触处做出凸台或锪平成凹坑,如图 9.26 所示。

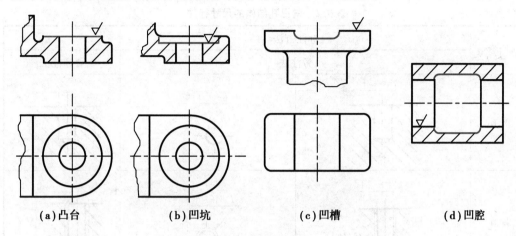

|(a)凸台|(b)凹坑|(c)凹槽|(d)凹腔|

图 9.26　凸台和凹坑

(4)钻孔结构

　　钻孔时,要求钻头尽量垂直于孔的端面,以保证钻孔准确和避免钻头折断。对斜孔、曲面上的孔,应先制成与钻头垂直的凸台或凹坑,如图 9.27 所示。

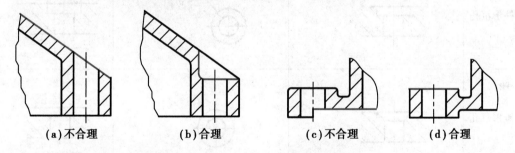

|(a)不合理|(b)合理|(c)不合理|(d)合理|

图 9.27　钻孔端面

　　钻削加工的盲孔,在孔的底部有 120°锥角,钻孔深度尺寸不包括锥角;在钻阶梯孔的过渡处也存在 120°锥角的圆台,其圆台孔深也不包括锥角,如图 9.28 所示。

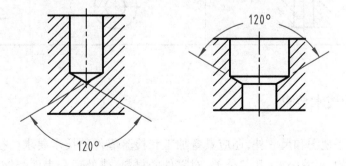

图 9.28　钻孔结构

9.3.3 常见孔结构的尺寸标注

常见孔结构的尺寸标注见表9.2。

表9.2 常见孔结构的尺寸标注

结构类型	标注方法		普通注法
	旁注法		
光孔	4×φ5▼10	4×φ5▼10	4×φ5 10
螺孔	4×M6-7H ▼10	4×M6-7H ▼10	4×M6-7H 10
柱形沉孔	4×φ6.4 ⊔φ12▼3.5	4×φ6.4 ⊔φ12▼3.5	φ12 3.5 4×φ6.4
锥形沉孔	4×φ7 ⌵φ13×90°	4×φ7 ⌵φ13×90°	90° φ13 4×φ7
锪形沉孔	4×φ7 ⊔φ15锪平	4×φ7 ⊔φ15锪平	φ15锪平 4×φ7

9.4 零件图的技术要求

零件图中除了视图和尺寸外,还应具备加工和检验零件的技术要求。技术要求主要包括零件的表面结构、尺寸公差、几何公差,对零件的材料、热处理和表面修饰的说明,以及对特殊加工和检验的说明。

9.4.1 极限与配合的基本概念及标注

(1)互换性和公差

在一批相同规格和型号的零件中,不需选择,也不经过任何修配,任取一件就能装到机器上,并能保证使用性能的要求,零件的这种性质,称为互换性。零件具有互换性,对机械工业现代化协作生产、专业化生产、提高劳动效率提供了重要条件。

零件的尺寸是保证零件互换性的重要几何参数,为使零件具有互换性、满足零件的加工工艺性或经济性的需要,并不要求零件的尺寸加工得绝对准确,而是要求在保证零件的机械性能和互换性的前提下,允许零件尺寸有一个变动量。尺寸的允许变动量,称为尺寸公差。

(2)**基本术语**

关于尺寸公差的一些名词术语,下面以如图 9.29 所示的圆孔尺寸为例来加以说明。

1)公称尺寸

公称尺寸是指由图样规范确定的理想形状要素的尺寸,如 $\phi50$。

2)极限尺寸

极限尺寸是指尺寸要素允许尺寸的两个极端。尺寸要素允许的最大尺寸,称为上极限尺寸;尺寸要素允许的最小尺寸,称为下极限尺寸。图 9.29 中 $\phi50$ 孔的上极限尺寸为50.007,下极限尺寸为 49.982。

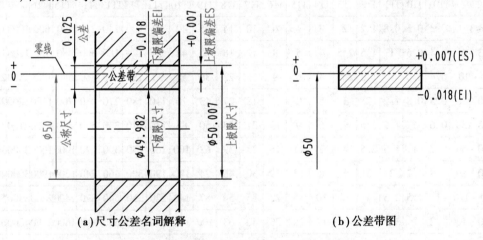

(a)尺寸公差名词解释　　　　　(b)公差带图

图 9.29　极限与配合的基本术语及名词解释

3)极限偏差

极限尺寸减公称尺寸所得的代数差,分别称为上极限偏差和下极限偏差。孔的上极限偏差用 ES、下极限偏差用 EI 表示;轴的上极限偏差用 es、下极限偏差用 ei 表示,上下极限偏差可以是正值、负值或零,图 9.29 中 $\phi50$ 孔的上极限偏差 $ES = 50.007 - 50 = +0.007$;下极限偏差 $EI = 49.982 - 50 = -0.018$。

4)尺寸公差

尺寸公差是指允许尺寸的变动量。尺寸公差等于上极限尺寸减下极限尺寸,也等于上极限偏差减下极限偏差,图 9.29 中 $\phi50$ 孔的尺寸公差 $= 50.007 - 49.982 = 0.025$,或等于 $0.007 - (-0.018) = 0.025$。

5）零线

零线是指偏差值为零的一条基准直线。零线常用公称尺寸的尺寸界线表示。

6）公差带图

在零线区域内,由孔或轴的上下极限偏差围成的方框简图,称为公差带图,如图 9.29（b）所示。

7）尺寸公差带

尺寸公差带是指在公差带图中,由代表上下极限偏差的两条直线所限定的一个区域。

（3）标准公差与基本偏差

国家标准规定公差带图由标准公差和基本偏差组成。标准公差确定公差带的大小,基本偏差确定公差带的位置。

1）标准公差

标准公差是指由国家标准所列的、用以确定公差带大小的公差值。标准公差用公差符号"IT"表示,分为 20 个等级,即 IT01,IT0,IT1,IT2,…,IT18。IT01 公差值最小,IT18 公差值最大,标准公差反映了尺寸的精确程度。其值可在表 9.3 中查得。

表 9.3　基本尺寸小于 500 mm 的标准公差（GB/T 1800.1）

基本尺寸 /mm	公差等级/μm																			
	IT01	IT0	IT1	IT2	IT3	IT4	IT5	IT6	IT7	IT8	IT9	IT10	IT11	IT12	IT13	IT14	IT15	IT16	IT17	IT18
≤3	0.3	0.5	0.8	1.2	2	3	4	6	10	14	25	40	60	100	140	250	400	600	1000	1400
>3 ~6	0.4	0.6	1	1.5	2.5	4	5	8	12	18	30	48	75	120	180	300	480	750	1200	1800
>6 ~10	0.4	0.6	1	1.5	2.5	4	6	9	15	22	36	58	90	150	220	360	580	900	1500	2200
>10 ~18	0.5	0.8	1.2	2	3	5	8	11	18	27	43	70	110	180	270	430	700	1100	1800	2700
>18 ~30	0.6	1	1.5	2.5	4	6	9	13	21	33	50	84	130	210	330	520	840	1300	2100	3300
>30 ~50	0.7	1	1.5	2.5	4	7	11	16	25	39	62	100	160	250	390	620	1000	1600	2500	3900
>50 ~80	0.8	1.2	2	3	5	8	13	19	30	46	74	120	190	300	460	740	1200	1900	3000	4600
>80 ~120	1	1.5	2.5	4	6	10	15	22	35	54	87	140	220	350	540	870	1400	2200	3500	5400
>120 ~180	1.2	2	3.5	5	8	12	18	25	40	63	100	160	250	400	630	1000	1600	2500	4000	6300
>120 ~250	2	3	4.5	7	10	14	20	29	46	72	115	185	290	460	720	1150	1850	2900	4600	7200
>250 ~315	2.5	4	6	8	12	16	23	32	52	81	130	210	320	520	810	1300	2100	3200	5200	8100
>315 ~400	3	5	7	9	13	18	25	36	57	89	140	230	360	570	890	1400	2300	3600	5700	8900
>400 ~500	4	6	8	10	15	20	27	40	63	97	155	250	400	630	970	1550	2500	4000	6300	9700

2）基本偏差

公差带图中离零线最近的那个极限偏差,称为基本偏差。图 9.29 中 $\phi50$ 孔的基本偏差为 +0.007。

3）基本偏差系列

为了便于制造业的管理,国家标准对孔和轴各规定了 28 个基本偏差。该 28 个基本偏差就构成基本偏差系列。基本偏差的代号用拉丁字母表示,大写字母表示孔、小写字母表示轴(见图9.30)。可知,孔的基本偏差从 A—H 为下极限偏差,从 J—ZC 为上极限偏差。而轴的基本偏差则相反,从 a—h 为上极限偏差,从 j—zc 为下极限偏差。其中,h 和 H 的基本偏差为零,它们分别代表基准轴和基准孔。JS 和 js 对称于零线,其上下极限偏差分别为 + IT/2 和 – IT/2。其值可从附录中的附表21 和附表22 查得。

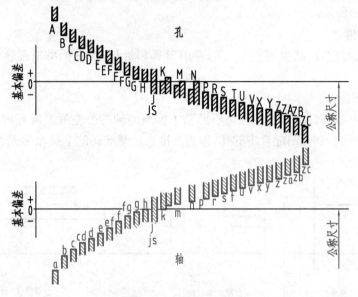

图 9.30 基本偏差系列

(4)配合

公称尺寸相同的两个相互接合的孔和轴公差带之间的关系,称为配合。根据使用要求不同,国家标准规定配合分 3 类,即间隙配合、过盈配合和过渡配合。

1)间隙配合

孔与轴配合时,孔的公差带在轴的公差带之上,孔与轴结合后,具有间隙存在(包括最小间隙等于零),如图9.31(a)所示。

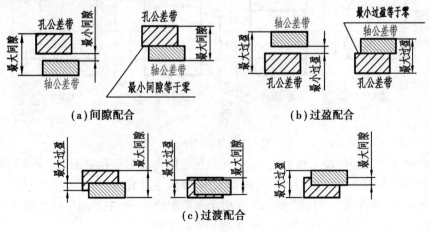

图 9.31 配合的种类

2）过盈配合

孔与轴配合时，孔的公差带在轴的公差带之下，孔与轴结合后，具有过盈存在（包括最小过盈等于零），如图9.31（b）所示。

3）过渡配合

孔与轴配合时，孔的公差带与轴的公差带相互交叠，孔与轴结合后，可能具有间隙或过盈，如图9.31（c）所示。

（5）配合制度

为了便于选择配合，减少零件加工的专用刀具和量具，国家标准对配合规定了两种基准制。

1）基孔制配合

基本偏差为一定的孔的公差带，与不同基本偏差的轴的公差带形成各种配合的一种制度，如图9.32所示。基孔制配合中的孔，称为基准孔。基准孔的下极限偏差为零，并用代号H表示。

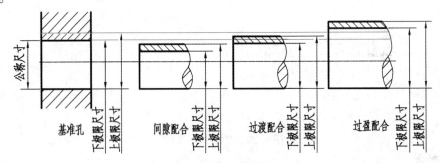

图9.32　基孔制配合

2）基轴制配合

基本偏差为一定的轴的公差带，与不同基本偏差的孔的公差带形成各种配合的一种制度，如图9.33所示。基轴制中的轴，称为基准轴。基准轴的上极限偏差为零，并用代号h表示。

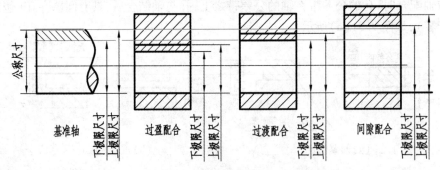

图9.33　基轴制配合

由于孔的加工比轴的加工难度大，国家标准规定优先选用基孔制配合。同时，采用基孔制可减少加工孔所需要的定值刀具的品种和数量，降低生产成本。

在基孔制中，基准孔H与轴配合，a—h用于间隙配合；j—n主要用于过渡配合；n,p,r可能为过渡配合，也可能为过盈配合；p—zc主要用于过盈配合。

在基轴制中，基准轴h与孔配合，A—H用于间隙配合；J—N主要用于过渡配合；N,P,R可能为过渡配合，也可能为过盈配合；P—ZC主要用于过盈配合。

（6）公差与配合的标注

零件图中,尺寸公差的标注有以下3种形式:

①对大批量生产的零件,可只标注公差带代号。公差带代号由基本偏差代号与标准公差等级组成,如图9.34(b)所示。

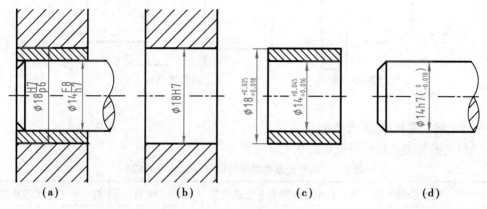

图9.34 公差与配合的标注

②单件或小批量生产时,可只注写上下极限偏差数值。上下极限偏差的字体比公称尺寸数字的字体小一号,且下极限偏差的数字与公称尺寸数字在同一水平线上,如图9.34(c)所示。

③生产规模不确定时,可在公称尺寸后面,既注公差带代号,又注上下极限偏差值,但偏差值要加括号,如图9.34(d)所示。

装配图中,配合代号的标注:配合代号由两个相互结合的孔和轴的公差带代号组成,用分数形式表示。分子为孔的公差带代号,分母为轴的公差带代号,在分数形式前注写公称尺寸,如图9.34(a)所示。

ϕ30H8/f7——公称尺寸为30,8级基准孔与7级f轴的间隙配合。

ϕ40H7/n6——公称尺寸为40,7级基准孔与6级n轴的过渡配合。

ϕ18P7/h6——公称尺寸为18,6级基准轴与7级P孔的过盈配合。

9.4.2 几何公差的标注

（1）几何公差简介

一个合格的精度要求较高的零件,除了要达到零件尺寸公差的要求外,还要保证对零件几何公差的要求。《产品几何技术规范（GPS） 几何公差 形状、方向、位置和跳动公差标注》中,对零件的几何公差标注规定了基本的要求和方法。几何公差是指零件各部分形状、方向、位置和跳动误差所允许的最大变动量,它反映了零件各部分的实际要素对理想要素的误差程度。合理确定零件的几何公差,才能满足零件的使用性能与装配要求,它同零件的尺寸公差、表面结构一样,是评定零件质量的一项重要指标。

如图9.35(a)所示的圆柱体,因加工误差,应该是直母线实际加工成了曲母线,这就形成了圆柱体母线的直线度形状误差。此外,平面、圆、轮廓线及轮廓面偏离理想形状的情况,也形成形状误差。

如图9.35(b)所示的台阶轴,因加工误差,出现了两段圆柱体的轴线不在一条直线上的情况,这就形成了轴线的实际位置与理想位置的位置误差。此外,零件上各几何要素的相互垂直、平行、倾斜等对理想位置的偏离情况,也形成方向误差。

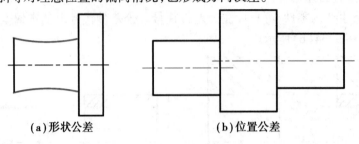

（a）形状公差　　　　　　　　（b）位置公差

图9.35　几何公差的形成

（2）几何公差代号、基准代号

几何公差类型及特征符号见表9.4。

表9.4　几何公差类型及特征符号（GB/T 1182）

公差类型	特征项目	符　号	有无基准要求	公差类型	特征项目	符　号	有无基准要求
形状公差	直线度	—	无	方向公差	平行度	//	有
	平面度	▱	无		垂直度	⊥	有
	圆度	○	无		倾斜度	∠	有
	圆柱度	⌀	无		线轮廓度	⌒	有
	线轮廓度	⌒	无		面轮廓度	⌓	有
	面轮廓度	⌓	无	位置公差	位置度	⊕	有或无
跳动公差	圆跳动	↗	有		同心度（对中心点）	◎	有
					同轴度（对轴线）	◎	有
	全跳动	↗↗	有		对称度	≡	有
					线轮廓度	⌒	有
					面轮廓度	⌓	有

几何公差用长方形框格和指引线表示。框格用细实线绘制,可分两格或多格,一般水平放置或垂直放置,第一格填写几何公差项目符号,其长度应等于框格的高度;第二格填写公差数值及有关公差带符号,其长度应与标注内容的长度相适应;第三格及其以后的框格,填写基准代号及其他符号,其长度应与有关字母的宽度相适应。如图9.36所示为几何公差符号、基准符号的内容。其中,h 为图样中字高。

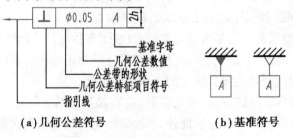

（a）几何公差符号　　　　　　　（b）基准符号

图9.36　几何公差符号的画法

（3）几何公差的标注

用带箭头的指引线将框格与被测要素相连，按以下方式标注：

①当被测要素是零件体表面上的线或面时，指引线的箭头应垂直指向被测要素的轮廓线或其延长线上，但必须与相应尺寸线明显地错开，如图9.37所示。

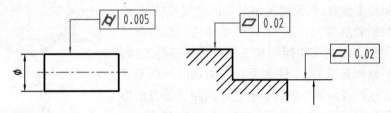

图9.37 几何公差的标注（一）

②当被测要素是零件的轴线或中心平面时，指引线的箭头应与该要素尺寸线对齐，如图9.38（b）所示。

③基准代号由三角形、方框、连线及字母组成。当基准要素是零件的轴线或中心平面时，基准符号应与该要素的尺寸线对齐，如图9.38（b）所示；当基准要素是零件体表面时，基准符号应画在轮廓线外侧或其延长线上（见图9.38（a）），并与尺寸线明显地错开。

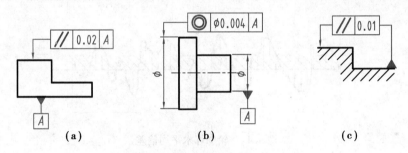

（a） （b） （c）

图9.38 几何公差的标注（二）

代表基准符号的三角形可用连线与几何公差框格的另一端相连，如图9.38（c）所示。如图9.39所示为气门阀杆的几何公差标注示例。

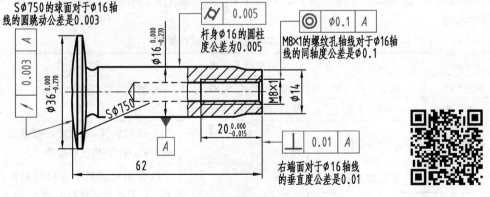

图9.39 气门阀杆几何公差标注

9.4.3 零件表面几何结构

(1)表面粗糙度的基本概念

表面结构参数分为 3 类,即 3 种轮廓(R,W,P)。R 轮廓采用的是粗糙度参数;W 轮廓采用的是波纹度参数;P 轮廓采用的是原始轮廓参数。其中,评价零件的表面质量最常用的是 R 轮廓。不论采用何种加工所获得的零件表面,都不是绝对平整和光滑的,零件表面存在微观的凹凸不平的轮廓峰谷。这种表示零件表面具有较小间距和峰谷所形成的微观几何形状特征,称为表面粗糙度,如图 9.40 所示。

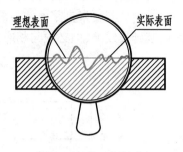

图 9.40 表面粗糙度

表面粗糙度的高度评定参数有轮廓算术平均偏差 Ra 和轮廓最大高度 Rz。Ra 应用范围最为广泛。Ra 是指在取样长度 l 范围内,被测轮廓线上各点至基准线距离的算术平均值,如图 9.41 所示。它可表示为

$$R = \frac{1}{l}\int_0^l |z(x)|\,\mathrm{d}x = \frac{1}{n}\sum_{i=1}^n z_i$$

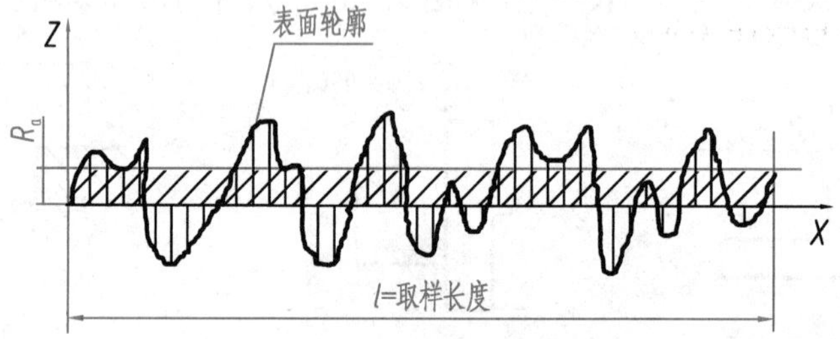

图 9.41 轮廓算术平均偏差

轮廓算术平均偏差 Ra 值的选用,既要满足零件表面的功能要求,又要考虑经济合理性。具体选用时,可参照已有的类似零件,用类比法确定。零件的工作表面、配合表面、密封表面、摩擦表面及精度要求高的表面等,Ra 值应取小一些;非工作表面、非配合表面和尺寸精度低的表面,Ra 值应取大一些。表 9.5 列出了 Ra 值与加工方法的关系及其应用实例,可供选用时参考。

表 9.5 表面粗糙度 Ra 值应用举例

$Ra/\mu m$	表面特征	主要加工方法	应用举例
>40~80	明显可见刀痕	粗车、粗铣、粗刨、钻、粗纹锉刀和粗砂轮加工	光洁程度最低的加工面,一般很少应用
>20~40	可见刀痕		
>10~20	微见刀痕	粗车、刨、立铣、平铣、钻等	不接触表面、不重要的接触面、如螺钉孔、倒角、机座底面等
>5~10	可见加工痕迹	精车、精铣、精刨、铰、镗、粗磨等	没有相对运动的零件接触面,如箱、盖、套筒要求紧贴的表面、键和键槽工作表面;相对运动速度不高的接触面,如支架孔、衬套、带轮轴孔的工作表面
>2.5~5	微见加工痕迹		
>1.25~2.5	看不见加工痕迹		

续表

$Ra/\mu m$	表面特征	主要加工方法	应用举例
>0.63~1.25	可辨加工痕迹方向	精车、精铰、精拉、精镗、精磨等	要求很好密合的接触面,如与滚动轴承配合的表面、销孔等;相对运动速度较高的接触面,如滑动轴承的配合表面、齿轮的工作表面
>0.32~0.63	微辨加工痕迹方向		
>0.16~0.32	不可辨加工痕迹方向		
>0.08~0.16	暗光泽面	研磨、抛光、超级精细研磨等	精密量具表面、极重要零件的摩擦面,如汽缸的内表面、精密机床的主轴颈、坐标镗床的主轴颈等
>0.04~0.08	亮光泽面		
>0.02~0.04	镜状光泽面		
>0.01~0.02	雾状镜面		
⋟0.01	镜面		

(2)表面结构符号的表示

表面结构基本图形符号的画法如图 9.42 所示。符号的各部分尺寸与字体大小有关,并有多种规格。对 3.5 号字,有 $H_1=5$ mm,$H_2=10.5$ mm,符号线宽 $d'=0.35$ mm。表 9.6 列出了表面结构的基本图形符号和完整图形符号。

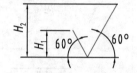

图 9.42　表面结构基本图形符号的画法

表 9.6　表面结构符号

序号	符　号	意义及说明
1		基本图形符号,未指定工艺方法的表面,当通过一个注释解释时可单独使用
2	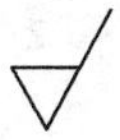	扩展图形符号,用去除材料方法获得的表面;仅当其含义是"被加工表面"时可单独使用
3		扩展图形符号,不去除材料的表面,也可用于表示保持上道工序形成的表面,不管这种状况是通过去除材料或不去除材料形成的
4	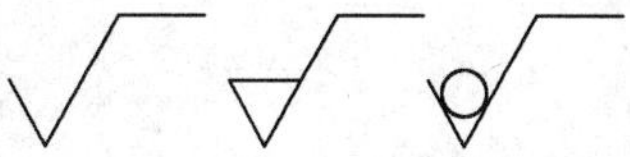	完整图形符号,在以上各种符号的长边上加一横线,以便注写对表面结构的各种要求

在完整符号中,对表面结构的单一要求和补充要求,应注写在如图 9.43 所示的指定位置。

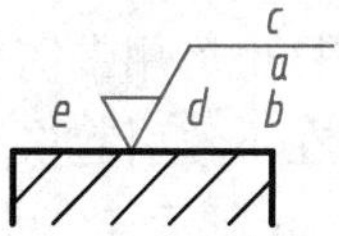

位置 a 和 b —— 注写符号所指的表面,其表面结构的评定要求。

位置 c —— 注写符号所指表面的加工方法,如车、磨、镀等。

图 9.43　补充要求的注写位置

位置 d —— 注写符号所指表面的表面纹理和纹理的方向要求,如" = ""X""M"。

位置 e —— 注写符号所指表面的加工余量,以毫米为单位给出数值。

表9.7列出了几种表面结构代号和符号及说明。

表9.7　表面结构代号

序　号	符　号	意义及说明
1	$\sqrt{}$ Ra1.6	表示去除材料,单向上限值,默认传输带,R 轮廓,算术平均偏差 1.6 μm,评定长度为 5 个取样长度(默认),"16% 规则"(默认)
2	$\sqrt{}$ Rzmax 3.2	表示去除材料,单向上限值,默认传输带,R 轮廓,粗糙度最大高度的最大值 3.2 μm,评定长度为 5 个取样长度(默认),"最大规则"
3	$\sqrt{}$ U Ra max 3.2 L Ra 0.8	表示不允许去除材料,双向极限值,两极限值均使用默认传输带,R 轮廓,上限值:算术平均偏差 3.2 μm,评定长度为 5 个取样长度(默认),"最大规则",下限值:算术平均偏差 0.8 μm,评定长度为 5 个取样长度(默认),"16% 规则"(默认)
4	$\sqrt{}$ 0.8–25/Wz3 10	表示去除材料,单向上限值,传输带 0.8 ~ 25 mm,W 轮廓,波纹度最大高度 10 μm,评定长度包含 3 个取样长度,"16% 规则"(默认)

注:16% 规则是所有表面结构标注的默认规则。最大规则应用于表面结构要求时,参数代号中应加上"max"。

(3)表面结构要求在图样中的注法

①表面结构要求对每一表面一般只标注一次,并尽可能注在相应的尺寸及其公差的同一视图上。

②表面结构的注写和读取方向与尺寸注写和读取方向一致,如图 9.44 所示。

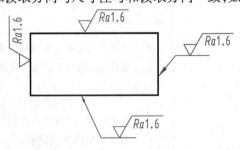

图 9.44　表面结构的注写和读取方向与尺寸方向一致

③表面结构要求可标注在轮廓线上,其符号应从材料外部指向零件表面。必要时,表面结构符号也可用带箭头或黑点的指引线引出标注,如图 9.45 所示。

④在不致引起误解时,表面结构要求可标注在给定的尺寸线上或几何公差框格的上方,如图 9.46 所示。

⑤圆柱和棱柱表面的表面结构要求只标注一次,如图 9.47 所示。如果每个棱柱表面有不同的表面结构要求,则应分别单独标注。

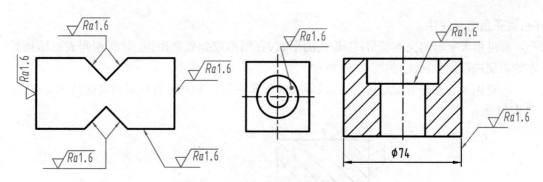

图 9.45　表面结构要求可标注在轮廓线上

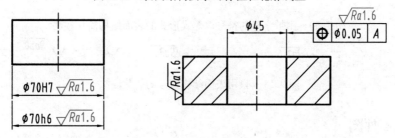

图 9.46　表面结构要求可标注在给定的尺寸线上或几何公差框格的上方

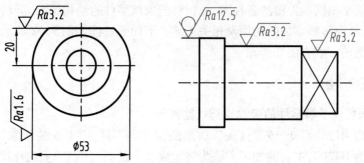

图 9.47　圆柱和棱柱表面的表面结构要求只标注一次

⑥有相同表面结构要求的简化注法。如果在机件的多数(包括全部)表面有相同的表面结构要求,则其表面结构要求可统一标注在图样的标题栏附近。表面结构要求的符号后面应有以下两种情况:在圆括号内给出无任何其他标注的基本符号,如图 9.48 所示;在圆括号内给出不同的表面结构要求,如图 9.49 所示。

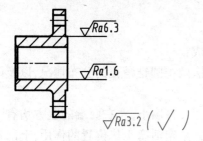

图 9.48　在圆括号内给出无任何
其他标注的基本符号

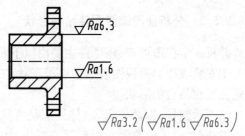

图 9.49　在圆括号内给出不同
的表面结构要求

⑦多个表面有共同要求的注法。当多个表面具有相同的表面结构要求或图纸空间有限

时,可采用简化注法。

a.可用带字母的完整符号,以等式的形式,在图形或标题栏附近,对有相同表面结构要求的表面进行简化标注,如图9.50所示。

b.可用表9.6的表面结构符号,以等式的形式给出对多个表面共同的表面结构要求,如图9.51所示。

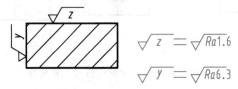

图9.50 用带字母的符号以等式形式的表面结构简化注法

$$\sqrt{\ } = \sqrt{Ra1.6} \qquad \sqrt{\ } = \sqrt{Ra3.2} \qquad \sqrt{\ } = \sqrt{Ra50}$$

图9.51 只用表面结构符号的简化注法

9.5 识读零件图

读零件图就是根据零件图的各视图,分析和想象该零件的结构形状,弄清全部尺寸及各项技术要求等,从而理解零件的功用及相关工艺。下面通过读如图9.52所示缸体的零件图来说明读零件图的一般方法和步骤。

9.5.1 概括了解

(1)从标题栏内了解零件的名称、材料、比例等

由零件名称为缸体可知,该零件属于简单的箱体类零件,用于安装活塞、缸盖和活塞杆等零件。材料为HT200,主要的加工方法为铸造成型。绘图比例1:2实物比图形大1倍。

(2)从图形配置了解所采用的表达方法

首先找出主视图,然后找出其他视图、剖视图、断面图的剖切位置和投射方向,明确每个图形的表达目的,对零件的形体概貌有一个初步了解。该零件用了3个基本视图来表达:主视图是过零件前后对称面剖切的全剖视图,主要表达零件内部结构形状;俯视图表达零件的外形;半剖的左视图兼顾零件内外形表达。

9.5.2 分析视图读懂零件结构形状

分析3个视图可知,该零件主要由以下两大部分构成:

①安装底板。俯视图表达了底板形状和4个沉头孔、两个圆锥销孔的分布情况,以及两个螺孔所在凸台的形状。

②侧垂圆柱(即缸体)。缸体外部是阶梯圆柱,左端大,右端小,左右两端的上方均有一马蹄形凸台,缸体内腔的右端是空刀部分,$\phi 8$的凸台起到限定活塞工作位置的作用,上部左右两个螺孔用于连接进出油管,左视图表达了圆柱形缸体与底板的连接情况,连接缸盖螺孔的分布和底板上的沉头孔、销孔。

零件的结构形状如图9.53所示。

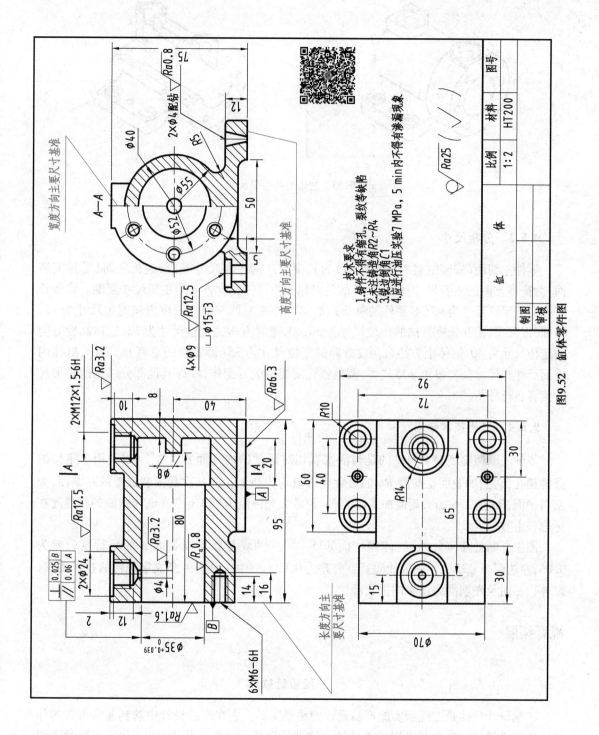

技术要求
1.铸件不得有缩孔、裂纹等缺陷
2.未注铸造角R2~R4
3.锐边倒角C1
4.应进行油压实验7 MPa，5 min内不得有渗漏现象

	比例	材料
	1:2	HT200

缸 体

制图

审核

图号

$\sqrt{Ra25}$（$\sqrt{\ }$）

图9.52　缸体零件图

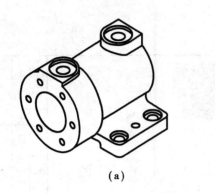
（a）

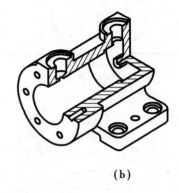
（b）

图 9.53　缸体的结构形状

9.5.3　分析尺寸

零件左端面（安装缸盖的密封平面）为长度方向的主要尺寸基准,底板底面（零件安装面）为高度方向的主要尺寸基准,零件前后对称面为零件宽度方向的主要尺寸基准。底板长度方向的定位尺寸为95（即零件的总长）,缸体上方左右两端凸台长度方向定位尺寸为15,65,底板沉孔、销孔长度方向的定位尺寸为30,40,宽度方向的定位尺寸为72,缸体高度方向的定位尺寸为40,缸体上方凸台高度方向的定位尺寸为75（即零件的总高）。图中,缸体内柱面尺寸有尺寸公差要求 $\phi35^{+0.039}_{0}$,圆锥销孔需要装配时配作,零件其他部分结构的定形尺寸读者自行分析。

9.5.4　分析技术要求

零件表面粗糙度要求最高的是与活塞有相对运动的内柱面 $\phi35^{+0.039}_{0}$,以及用于定位的圆锥销孔,它们的表面粗糙度 Ra 的最大允许值均为 $0.8~\mu m$;其次是安装缸盖的左端面,为密封平面,Ra 值 $1.6~\mu m$,其他加工面的 Ra 的最大允许值为 $3.2,6.3~\mu m$,铸造面的粗糙度在标题栏上方为 $Ra25$。

图中有两处几何公差,缸体内柱面 $\phi35^{+0.039}_{0}$ 的轴线与底板安装面 A 的平行度公差为0.06;左端面与 $\phi35^{+0.039}_{0}$ 的轴线垂直度公差为0.025。图中,还有4条文字说明的技术要求,缸体内柱面及左端面为该零件重要部位。

视野拓展

三维设计软件

三维设计软件是工程师实施产品设计的重要工具。它在产品设计中起到非常重要的作用。现代机械设计往往都采用三维设计关键进行设计和绘制工程图样。因此,工程师不仅需要构建扎实的设计基础,还需掌握好设计工具。目前,国内外三维设计软件公司具有不同的特色,工程师可选择深度掌握任何一种设计软件,都能满足大多数产品设计的需求。下面介绍常用的机械产品设计软件（见图9.54）。

SolidWorks

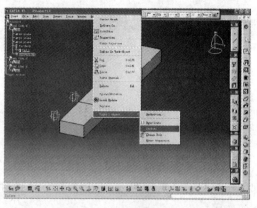

CATIA

Pro/Engineer

Unigraphics NX

图 9.54 常用的机械产品设计软件

　　SolidWorks 是法国达索公司开发的基于 Windows 系统下的原创的三维设计软件,提供直观 3D 设计和产品开发解决方案,帮助设计者对创新构思进行概念化、创建、验证、交流及管理,并将其转化为优秀的产品设计。其易用和友好的界面能在整个产品设计的工作中,SolidWorks 完全自动捕捉设计意图和引导设计修改,支持"自顶而下"和"自底而上"的设计流程,能实现快速、准确地创建设计,包括复杂零件和装配体的 3D 模型和 2D 工程图。

　　CATIA 是法国达索公司开发的另一款三维设计软件,支持从项目前阶段、具体的设计、分析、模拟、组装到维护在内的全部工业设计流程。CATIA 是模块化的系列产品,可提供产品的风格和外形设计、机械设计、设备与系统工程、管理数字样机、机械加工、分析和模拟。CATIA 可提供实体建模和曲面造型,采用了智能化的树结构,设计师可方便、快捷地对产品进行重复修改。

　　Pro/Engineer 操作软件是美国 PTC 公司旗下的 CAD/CAM/CAE 一体化的三维软件。Pro/Engineer 软件以参数化著称,是参数化技术的最早应用者,在目前的三维造型软件领域中占有着重要地位。Pro/Engineer 作为当今世界机械 CAD/CAE/CAM 领域的新标准而得到业界的认可和推广,是现今主流的 CAD/CAM/CAE 软件之一,特别是在国内产品设计领域占据重要位置。

　　Unigraphics NX 是 Siemens PLM Software 公司开发,可进行产品设计及加工过程,提供了数字化造型和验证手段。UG 软件可进行 3 个层次的设计,即结构设计、子系统设计和组件设计,能帮助设计师迅速地建立和改进复杂的产品形状,软件的 PLM 数据对产品与过程信息进行可视合成,满足设计概念的审美要求。

第 10 章　装配图

本章以工程领域常见的齿轮油泵、球阀等部件为例,分析部件的装配关系、技术要求以及部件装配图的绘制和阅读,让读者较容易地理解装配图在安装、调试、操作及检修过程中的重要作用。

10.1　齿轮油泵部件简介及装配图概述

机器运动的润滑通常由齿轮油泵提供机械油、齿轮油等润滑剂。因此,齿轮油泵常以机器部件或单独的产品形式出现。如图 10.1 所示为剖开的齿轮油泵装配轴测图,如图 10.2 所示为该齿轮油泵的装配图。

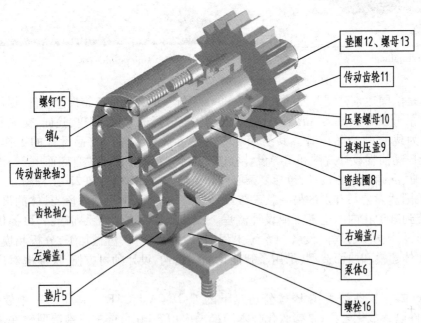

图 10.1　油泵的轴测装配图

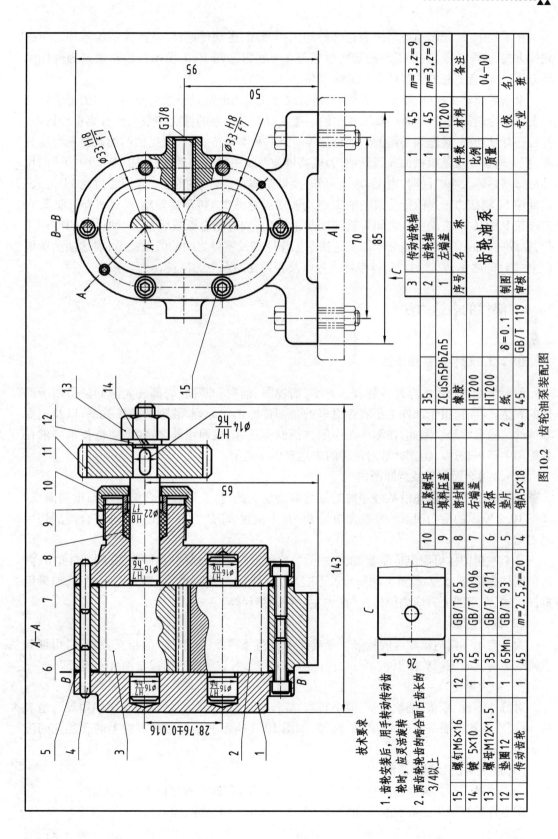

技术要求
1. 齿轮安装后,用手转动传动齿轮时,应灵活旋转。
2. 两齿轮齿的啮合面占齿长的3/4以上。

图10.2　齿轮油泵装配图

序号	名　称	件数	材　料	备　注
3	传动齿轮轴	1	45	m=3, z=9
2	齿轮轴	1	45	m=3, z=9
1	左端盖	1	HT200	
序号	名　称	件数	材　料	备　注

齿轮油泵

比例	
质量	(校名)
制图	(校名)
审核	专业　班
	04—00

10	压紧螺母	1	35	
9	填料压盖	1	ZCuSn5PbZn5	
8	密封圈	1	橡胶	
7	右端盖	1	HT200	
6	泵体	1	HT200	
5	垫片	2	纸	δ=0.1
4	销A5×18	4	45	GB/T 119

15	螺钉M6×16	12	35	GB/T 65
14	键 5×10	1	45	GB/T 1096
13	螺母M12×1.5	1	35	GB/T 6171
12	垫圈12	1	65Mn	GB/T 93
11	传动齿轮	1	45	m=2.5, z=20

在工程中,装配图主要用来表达部件的工作原理、运动传递,以及部件中各零件之间的联接方式、装配关系、主要零件的结构形状等。下面以如图 10.1 所示的齿轮油泵为例作简要介绍,让读者更好地了解这个常见的油泵。

泵是受原动机控制,驱使介质运动,是将原动机输出的能量转换为介质压力的能量转换装置。作为通用机械,它是机械工业中的一类主要产品。泵的性能参数主要有流量和扬程,此外还有轴功率、转速和必需的汽蚀余量等。泵的种类众多,本章所提供的油泵是泵类的一种,主要输送介质是机械油或齿轮油,为机器供油系统中的一个部件,从图 10.2 中标注的尺寸可知其总体大小。同时,由图 10.2 可知,原动机提供的驱动扭力依靠传动齿轮 11 传入,借助键 14 将扭力传递给传动齿轮轴 3,进而驱动齿轮轴 2。传动齿轮轴 3、驱动齿轮轴 2,在左端盖 1、泵体 6、右端盖 7 之间构筑的密封油腔内,成对啮合形成吸油、压油过程的循环进行,完成润滑油的输送。该装配图表达油泵工作原理及零件之间的装配关系,表达油泵所属 17 种零件的名称、数量、材料、标准件代号以及它们在油泵中的位置。

10.2 部件的表达方法

10.2.1 部件的视图表达

前面学习讨论过的零件各种表达方法,如视图、剖视和断面、局部放大等同样适用于部件的表达。同时,由于部件主要表达更多的是部件的工作原理、装配和联接关系,以及主要零件的结构形状等。因此,在零件图中的详细制造尺寸、表面粗糙度、各类制造技术要求在装配图中不再表达。国家标准对部件的表达有以下规定:

(1)**沿接合面剖切或拆卸画法**

在装配图中,可假想沿某些零件的接合面剖切。此时,在零件接合面上不画出剖面线。如图 10.2 所示的齿轮油泵的左视图中的 B—B 半剖视,即是沿泵体和垫片的接合面剖切后画出的。

这个左视图也可假想将左端盖、垫片拆去后画出。若用这样的拆卸画法,则圆柱销 4、内六角圆柱头螺钉 15、左端盖 1 和垫片 5 不应画出,因为已经拆卸。特别要说明的是,如采用拆卸画法,左视图上方应添加标注"拆去左端盖和垫片等"。

(2)**假想画法**

为了表示外露运动零件的极限位置或部件和相邻零件(或部件)的相互关系,可用细双点画线画出其轮廓。如图 10.2 所示,左视图下方用细双点画线画出齿轮油泵安装板。

(3)**夸大画法**

对薄片零件、纸垫、细丝弹簧、微小间隙等,若按它们的实际尺寸在装配图中很难清楚表达,均可不按比例而采取夸大画法。例如,如图 10.2 所示的螺钉穿过零件上通孔的孔间隙夸大画出。

(4)**规定画法和简化画法**

为了清楚表达部件中各零件的装配关系,在画装配图时应遵守以下基本规定:

①零件的接触表面和配合表面只画一条线,如图 8.13 所示。

②两个(或两个以上)金属零件相互邻接时,剖面线的倾斜方向应相反,或方向一致但间

隔必须不等,如图 8.13 所示。

同一零件在各视图上的剖面线方向和间隔必须一致,如图 10.2 所示泵体 6 的剖面线在主视图和左视图中是一致的。

当零件厚度在 2 mm 以下,剖面线允许以涂黑表示,如图 10.2 所示垫片 5 的表示。

③在装配图中,对螺钉等紧固件及实心零件,如剖切面通过其基本轴线剖切时,这些零件均按不剖绘制,如图 10.2 所示螺钉、螺母、实心轴的表示。当剖切平面垂直这些零件的轴线时,则应画剖面线,如图 10.2 所示的左视图。

④在装配图中,零件的工艺结构,如圆角、倒角、退刀槽等可不画出。

⑤若干相同的零件组,如螺栓联接等,可详细画出一组或几组,其余用细点画线表示其装配位置即可。

10.2.2 部件的大小表达

装配图不是制造零件的直接依据。因此,装配图不需标注出零件的全部尺寸,只需要标注一些必要的尺寸。这些尺寸根据其作用分为下面 5 类,通过图 10.2 装配图做出说明。

(1)性能尺寸

性能尺寸表示机器或部件性能(规格)的尺寸,是用户选用该产品的主要根据。通常情况下,生产制造企业根据市场需要,将此尺寸控制成一定间隔的尺寸组,制造成一系列的产品,满足不同需要。如图 10.2 所示的吸、压油口尺寸 G3/8,即为该齿轮泵的性能尺寸。它确定齿轮油泵的供油量,市场产品中常以 G1/2,G1,G2 等系列产品出现。

(2)装配尺寸

装配尺寸是表示零件之间的相对位置、配合关系的尺寸。装配图中有配合要求的尺寸,对零件自身制造质量及装配都有较高的要求。此类装配尺寸如果未达到要求,将成为机器部件的内在隐患,往往导致设备损伤或运行不稳定、能耗超标等。如图 10.2 所示的传动齿轮轴 3 与泵体 6、齿轮轴 2 与左端盖 1 的配合尺寸 $\phi33H8/f7$,$\phi16H7/h6$,两啮合齿轮的中心距 28.76 ± 0.016 等均属于装配尺寸。

(3)安装尺寸

安装尺寸是指机器或部件安装时所需的尺寸。这类尺寸是机器或部件与其他机器或部件的直接关联的尺寸,作为机器或部件的交接部尺寸,设计最容易出现不协调和不匹配,往往需要特别关注,加强配套设计方面的技术交流。这类尺寸同时是机器或设备购置过程中,供货方必须提供的基础信息,采购方应核实自己使用是否适宜,或适当调整。如图 10.2 所示与安装有关的尺寸 70,85 等。

(4)外形尺寸

外形尺寸表示机器或部件的总长、总宽和总高的尺寸。它为包装、运输和安装过程所占空间大小提供了数据,往往为工程领域不同专业的技术人员所关注。如图 10.2 所示齿轮油泵的总长、总宽和总高尺寸为 143,85,95。

(5)其他重要尺寸

其他重要尺寸是指除上述 4 种尺寸外,在设计或装配时需要保证的其他重要尺寸。例如,运动零件的极限尺寸、主要零件的重要尺寸等。

上述 5 类尺寸之间并不是孤立无关的,通常情况会呈现同一尺寸同时具有多种作用,可归入两类和两类以上的尺寸。因此,对装配图中的尺寸需要具体分析,然后做出标注。

10.2.3　部件的表达管理

为了便于读图,便于图样管理,以及做好生产准备工作,装配图中所有零部件必须编写序号,相同的零部件(即每一种零部件)只编写一个序号,并在标题栏上方填写与图中序号一致的明细栏。明细栏也称明细表。

(1)序号的编排和注法

①序号应注写在视图轮廓线的外边。在零部件的可见轮廓内画一圆点,并自圆点画出指引线,在指引线的端部用细实线画一水平线或圆,然后将序号注写在水平线上或圆内,序号的字高应比尺寸数字大一号或两号,如图10.3(a)所示;也可直接在指引线附近注写序号,序号的字高比尺寸数字大两号,如图10.3(b)所示;对较薄的零件或涂黑的剖面,可在指引线末端画出箭头,并指向该部分的轮廓,如图10.3(c)所示。

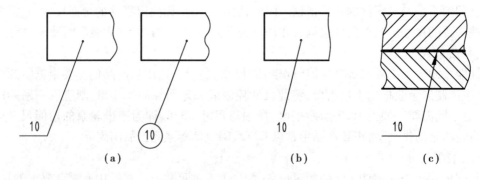

图10.3　零(部)件序号的标注形式

②对装配关系清楚的零件组(如紧固件组),可采用公共指引线,如图10.4所示。标准化的组件(如油杯、滚动轴承、电动机等)看成一个整体,在装配图上只编写一个序号。

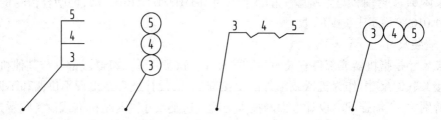

图10.4　零件组的序号标注形式

③同一装配图中编注序号的形式应一致,且序号应沿水平或垂直方向按顺时针(或逆时针)方向顺次排列整齐,并尽可能均匀分布,如图10.2所示。

(2)明细栏

明细栏是机器或部件中全部零部件的详细目录,其内容与格式如图10.2所示。明细栏应画在标题栏的上方,并顺序地自下而上填写。如位置不够,可将明细栏分段画在标题栏的左方。

10.3 常见装配结构

为了便于部件的装配和维修,并保证部件的工作性能,在设计和绘制装配图时,应考虑采用合理的装配结构。常见的装配结构合理性如图 10.5—图 10.10 所示。装配结构的合理性需要不断在生产实践中积累经验,逐步扩展认识完善提升。

①当两个零件接触时,在同一方向上的接触面,最好只有一个,这样既可满足装配要求,制造也比较方便(见图 10.5)。

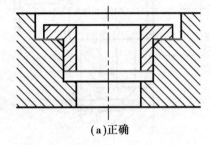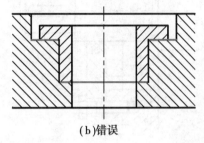

(a)正确　　　　　　　　　　　(b)错误

图 10.5　常见装配结构(一)

②当轴和孔配合时,轴肩处加工出退刀槽,或在孔的端面加工出倒角。

③圆锥面接触应有足够的长度,且锥体顶部与底部须留间隙(见图 10.6)。

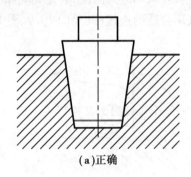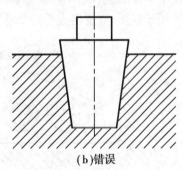

(a)正确　　　　　　　　　　　(b)错误

图 10.6　常见装配结构(二)

④在被联接零件上做出沉孔或凸台,以保证零件间接触良好并可减少加工面(见图 10.7)。

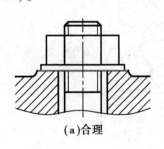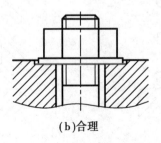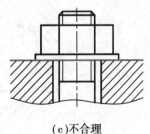

(a)合理　　　　　　(b)合理　　　　　　(c)不合理

图 10.7　常见装配结构(三)

⑤滚动轴承在以轴肩定位或孔肩定位时,其高度应小于轴承内圈或外圈的厚度,以便拆卸(见图 10.8)。

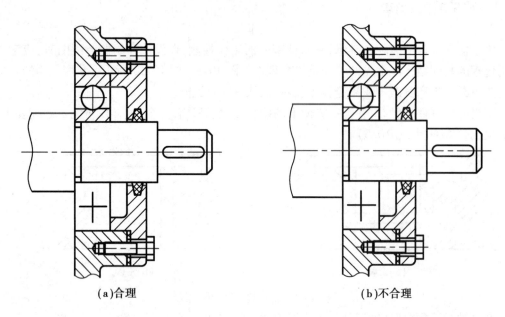

(a)合理　　　　　　　　　　　　　　　(b)不合理

图10.8　常见装配结构(四)

⑥在孔中无接触旋转运动的轴,其轮廓分别表达,且采用夸大画法,表达其间隙。

⑦为了便于装拆,应留出扳手的活动空间,或改用合适的连接件(见图10.9、图10.10)。

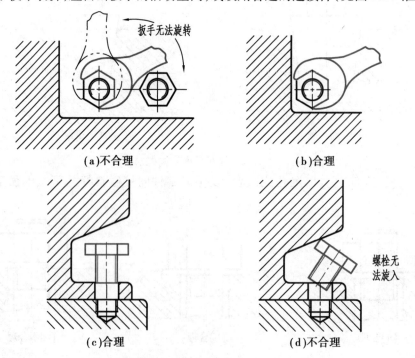

(a)不合理　　　　　　　　　　　　　(b)合理

(c)合理　　　　　　　　　　　　　(d)不合理

图10.9　常见装配结构(五)

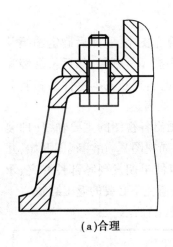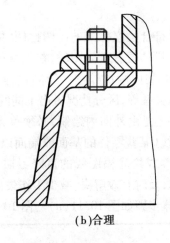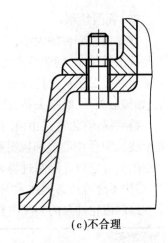

(a)合理　　　　　　　　　(b)合理　　　　　　　　　(c)不合理

图 10.10　常见装配结构(六)

10.4　装配图的视图选择及绘制

装配图的视图选择首先应当了解部件的用途、性能、工作原理、结构特点、零件间的装配关系及拆装方法等内容。在工程界,主要是在既有产品(设备或部件)上进行技术改进、技术创新下,通过已拥有的零件图、装配示意图进行装配图的绘制。装配图的视图选择及绘制涉及大学后续课程学习,本节的装配图视图选择与绘制,以零件图、装配示意图为基础进行学习练习。

下面以齿轮油泵为例(见图 10.1 和图 10.2)进行分析、视图选择及绘制。

(1)装配图表达分析

通过部件分析明确了齿轮油泵的工作方式、工作原理和安装形式后,可通过选择工作位置或安装位置作为部件的放置位置。本部件通常宜水平安装,故放置位置按水平布局为佳。主视图投射方向选择,根据部件的结构特点和装配关系确定,使其尽可能多地表达部件的工作原理和装配关系。主视图确定后,对主视图没表达清楚的内容(如装配关系、工作原理、运动传递等),再选择其他视图辅以表达,做到装配图对机器或部件的装配、检验、调试、安装、维护等技术指导的完整实现。

特别提示:完整表达的装配图并非一成不变,通常随着机器和部件的使用情况,必须作出缺陷消除、完善优化等相应修改。这些修改包含零件自身及零件装配关系、装配技术要求等。

齿轮油泵的主视图采用与齿轮油泵工作位置相一致放置位置,选择垂直于齿轮轴 3 轴线的方向为投射方向,这样选择最能反映结构特征及装配关系。由于主要零件在左右端盖夹持下装入泵体中部,主视图采用了全剖视较好地表达水平方向部件的组装情况,即装配关系和主要零件的形状。但齿轮吸油、压油的工作原理和进出油路、部件安装等尚未表达清楚,故采用左视图表达,左视图采用沿垫片与泵体的结合面剖切的半剖视表达(也可采用拆卸画法表达)＋进出油路的局部剖视"方式进行。

齿轮油泵在采用主视图表达后,如采用俯视图做补充表达,则齿轮工作原理、安装关系仍不能表达清楚,不及左视图补充表达完整,故最终表达是"主视图＋左视图"。

(2)视图绘制

首先根据部件的大小,选择符合国家标准的绘图比例、估算布图空间,然后确定图幅及主要视图的排布,同步留出明细栏的位置。画图时,首先从最主要零件开始,然后根据装配关系及联接关系从内往外或从外往内顺次绘图。绘制过程应正确判断各类零件的相互关系,如接触关系、联接关系、遮挡关系等,区分情况做出不同的图线表达。

特别提示:无论是由内向外还是由外向内绘制,必须首先画出各视图的主要轴线(即装配干线)、对称中心线和视图基线(某些零件的基面或端面以布局视图)。由主视图开始,几个视图配合进行。绘制过程要养成绘底稿图线的良好习惯,以便早期发现零部件冲突、矛盾、结构不合理等各类技术问题,及时有效解决,减少工作失误,避免不必要的返工绘制。

绘制齿轮油泵的装配图具体步骤如图10.11(a)—图10.11(d)所示。

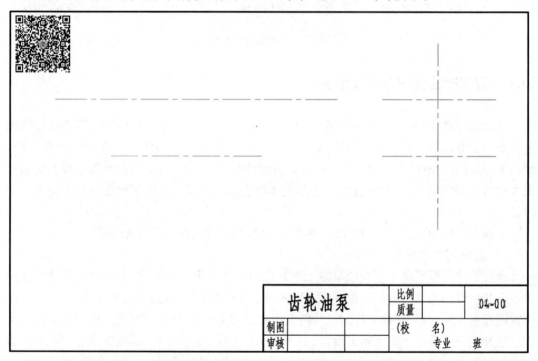

图10.11(a) 布图

要点:估算齿轮油泵投影所占图纸空间,预留明细栏、技术要求和尺寸标注空间(见图10.11a),合理布置部件组装的关键线——主动齿轮中心线位置,检查复核各部分空间是否足够。

要点:注意齿轮啮合要求,保持齿轮左右端面平齐(见图10.11(b)),关注后续沿结合面剖切的半剖左视图,左视图中啮合轮廓要根据后续情况适当调整。

要点:装配时右端盖紧贴泵体右侧及齿轮端面,该结合面为一条粗实线;左端盖与泵体接合部位有垫片用于调整间隙(见图10.11(c))。内六角螺钉和定位销绘制常出现错误,必须按标准件的规定画法绘制。

要点:密封填料因紧抱主传动轴实现轴向油密封,其结合部位均为一条轮廓线表达;压紧螺母与主传动轴径向有间隙,便于旋转拧紧推动密封圈,其轮廓线与主传动轴轮廓分别表达,如图 10.11d 所示。

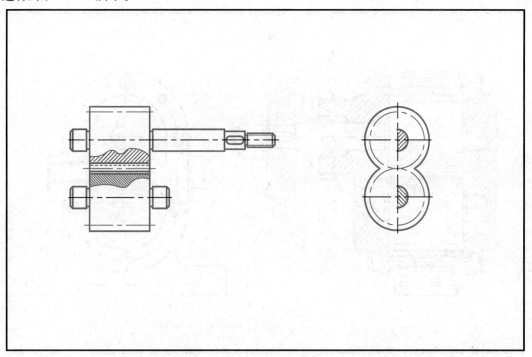

图 10.11(b) 画啮合的主传动齿轮及从动齿轮

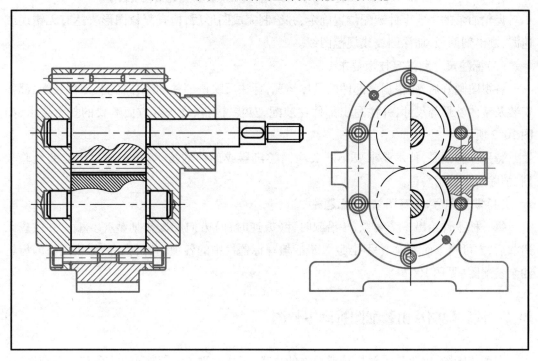

图 10.11(c) 画左端盖、泵体、右端盖

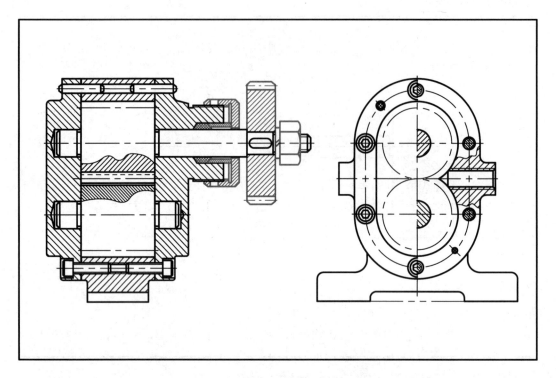

图 10.11(d)　画主传动轴密封填料及压紧螺母、齿轮及锁紧螺母

齿轮油泵的主要零件装配位置确定,并绘制完成图形后,检查复核图形表达有无错误或遗漏,画出剖面线,加深图线或规范图线。

(3)**标注尺寸和注写技术要求**

各视图画好后,应根据该部件的具体情况,标注反映该部件的工作性能、零件装配、部件安装及整体外形等尺寸,并注写出部件在装配、安装、检验、维护等方面需要的技术要求,如图 10.2 所示。

特别注意的是,技术要求要不断关注同类机器或部件的技术改进,通过已有的经验教训,消除潜在技术隐患。

(4)**零件编号、填写明细表、标题栏**

每一种零件给出一个编号,并沿顺时针(或逆时针)方向顺次排列整齐。编完并检查无遗漏后,方可自下而上地填写明细栏,最后填写标题栏中的各项内容,检查、形成完整的齿轮油泵装配图(见图 10.2)。

10.5　读装配图及由装配图拆画零件图

阅读装配图,主要是了解机器或部件的用途、工作原理、各零件间的关系和装拆顺序,以便正确地进行装配、使用和维修,同时还可了解各零件的名称、数量、材料以及它们在机器中的作用,从中分析使用、维护、管理的要点,并根据使用效果评估机器及零件设计的合理性,优化改造的可行性,达到对机器更新换代的预估或优化。总体而言,装配图较复杂,因而读懂装配图需要一个由浅入深、逐步分析的过程。

下面以如图 10.12 所示的球阀装配图为例,介绍读装配图的一般方法和步骤。

(1)概括了解

通过标题栏、明细栏及有关技术资料,了解该部件的名称、用途、零件种类及大致组成情况。特别强调,需要根据绘图比例,了解机器或部件的大小,获得直观感受,更好地开展相关工作。逐个将明细栏中的序号与图纸中的零件序号对应,了解零件的名称及在装配图中的位置。通过读图了解装配图的表达方案及各视图的表达重点。

如图 10.12 所示的球阀,是管路中用来启闭及调节流体流量的一种部件。可知,球阀由 12 种零件(9 种非标准件和 3 种标准件)组成,主要零件的材料是 ZG25(铸钢)、Q235(碳素结构钢)等。这个球阀的口径为 $G2\frac{1}{2}$,属水管、煤气管等口径较小的常规阀门,其结构特征与国内重点发展的大口径油气长输管道阀门相近。

特别说明:装配图的概括了解是快速把握机器及部件核心价值的重要途径,对工科学生走向工程实践,获得迅速的行业基础知识积淀非常关键。例如,该球阀如果口径高达 1.5 m 以上,通过类似结构设计、配合零件特殊坯料制备、高精加工等必备手段使用,并将组装方式由螺纹联接改为全焊接,且不变形或微变形,则类似"西气东输"等大型管道所使用的球阀即可制备。

(2)分析视图

根据视图的布置,弄清各图形的相互关系和作用,分析装配关系、工作原理以及各零件之间的定位联接方式等。

由图 10.12 可知,球阀装配图由两个视图表达。主视图用全剖视图反映球阀的装配关系和工作原理、传动方式等;左视图采用 A—A 半剖视图,用以补充表达阀体、阀芯和阀杆的结构形状。B—B 局部剖视图表达了螺柱紧固件与阀体和阀盖的联接关系。

球阀的主视图完整地表达了它的装配关系。从图 10.12 可知,阀体 12 内装有阀芯 11,阀芯 11 上的凹槽与阀杆 9 的扁头榫接。阀体 12 带有方形凸缘,它与阀盖 4 用 4 组双头螺柱(1,2,3)联接,并用适当厚度的垫圈 6 调节阀芯 11 与密封圈 5 之间的松紧程度。当用扳手旋转阀杆 9 并带动阀芯 11 转动时,即可改变阀体通孔与阀芯通孔的相对位置,从而达到启闭及调节管路内流体流量的作用。为防止泄漏,由环 10、填料 7、压盖 8、密封圈 5 和垫圈 6 分别在两个部位组成密封装置。

特别说明:对经常启闭的球阀而言,填料 7 在与阀杆 9 一定时间的磨蚀后,会出现一定的泄漏,这种生产现场因阀门填料失效引发的"跑冒滴漏"非常常见,需通过拧紧压盖 8 强化密封,如果仍然泄露,必须更换填料 7。这些工作是球阀等阀门的常规维护要求。

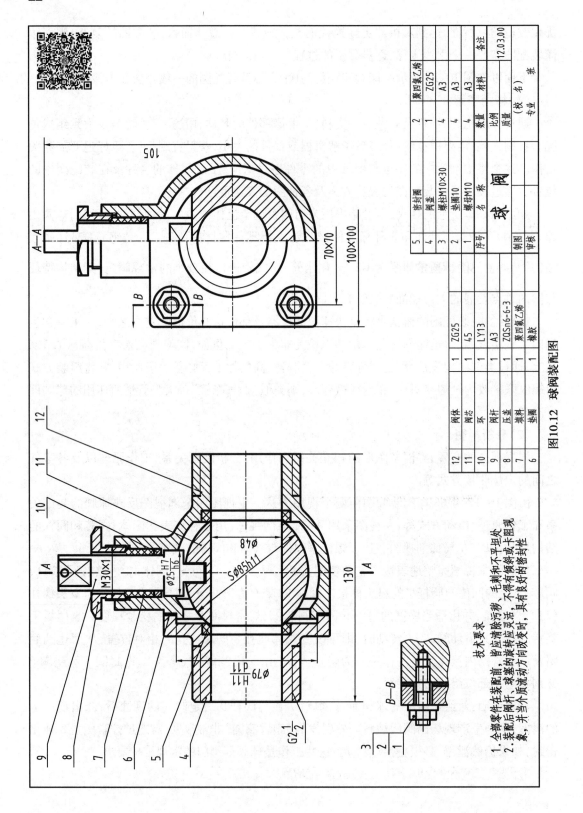

图10.12 球阀装配图

技术要求

1. 全部零件在装配前,均应清除污砂、毛刺和不平坦处。
2. 装配后阀杆、球塞的旋转应灵活,不得有倾斜或卡阻现象,并当小质流动方向改变时,具有良好的密封性。

序号	名 称	数量	材料	备注
5	密封圈	2	聚四氟乙烯	
4	阀盖	1	ZG25	
3	螺柱M10×30	4	A3	
2	垫圈10	4	A3	
1	螺母M10	4	A3	
				12.03.00

12	阀体	1	ZG25	
11	阀芯	1	45	
10	环	1	LY13	
9	阀杆	1	A3	
8	压盖	1	ZQSn6-6-3	
7	填料	1	聚四氟乙烯	
6	垫圈	1	橡胶	

比例	质量	(校 名)
		专业 班
制图		
审核		

球 阀

尺寸标注:105, 70×70, 100×100, 130, Ø48, SØ85h11, Ø79 H11/d11, Ø25 H7/h6, M30×1, G2½

（3）分析零件

部件由零件构成,装配图的视图可看成由各种零件图的视图组成。因此,要把握部件的工作原理和装配关系,离不开对零件结构、形状的分析;而从主要零件开始,弄清各零件的结构形状,又可加深对部件工作原理及装配关系的理解。为此,首先由零件的序号找出它的名称、件数及其在各视图上的反映,再根据剖面线和投影关系,分析该零件的形状,厘清与相邻零件的装配关系,逐步想象出各零件的主要结构形状。分析时,一般从主要零件开始,逐步看次要零件,而标准件、常用件等在工程中因频繁出现,容易快速获得立体形状,作为简单零件处置。

如图 10.12 所示的零件 4（阀盖）,根据序号和剖面线的方向,可确定它在主视图的范围,再根据投影关系找出它在左视图中的投影,最后经过分析,想象阀盖 4 的结构形状,如图 10.13、图 10.14 所示。

（4）由装配图拆画零件图

在读懂球阀装配图后,分离出来了阀盖 4 的结构形状,结合阀盖 4 属盘盖类零件的分类特点,确定阀盖的表达方式,该表达不一定要照搬装配图中原有表达形式。除此之外,零件图的绘制还要注意以下 3 点:

①在装配图中没有表达清楚的结构,要根据零件的功能,与相关零件的关系,以及加工、工艺结构的需要补画完善。

②装配图上已有尺寸拆画时要严格保证,而其他未标注的尺寸注意由装配图所绘制的大小按该图所用比例(特别提示:计算机绘图打印结果图示比例时常非真实,需从图中所画长度与所标尺寸之比重新确定)直接量取,数值可以适当圆整。对零件的一些标准结构,如螺纹、键槽、销孔等,可根据装配图明细栏所注明的公称尺寸进行查表确定。

③零件的尺寸公差,可根据装配图中所标注的配合尺寸直接得到,表面粗糙度、热处理等技术要求,需要根据该零件在部件中的功能,与相邻零件的装配关系,材料、设计要求及加工工艺等知识综合确定,也可适当参考同类零件的技术要求进行拟定。

特别提示:作为机器或部件中易出现故障的零件,从装配图中拆画做好设计储备等基础工作在工程界很常见。另外,如果这些零件的价值较高,除常规的按拆画的零件图生产复制外,现代绿色再制造也是一种可选择途径。例如,零件局部的轴尺寸公差磨蚀超标,可通过涂镀、喷陶瓷等方法修复;孔状尺寸磨蚀除上述方法外,可采用配置适宜的轴状尺寸等方式修复。

下面根据教学需要,绘制阀盖 4 的零件图,如图 10.15 所示。

阀体 12 的零件图读者根据讲解,自行分析绘制相应零件图。读者可结合球阀的装配图、零件图进行思考,工业企业为何定期或不定期要对球阀等阀门进行维护或返修,减少故障频率、延长使用寿命。

（5）归纳总结

在上述分析的基础上,对部件的工作原理、装配关系和装拆顺序、表达方案、尺寸标注和技术要求等进行归纳总结,从而加深对部件的认识,获得完整、深入的理解。

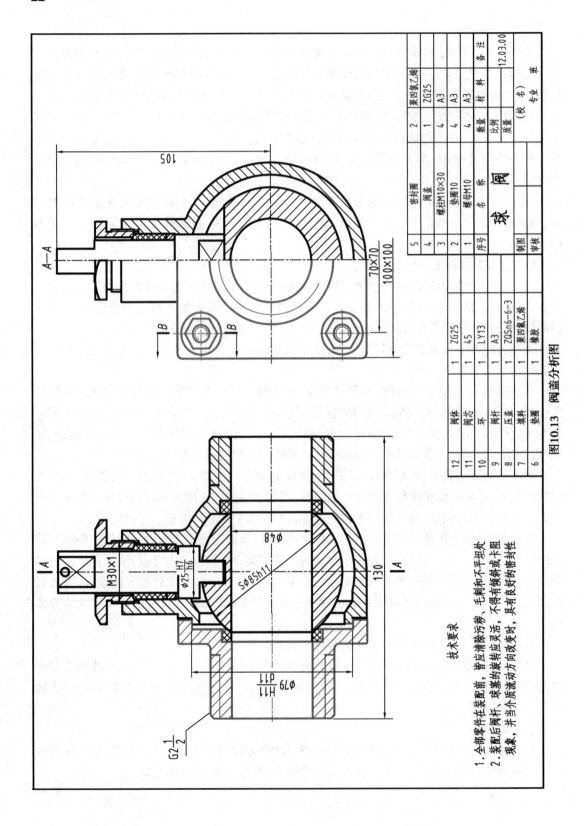

图10.13 阀盖分析图

技术要求
1.全部零件在表面配前，皆应清除污秽、毛刺和不平坦处。
2.装配后阀杆、球塞的转动应灵活，不得有倾斜或卡阻现象，并当小质流动方向改变时，具有良好的密封性

12	阀体	1	ZG25
11	阀芯	1	45
10	环	1	LY13
9	阀杆	1	A3
8	压盖	1	ZQSn6-6-3
7	填料	1	聚四氯乙烯
6	垫圈	1	橡胶

5	密封圈	2	聚四氯乙烯	
4	阀盖	1	ZG25	
3	螺柱M10×30	4	A3	
2	垫圈10	4	A3	
1	螺母M10	4	A3	
序号	名 称	数量	材 料	备 注
	球 阀		比例	
			质量	12.03.00
制图		(校 名)		班
审核		专业		

图 10.14　球阀轴测图

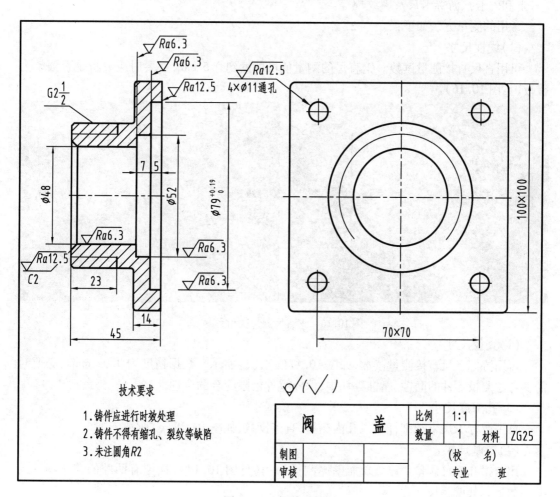

技术要求

1.铸件应进行时效处理

2.铸件不得有缩孔、裂纹等缺陷

3.未注圆角R2

阀　　盖		比例	1:1		
		数量	1	材料	ZG25
制图			(校　　名)		
审核			专业　　班		

图 10.15　阀盖零件图

10.6　零部件测绘方法简介

在生产实践中,对原有机器进行维修和技术改造或设计新产品、提升改造原有设备时,往往需要对机器的有关部件或全部结构进行测量,并绘制零件图、装配图,以便更好地掌握设计改造要点,或仿造需要维修更替的零部件。对具体某个零件或部件系统以及整个机器的测量绘制是工程领域掌握机器性能、工作原理、系统设计制造必不可少的手段。工科学生通过全面系统地拆卸解剖典型机器设备,将全面、直观、快速地掌握该机器中每个零部件及系统的相关技术内涵,为后续专业课学习提供帮助。本节将介绍常用测量方法以及零部件测绘的方法与步骤。

10.6.1　常用测量方法与工具

零件的尺寸测量需要根据测绘的精度要求选择相应的量具。常用的量具有直尺、卡钳(外卡和内卡)、游标卡尺及螺纹规等。

常用的测量方法如下:

(1)**线性尺寸**

可用直尺直接测量读数。钢直尺的测量值可估读到 0.5 mm,必要时应分析是否圆整为整数(见图 10.16)。

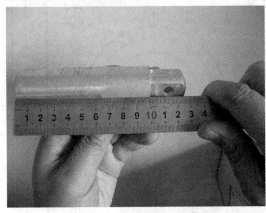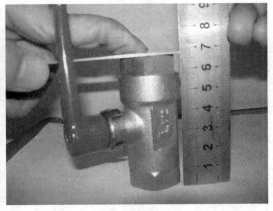

图 10.16　钢直尺测长度和高度

(2)**直径尺寸**

可用游标卡尺直接测量读数,如图 10.17(a)、(b)所示。数据精度为 0.02 mm. ,必要时需要考虑测量零件的磨蚀、腐蚀等耗损,保障零件极限配合的合理性。

(3)**孔深度尺寸**

可用游标卡尺末端细杆塞入孔内测量,直接读数,如图 10.17(c)所示。

(4)**壁厚尺寸**

用卡钳和直尺测量。以玻璃瓶壁厚测量为例(见图 10.18),模拟有凹腔的箱体零件的壁厚测量。其壁厚尺寸为

$$\delta = 外卡测量值\ L_1 - 直尺度量值\ L_2$$

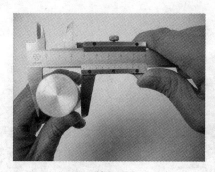 

(a) 外径测量　　　　　　　　　(b) 内径测量

(c) 深度测量

图 10.17　游标卡尺测外径与内径及孔深

图 10.18　箱体壁厚测量

(5) 孔间距

可用游标卡尺 (或卡钳)、直尺测量 (见图 10.19)。其孔距为

A = 游标卡尺测得的两孔内侧象限点间距 A_1 + 卡尺测量小孔直径 d

(6) 中心高

可用直尺 (或游标卡尺) 测出 (见图 10.20)。内孔中心高度为

$$H = \text{孔上缘高度} L - \text{内孔半径} \frac{D}{2}$$

即孔轴线到底面的高度

$$H = L - \frac{D}{2}$$

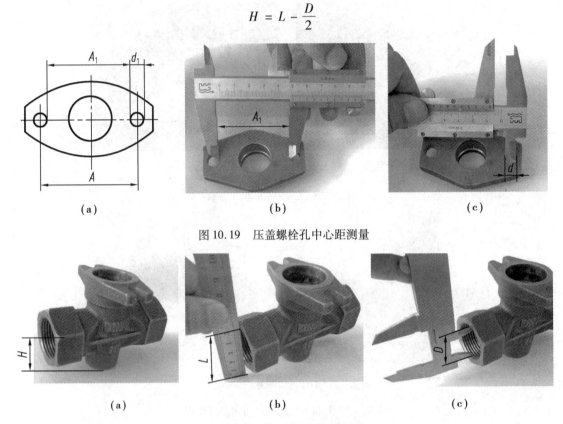

（a）   （b）   （c）

图 10.19　压盖螺栓孔中心距测量

（a）   （b）   （c）

图 10.20　孔中心高度测量

（7）曲面轮廓

对精确度要求不高的曲面轮廓,首先用拓印法在纸上拓出它的轮廓,然后用几何作图方法求出各连接圆弧的尺寸和中心位置,如图 10.21 所示。

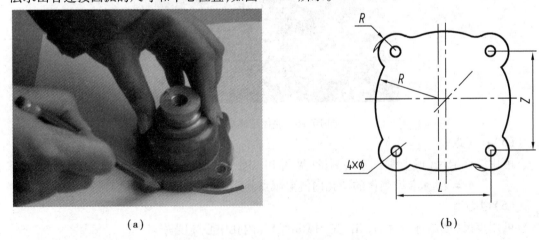

（a）   （b）

图 10.21　曲面轮廓拓印法绘制及测量

（8）**螺纹的螺距**

用螺纹规或直尺测量。螺纹规测量时,必须注意其角度是55°还是60°,以便迅速测量出管螺纹或普通公制螺纹的螺距。直尺测量需测出 5 牙以上螺纹的线性长度,以便减小螺距测量的误差(图 10.22)。

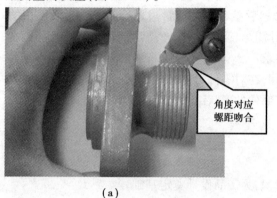

角度对应
螺距吻合

（a）

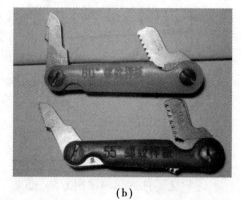

（b）

图 10.22　螺纹测量及螺纹规工具

（9）**齿轮的模数**

对标准齿轮,其轮齿的模数可先用游标卡尺测得齿顶圆直径 d_a,再计算得到模数 $m = d_a/(z+2)$。奇数齿的齿顶圆直径 $d_a = 2e + d$,如图 10.23(b)所示。

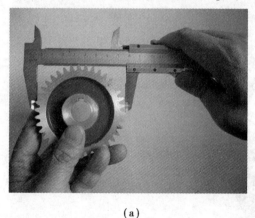

（a）

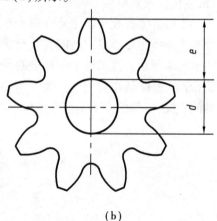

（b）

图 10.23　齿轮的测量及奇数齿轮数据处理

10.6.2　测量时数据的确定

①有配合关系的尺寸(如配合的孔和轴的直径),一般只要测出它的公称尺寸。其配合性质和相应的公差值,应在分析考虑后,查阅有关手册确定。

②没有配合关系的尺寸或不重要的尺寸,允许将测量所得的尺寸适当圆整(调整到整数值)。

③对螺纹、键槽、齿轮的轮齿等标准结构的尺寸,应将测量结果修正为标准值,以利制造。

10.7 零部件测量绘制实例

零部件测绘是指根据已有零部件和装配体的表达需要，徒手画出相应视图、测量出零件尺寸，并标注尺寸及技术要求，得到零件草图，然后参考有关资料整理绘制出供生产使用的零件图及装配图的过程。零件测绘可分为设计测绘、设备维修、改造测绘及仿制测绘等。本节将通过零部件的测绘实例，以期达到以下要求：

①初步掌握一般零部件测绘的方法与步骤，在对零件形体分析、部件装配结构分析的基础上，运用适当的表达方法，完整、清晰表达零部件的形状结构与装配结构，进而掌握各种零件草图和工作图的绘制。

②掌握常用测量工具的使用方法。

③掌握尺寸分类及标注的方法和步骤。

④学会零件拆卸的常用方法，提高工程意识，为产品设计奠定基础。

⑤充分理解零件图和装配图的作用与内容，以及设计过程中两者的关系。

10.7.1 拨叉零件测绘实例

机械零件按其形态及工艺特征进行分类，可分为轴套类、盘盖类、支架类、壳体类、标准件、常用件及异形类七大类。

支架类零件在机器中通常用于支承、连接相邻零件，往往由平板、圆柱、连接杆、连接板等基本形体组合而成，与轴套类、盘盖类零件相比，具有较复杂的形状结构和工艺结构。如图10.24所示的拨叉属于一种支架类零件，自上而下由开槽长方体、十字肋板、圆筒及U形凸台四大基本体组合而成。拨叉为铸件，为避免铸造缺陷，铸造表面均有圆角过渡，为方便轴的装配，圆筒的孔末端均有倒角结构。

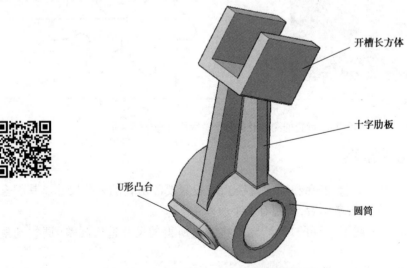

开槽长方体

十字肋板

U形凸台

圆筒

图 10.24　拨叉零件的立体图

首先明确拨叉零件为支架类零件，对此类零件，一般采用的表达方案为：主视图＋俯视图或左视图＋斜视图或局部视图＋断面图。

根据拨叉零件的特点,对其结构进行形体分析,按视图选择原则,首先确定主视图,再根据零件的复杂程度选取必要的其他视图和适当的表达方法,以完整、清晰、简洁地表示出零件的内外结构形状。

①确定基本视图,表达零件的总体结构,徒手勾勒出形体整体轮廓线,如图 10.25 所示。

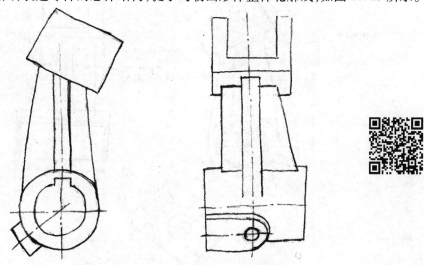

图 10.25　确定拨叉的基本视图

②分析基本视图中的可见轮廓线(粗实线)、不可见轮廓线(细虚线),以及未表达清楚的零件结构,选择合适的表达方案,将零件所有结构完整、清晰、简洁地表达出来(尽可能省掉细虚线表达),并将零件的工艺结构绘制完整,徒手绘制出零件草图,如图 10.26 所示。

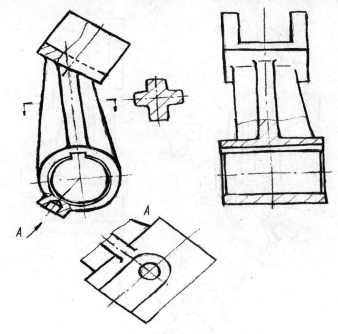

图 10.26　确定拨叉的表达方案

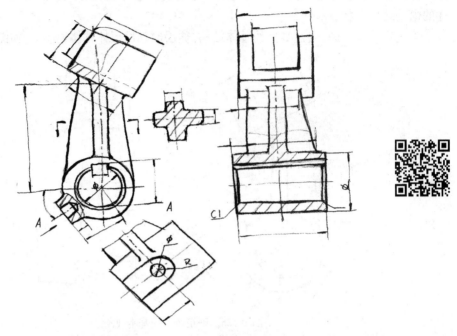

③画出零件所有结构的定形、定位尺寸线。为后续零件尺寸量注作好准备,如图10.27所示。

图10.27　标全零件的尺寸线

④测量并标注尺寸数值(数值测得后要圆整),注意测得的圆角、倒角、键槽等标准结构的尺寸要按国家标准修正为标准值,如图10.28所示。

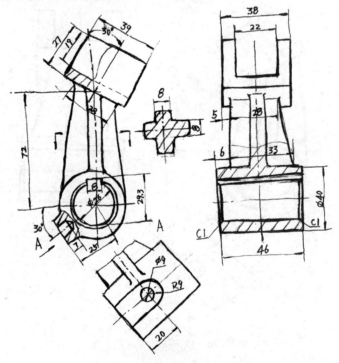

图10.28　标注零件的尺寸数值

　　⑤采用计算机绘图或尺规绘图,绘制拨叉的零件图。首先要选择合适的图纸幅面、恰当的绘图比例,接着重新布置各视图位置,注意图形的分布间距要均匀、美观。另外,还需考虑看图要方便、清晰,如图 10.29 所示。

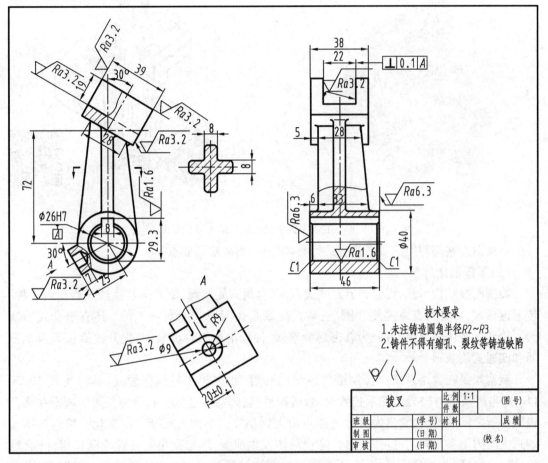

图 10.29　拨叉零件图

10.7.2　旋塞阀测绘实例

　　旋塞阀是最早使用的一种阀门类型,带通孔的阀塞是阀门的启闭件。阀塞的形状可制成圆锥形或圆柱形。阀塞中的通道一般成矩形(也可做成圆形),这些形状使旋塞阀的结构变得轻巧,适用于切断和接通介质以及分流、节流等。如图 10.30 所示,阀塞随阀杆转动,以实现启闭动作。旋塞阀的阀塞多为圆锥体,与阀体的圆锥孔面配合组成密封副。普通旋塞阀靠精加工的金属阀塞与阀体间的直接接触来密封,故密封性较差,启闭力大,容易磨损,通常只能用于低压和小口径的场合。

　　旋塞阀测量绘制之前,首先对其功能作用做好了解、从外向内拆卸分解零部件;做好各零件的位置记录,画出装配示意图。对已拆卸分离的零件按标准件与非标准件分类,标准件做好公称尺寸测量、记录;非标准件进行详细的测量、分别绘制零件草图。根据装配示意图及测绘的零件草图,按装配图的绘制程序与步骤画出部件装配图。完成装配图后,结合装配图绘制过程对各零件作进一步分析、判断,从而修正零件草图中的各类错误,完善优化零件的形状结构、尺寸及性能,绘制出零件图。上述测量绘制过程通常简称零部件测绘或制图测绘。

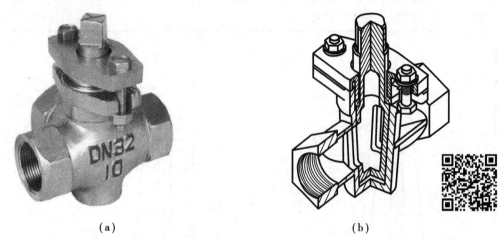

（a）　　　　　　　　　　　　　　　（b）

图 10.30　工业用旋塞阀样品与结构原理简图

下面对旋塞阀测绘的每个步骤进行具体分析,明确实践要点。

（1）了解测绘对象

旋塞阀按结构形式,可分为紧定式旋塞阀、自封式旋塞阀、旋塞阀及注油式旋塞阀 4 种。按通道形式,可分为直通式旋塞阀、三通式旋塞阀和四通式旋塞阀 3 种。还有卡套式旋塞阀。旋塞阀按用途分类,可分为软密封旋塞阀、油润滑硬密封旋塞阀、提升式旋塞阀以及三通和四通式旋塞阀。

旋塞阀是在管路系统中控制液体流量的装置,此例阀塞与阀杆做成一体（见图 10.30（b））,当阀塞（阀杆）处于图示位置时,管道接通,当阀塞转过 90°时,管道关闭。阀塞在两个极限位置之间旋转时,管道内流体的流量由大到小或由小到大逐渐发生变化。填料在压盖的强大压力下实现阀门的可靠密封,防止流体发生泄漏,压盖则由两处螺栓联接组件（含螺栓、螺母、垫圈）提供紧固连接力,压盖下端的圆柱轴颈与阀体孔之间形成配合,装配时可起到良好的定位导向作用,轴孔之间配合间隙较小也能实现较稳固的压实密封和防泄漏作用。

旋塞阀常用于腐蚀性、剧毒及高危害介质等苛刻环境、严禁泄漏的场合。阀体与阀塞可根据工作介质选用碳钢、合金钢、不锈钢及有色合金材料;密封件可采用聚四氟乙烯、石棉等耐腐蚀材料;与工作介质非接触的零件可采用普通碳钢、不锈钢等。

旋塞阀的优点是:启闭迅速、操作轻便;旋塞阀流体阻力小;旋塞阀结构简单,相对体积小,质量小,便于维修;密封性能好;不受安装方向的限制,介质的流向可任意;无振动,噪声小。

（2）拆卸零部件

首先拆卸压盖上的锁紧螺母,分离压盖与阀体,再拆卸密封填料,同步分析掌握最常见、最基础的密封方式。整个拆卸过程由外向内逐步进行。拆卸过程要明确各拆卸零件的位置、相互配合状况（密切注意配合的松紧情况）,以便装配复位。另外,由于阀塞与阀体之间由圆锥面压紧接触,拆卸时可能出现二者过度卡紧,难以拆开的情况。因此,可轻轻敲击阀杆,即可实现顺利拆卸。

（3）画装配示意图

根据上述对测绘对象的分析以及拆卸过程中对各零件位置、功用的了解，按装配示意图的相关要求，绘制该旋塞阀的装配示意图（见图 10.31）。工程领域实际实施过程，对常规、简单的部件，通常简化省略装配示意图；但对复杂机器，尤其是结构陌生的部件，要作出详细的记录，绘制装配示意图，并明确记载各部分零件数量，避免复原过程出现遗漏或疑问。

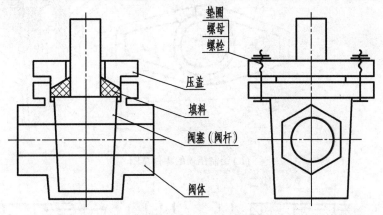

图 10.31　旋塞阀的装配示意图

（4）**绘制零件草图**

旋塞阀由阀体、阀杆（阀塞）、压盖、六角螺栓、螺母、平垫圈及密封填料等组成。标准件如六角螺栓、螺母、平垫圈，明确其规格、数量、材质即可，不用绘制零件图。阀体、压盖、阀杆、填料作为非标准件，要根据零件图绘制要求，完成结构分析、确定投影表达、绘制出零件草图，最后系统地测量，标注尺寸、编写技术条件。旋塞阀非标件草图绘制过程（见图 10.32（a）—（c））。

特别提示：测绘过程记录及绘制草图的纸张以正规图纸或坐标纸为宜，既方便修改擦除，同时便于原始测绘资料收档，方便后续图纸完善过程中回忆测绘细节。同一张图纸上可同时记录同一部件多个零件，方便分析关联部分的设计要点、技术要素，保持协调统一。在测绘过程中，应尽力养成此习惯，杜绝随意用纸，随手抛弃的坏习惯。

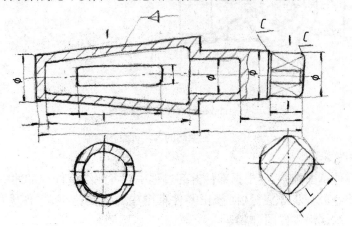

（a）绘制阀塞（阀杆）的零件草图

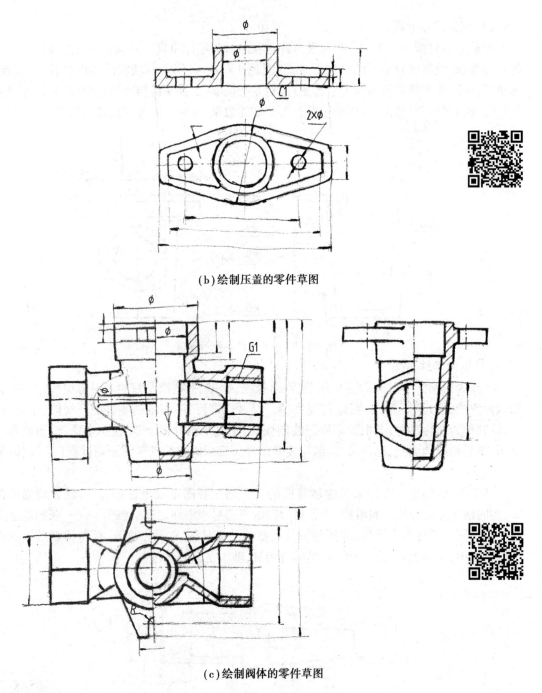

（b）绘制压盖的零件草图

（c）绘制阀体的零件草图

图 10.32　旋塞阀的各零件草图绘制

（5）画零件图

在已有的零件草图基础上,根据部件拆卸过程中对各测绘零件在部件中的具体功用、配合要求等技术要点进一步掌握,从而修正零件草图中的各类错误,完善优化零件的形状结构、尺寸及性能,绘制出零件图(略)。

（6）画部件装配图

按照如图 10.31 所示的旋塞阀装配示意图,选择旋塞阀装配图的表达方案,再根据上述绘制的零件图,绘制出旋塞阀装配图(见图 10.33)。

特别提示:通过零部件的上述测绘过程,可深入了解零部件的实际使用效果,预估后续工作状况,并为零部件技术改进、技术升级实现奠定基础。

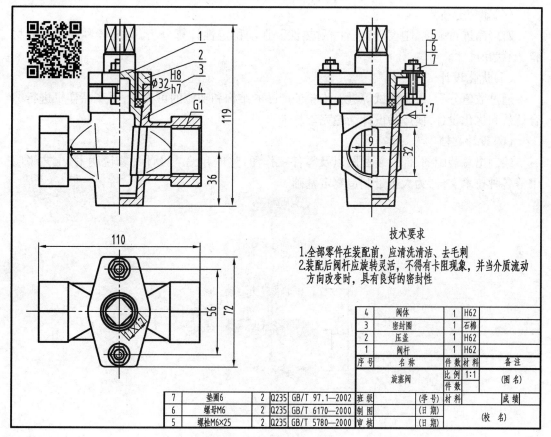

技术要求

1.全部零件在装配前,应清洗清洁、去毛刺
2.装配后阀杆应旋转灵活,不得有卡阻现象,并当介质流动方向改变时,具有良好的密封性

4	阀体	1	H62	
3	密封圈	1	石棉	
2	压盖	1	H62	
1	阀杆	1	H62	
序号	名称	件数	材料	备注
	旋塞阀	比例	1:1	(图名)
		件数		

7	垫圈6	2	Q235	GB/T 97.1—2002	班级		(学号)	材料		成绩
6	螺母M6	2	Q235	GB/T 6170—2000	制图		(日期)		(校名)	
5	螺栓M6×25	2	Q235	GB/T 5780—2000	审核		(日期)			

图 10.33 旋塞阀装配图

视野拓展

产品设计流程

工程设计过程通常包括一系列设计活动和目标产品。传统的产品设计需要依此进行需求定义、创意方案、详细设计、研究分析、优化设计及设计文档(见图 10.34),即在取得阶段成果后才能进入下一步工作。

(1)**需求定义**

根据社会需求进行调查,在对相关产品进行可行性分析并对有关技术资料进行研究的基础上确定设计对象的主要性能指标和主要设计参数,编制设计任务书。

(2)**创意方案**

根据设计对象所要达到的性能指标和主要设计参数,确定它的工作原理,拟订总体设计方案,绘制工作原理图、总体结构草图和关键零件草图,并确定辅助系统。

(3)**详细设计**

根据构件设计功能和主要参数,选择标准标准件,设计非标零件,初步确定各类零件的材料、形状和尺寸。

(4)**研究分析**

对产品进行强度、刚度、抗磨性、耐热性及振动稳定性计算分析,确定各零件合理的材料、形状和尺寸。

(5)**优化设计**

通过数值分析、实验测试等进一步验证产品的结构和功能的可靠性,对产品样机进行综合评价和优化设计,使产品设计渐趋完善。

(6)**设计文档**

绘制出总装配图、部件装配图以及零件工作图,整理和编制设计计算说明书、工艺说明书等各种技术文件,为大批量制造奠定基础。

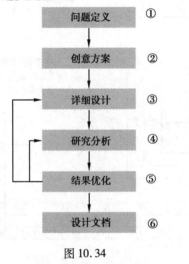

图 10.34

第 11 章　其他图样表达

工业是一个国家发展的脊梁,其发展水平直接决定着一国的技术水平和经济发展水平。作为工业核心的装备制造业,为工业、农业、交通运输业及国防工业等提供技术装备,其技术图样的表达根据行业特点形成了其他图样的补充。本章重点介绍化工图、焊接图、展开图等其他图样表达,以满足多行业领域、专业图样的应用需求。

11.1　化工图

化工行业生产装置通常分为机器和设备两类。机器是指压缩机、离心机、鼓风机,以及各种类型的泵及搅拌装置等,这些是通用机械的范畴。设备主要有反应器(罐、釜)、塔器、换热器、容器(贮罐、贮槽),以及分离、蒸发、结晶、澄清、过滤、干燥等,其制造图样统称设备图。化工设备图分为设备装配图和零部件图,第 6 章的各种表达方法都适用于化工设备图。由于化工生产的特殊要求,化工设备的结构、形状具有某些特点。因此,其表达方式与一般机械图样存在部分差异。本节主要讨论化工设备的结构特征及化工设备图的阅读与绘制。

11.1.1　化工设备的分类

(1)容器

容器是指用来贮存原料、中间产品和成品的设备,如卧式贮罐(见图 11.1)、立式贮罐和球罐等。

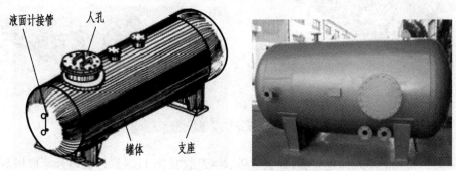

图 11.1　卧式贮罐各部分注解及工业样品

(2)反应器
反应器是指用于物料进行化学反应的设备,如反应釜(见图 11.2)、反应罐和反应塔等。
(3)换热器
换热器是指用来加热或冷却的设备,如加热器、冷凝器和热交换器(见图 11.3)等。

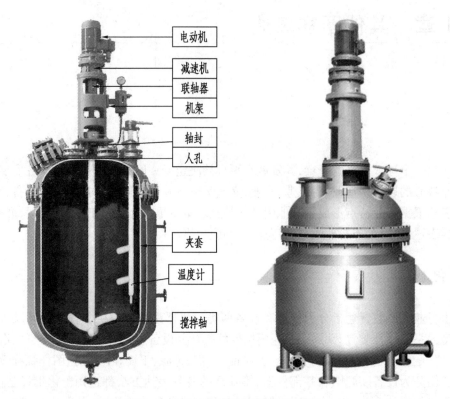

图 11.2　反应釜各部分注解及工业样品

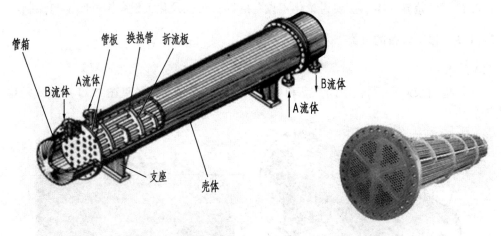

图 11.3　热交换器各部分注解及核心部分工业样品

（4）塔器

塔器是指常用的单元操作设备，如吸收塔、精馏塔（见图 11.4）、干燥塔及萃取塔等。

11.1.2　化工设备图样的主要内容

与机械装配图一样，化工设备图也具有一组视图、必要的尺寸、零部件的序号、明细栏及标题栏。不同的是：

（1）管口表

设备上所有的管口（如物料的进出管口、仪表管口）和开孔（如视镜、人孔、手孔）均应按字母顺序标注在管口和开孔旁，以表格的形式列出管口和开孔的尺寸、标准、用途等。

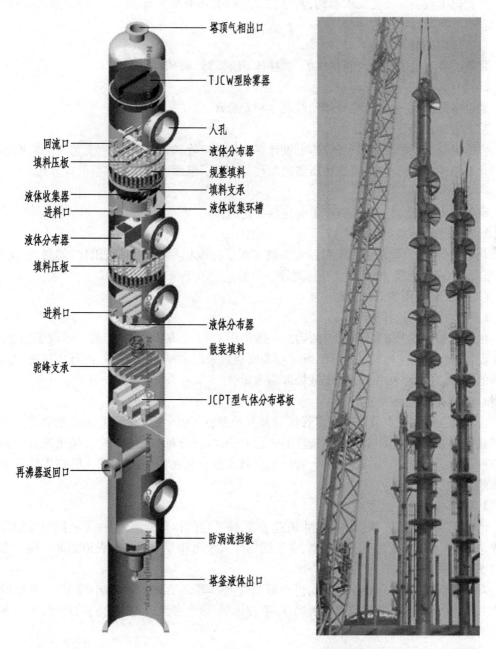

塔顶气相出口

TJCW型除雾器

人孔

回流口
填料压板

液体分布器
规整填料
填料支承
液体收集环槽

液体收集器
进料口

液体分布器

填料压板

进料口

液体分布器

散装填料

驼峰支承

JCPT型气体分布塔板

再沸器返回口

防涡流挡板

塔釜液体出口

图 11.4　精馏塔各部分注解及工业样品

（2）技术特性表

以表格的形式列出设备的主要工艺参数，如操作压力、温度、设备容积、换热面积等。

11.1.3 化工设备的结构特点和表达方法

(1)化工设备的结构特点

各种化工设备因工艺要求不同,其结构、形状、大小有所差异,但也有许多共同的特点。如附录图1所示,其大致共同特点如下:

1)壳体以回转体为主

多数设备都是由钢板弯卷制成的,如柱体、锥体、球、椭球等。

2)尺寸大小相差悬殊、薄壁较多

如设备高度、直径尺寸与壳体壁厚尺寸相差悬殊。

3)有较多的接管和开孔

根据设备自身需要,在设备壳体上设计有较多的接管和开孔,如生产工艺所需的原辅料及催化剂等进出接管;生产及维护所需观察孔、人手孔,温度、压力、取样等设备开孔。

4)焊接结构多

筒体与封头、管口、人孔、支座等的连接都是焊接。

5)大量采用标准零部件

化工设备中,一些常用的零部件大多数实现了标准化、系列化和通用化,如封头、支座、法兰、人(手)孔、视镜、液面计及补强圈等。

(2)化工设备图的表达方法

1)基本视图的选择和配置

由于化工设备大多数是回转体,因此一般采用1~2个基本视图,即可表达设备的主体。立式设备通常采用主视图、俯视图,卧式设备则通常采用主视图、左视图,而且主视图为表达设备的内部结构,常采用全剖视图或局部剖视图。

2)多次旋转的表达方法

由于设备壳体周围分布着许多管接口及其他部件,为了在主视图上能清楚地表达它们的形状和位置高度,允许采用多次旋转的表达方法,即将分布在设备周向方位上的管口旋转到与投影面平行的位置。这些结构、管口的周向方位必须在俯(左)视图或管口方位图中表达清楚。

3)局部结构的表达方法

由于化工设备的各部分结构尺寸相差悬殊,按选定的比例绘图,往往无法同时将细部结构表达清楚。因此,在化工设备图中,多采用局部放大图和夸大画法来表达细部结构。由行业习惯所采用的放大图,称为节点详图。

对化工设备的壁厚、垫片、挡板、折流板及管壁厚等,在绘图比例缩小较多时,其壁厚一般无法画出。因此,必须采用夸大画法,即不按比例,适当夸大地画出它们的厚度,突出在设备中的存在位置。

4)断开和分段(层)的表达方法

过长或过高的化工设备,沿轴线方向相当部分的结构形状相同或按规律变化时,可采用断开画法,即用细双点画线将设备中重复出现的结构或相同结构断开,利于采用非加长图纸幅面、第一系列图样比例绘制。如图11.5所示的填料塔,中间填料层采用断开画法。

对较高的塔设备,在不适于采用断开画法时,可采用分段表示方法将整个塔分成若干段

（层）画出，以利于图面布置和采用第一系列图样比例作图，如图 11.6 所示。

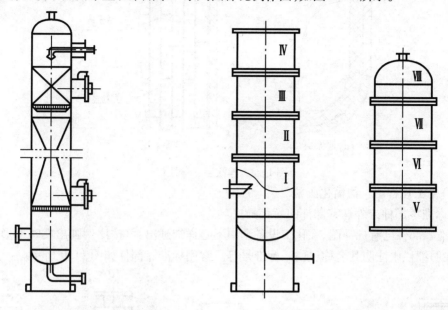

图 11.5　填料塔　　　　　　　　　　图 11.6　较高的塔设备

5）衬层和涂层的表达方法

根据化工生产的需要，设备内部表面往往需要涂层、衬里，以增强设备的耐腐蚀性。

①薄涂层

在设备基层上搪瓷、涂漆、喷涂塑料，在图样中不标件号，仅在涂层表面绘制与表面轮廓线平行的粗点画线，并标注涂层的名称和要求，如图 11.7(a) 所示。

②薄衬层

当设备内衬金属、橡胶、聚乙烯薄膜时，在图中用细实线画出，此时必须编序号，在明细栏中说明层数、材料及厚度，如图 11.7(b) 所示。

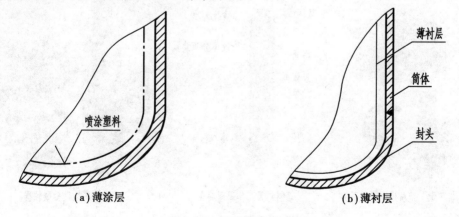

(a)薄涂层　　　　　　　　　　　　　(b)薄衬层

图 11.7　薄涂层、薄衬层

③厚涂层、厚衬层

如塑料板、耐火砖、石棉板、混凝土之类的厚衬层，必须采用局部放大图样详细表示衬层结构和尺寸。如图 11.8 所示，一般灰缝以一条粗实线表示，特殊灰缝用双线表示。

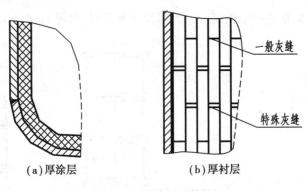

(a)厚涂层 (b)厚衬层

图11.8　厚涂层、厚衬层

（3）化工设备图中的简化画法

1)标准零部件或外购零部件的简化画法

标准零部件已有标准图、在化工设备图中不必详细画出,可按比例画出反映外形特征的简图,在明细栏中注明其名称、规格、标准号等。常用标准零部件如图11.9所示。

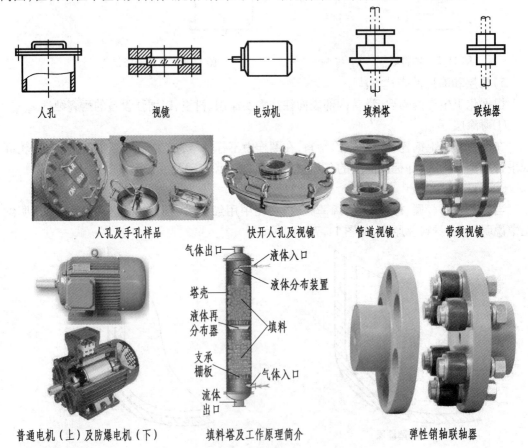

图11.9　常见标准零部件或外购零部件

外购零部件在化工设备图中,只需根据主要尺寸按比例用粗实线画出其外形轮廓简图。同时,在明细栏中注明其名称、规格、主要性能参数和"外购"字样等。

2）管法兰的简化画法

法兰是用于连接管子、设备等的带螺栓孔的突凸缘形元件。它属盘状零件，常安装于管道端部、设备及容器分段结合部、封头连接处等部位。法兰间用衬垫密封，保证连接件内流动介质的无泄漏，且易于拆卸、分离、维护。因此，法兰都是成对使用的，且在管道工程中最为常见。

常见的品种有平焊法兰、对焊法兰、活套法兰及盲板等，如图11.10所示。

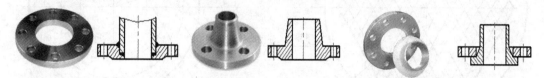

图11.10　平焊法兰、对焊法兰、活套法兰工业样品及图示

在装配图中，不论管法兰的连接面是什么形式（突面、凹凸面、榫槽面），管法兰均可简化，其连接面形状及焊接形式（平焊、对焊等）可在明细栏及管口表中注明。密封面形式有突面（代号为RF）、凹凸面（代号为MFM）和榫槽面（代号为TG）。

3）重复结构的简化画法

①螺栓孔及螺栓联接的表达方法

螺栓孔可用中心线或轴线表示，省略圆孔。装配图中的螺栓联接可用"×"（粗实线）表示（见图11.11）。

②设备内管束的表达方法

当设备中的管子按一定规律排列成管束时（如列管换热器中的换热管），在装配图中至少画出其中一根或几根，其余的管子均用细点画线简化表示（见图12.12）。

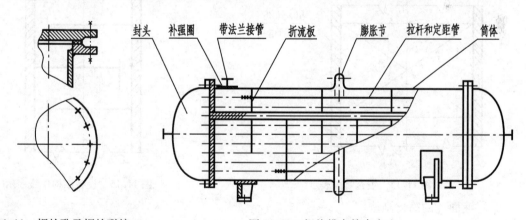

图11.11　螺栓孔及螺栓联接　　　　图11.12　规律排布管束表达

③设备内孔板的表达方法

当多孔板的孔径相同且按一定的角度规则排列时，用细实线按一定角度交错来表示孔的中心位置，用粗实线表示钻孔的范围，同时画出几个孔并注明孔数和孔径。如图11.13所示的左图，若孔径相同且以同心圆的方式均匀排列时，其简化画法如右图。

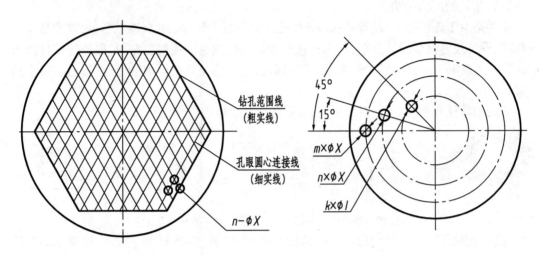

图 11.13　多孔板简化画法

④填充物的表示方法

当设备中装有相同材料、同一规格的填充物（如各种填料）时，在设备图的剖视中，可用交叉的细实线表示，同时注写有关的尺寸和文字说明，如图 11.14 所示。

⑤设备结构用单线表示的简化画法

当化工设备上某些结构已有零件图或另用剖视、断面、局部放大图等方法表达清楚时，设备装配图上允许用单线表示。例如，容器、槽、罐等设备的简单壳体，带法兰的接管，各种塔板，以及列管式换热器中的折流板、挡板、拉杆等，如图 11.15 所示。

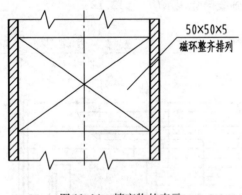

图 11.14　填充物的表示

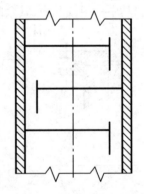

图 11.15　设备结构单线表示

⑥液面计的简化画法

液面计是用来观察设备内部液面高度位置的装置。液面计分为玻璃板液面计和玻璃管液面计。在设备装配图中，带有接管的液面计，可用细点画线和符号" + "（短粗实线）表示。在明细栏中，注明液面计的名称、规格、数量及标准号。液面计工业样品及简化画法如图 11.16 所示。

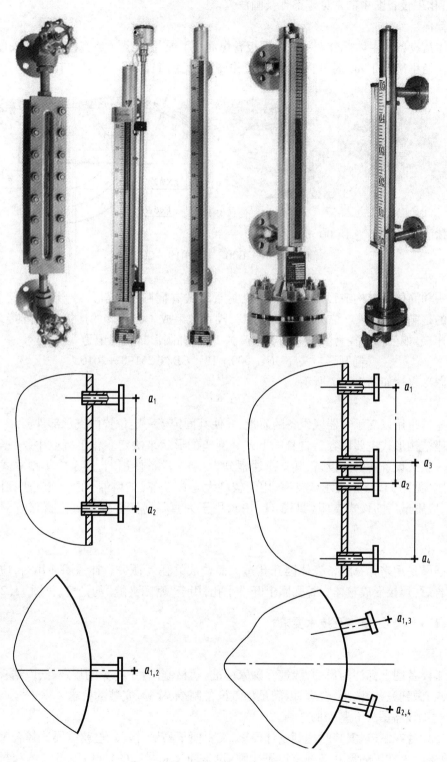

图 11.16　液面计样品图及简化画法

（4）化工设备图中的常见零部件及画法

1）筒体

筒体是设备的主体部分。一般由钢板卷焊而成。其主要尺寸是直径、高度（长度）和壁厚。当直径小于 500 mm 时，可用无缝钢管作筒体（见图 11.17）。

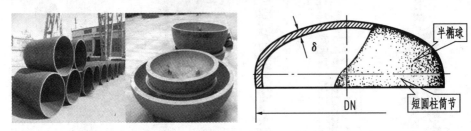

图 11.17　筒体及封头工业样品

筒体的公称直径为 1 000 mm，标记为

$$\text{筒体}\quad DN\ 1\ 000\quad GB9019—2001$$

2）封头

封头和筒体一起构成设备壳体。常见封头形式有椭圆形、碟形、球形、锥形及平板形。最常用的是椭圆形封头。它是由半椭球和一段直边组成。与筒体的连接可以焊接，也可以用法兰连接，如公称直径为 1 000，名义厚度为 18 的椭圆形封头标记为

$$\text{椭圆形封头}\quad DN\ 1\ 000 \times 18\quad GB/T\ 25198—2010$$

其图形表达如图 11.17 所示。

3）支座

支座是指用以支承容器或设备的质量，并使其固定于一定位置的支承部件。

支座结构形式主要由容器自身的形式和支座的形状来决定。化工行业中，根据设备的类型——立式设备和卧式设备，其支座通常分为：立式设备使用的，用于中小型立式设备的耳式支座（见图 11.18）、支承式支座，用于较高大立式设备（如塔器）的裙式支座；卧式设备使用的，应用最广的鞍式支座（见图 11.19），用于大直径薄壁容器或真空操作容器的圈式支座。

4）补强圈

补强圈是用来弥补设备壳体因开孔过大而造成的强度损失。补强圈使用时，应与壳体密切贴合后，焊接形成整体。补强圈上开一小孔，用于"密闭夹缝"的排气（见图 11.20）。

11.1.4　尺寸、表格及技术要求

（1）尺寸

化工设备图上标注的尺寸，除遵守国家标准《机械制图》中有关的规定外，应结合化工设备的特点，做到完整、清晰、合理，以满足化工设备制造、检验、安装的要求。

1）化工设备图尺寸基准的选择

为使设备在制造、安装时达到设计要求，又要便于测量、检验，这就需要选择合理的尺寸基准，设备图上常用的尺寸基准有以下 4 种：设备筒体和封头的轴线；设备筒体和封头焊接时的环焊缝；设备法兰的密封面；设备支座的底面。如图 11.21 所示为立式设备基准，如图 11.22 所示为化工设备尺寸标注。

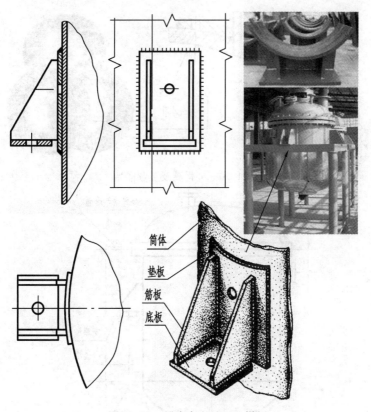

图 11.18　耳式支座及工业样板

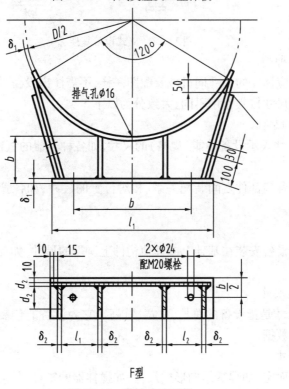

F型

图 11.19　鞍式支座图样

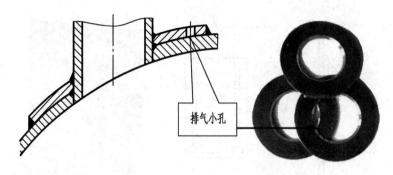

图 11.20　补强圈及工业样品

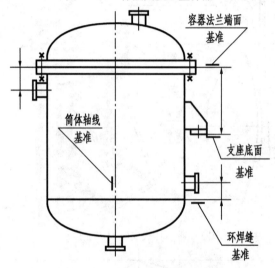

图 11.21　立式设备基准

2）标注的尺寸种类

化工设备图上应标注的尺寸同机械装配图一样，不需注出设备的全部尺寸，只需标出一些必要尺寸。这些尺寸按其作用不同，大致分为以下 5 类：

①性能（规格）尺寸

性能（规格）尺寸表示设备性能（规格）的尺寸，如各种容器的直径和高度尺寸等。

②装配尺寸

装配尺寸是指各零部件之间装配关系、相对位置的尺寸，如各管口、支座的定位尺寸和管口的伸出长度等。

③安装尺寸

安装尺寸是指设备安装在基础上或其他构件上所需的尺寸，如支座、裙座上地脚螺栓孔的中心距、孔径等。

④外形（总体）尺寸

外形（总体）尺寸是指设备的总长、总宽、总高。它为设备的包装、运输和安装过程所占的空间大小提供了数据。

⑤其他重要尺寸

在图中按需要而定，如焊缝结构形式尺寸；如搅拌器的轴径、长度等主要零部件的尺寸；

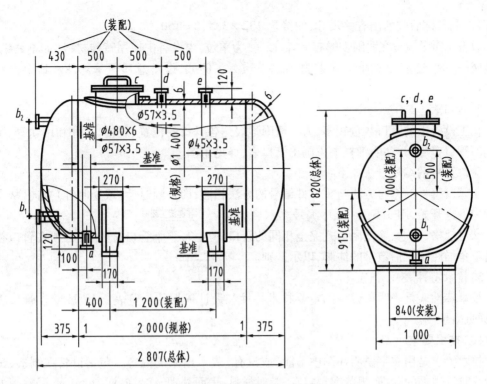

图 11.22 化工设备尺寸标注

还有不另行画出零件图的零件的有关尺寸等。

3)填充物尺寸

一般在图中只注出其总体尺寸(即筒体内径和堆放高度),并且注明堆放方式和填充物的规格尺寸,如右图中 50×50×5 表示瓷环的直径×高×壁厚尺寸。如图 11.23 所示为填充物标注及工业常见填料品种。

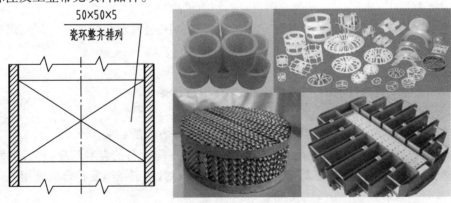

图 11.23 填充物标注及工业常见填料品种

(2)表格

1)标题栏及明细表

标题栏与机械图样相同,详见附录图的标题栏及明细栏。

明细表与机械图样相同,填写零部件的名称和规格,标准件按标记规定填写,如椭圆形封头 DN1 000×10;外购件应按商品的规格填写,如减速机 BLD4-323-F;不另外绘制零件图的零件,在名称后应列出有关尺寸,如接管 $\phi32 \times 3.5, L = 150$ 等。

设备总质量填写在明细表的右上方,以 kg 为单位,当设备中使用特殊材料(如不锈钢、有色金属等)时,还需分别填写这些材料的总质量。例如,设备总质量 ×××kg,其中不锈钢 ××kg。

2)管口表

化工设备上的管口数量较多,为了清晰地表达各管口的位置、规格、尺寸和用途等,图中应编写管口符号,并在明细栏上方画出管口表,详见附图。

管口符号的编写方法如下:

①管口符号的编写方法与零部件编号的方法相同,即按顺时针(或逆时针)方向,从主视图的左下方开始,用 a,b,c…顺序编号。

②对规格、用途、连接面形式完全相同的管口,应编写一个管口符号,但必须在管口符号的右下角加注阿拉伯数字的注脚,以示区别。

3)技术特性表

技术特性表是表明该设备的重要技术特性和设计依据的一览表,一般放置在管口表上方,详见附录图。

(3)技术要求

技术要求是用文字说明在图中不能(或没有)表示出来的内容。包括设备在制造、试验和验收时应遵循的标准、规范或规定,以及对材料、表面处理及涂饰、润滑、包装、运输等方面的特殊要求,作为制造、装配、验收等过程中的技术依据。技术要求通常包括以下 4 个方面的内容:

1)通用技术条件

通用技术条件是同类化工设备在制造(机加工和焊接)、装配、检验等方面的技术规范,已形成标准。在技术要求中,可直接引用。

2)焊接要求

焊接工艺在化工设备制造中应用广泛,在技术要求中,通常对焊接方法、焊条、焊剂等提出要求。

3)设备的检验

一般对主体设备进行水压、气密性试验;对焊缝进行探伤。

4)其他要求

设备在机加工、装配、油漆、保温、防腐、运输、安装等方面的要求。

反应釜的技术要求示例详见附录图。读者应根据不同设备的自身状况,进行有针对性的技术要求制订,保证设备质量及安全。技术要求的编制,特别强调要符合国家相关强制管理规范。

11.1.5　化工设备图的绘制

(1)绘制化工设备图的具体方法和步骤

①复核资料,决定结构。先经调查研究,并核对设计条件单中各项设计要求,设计和选定该设备的主要结构及有关数据,如筒体与封头的公称直径、搅拌结构、伴热方式、外购件形式、人孔等。

②确定视图的表达方案。按所绘化工设备的结构特点确定表达方案,除采用主、俯视图(或主视图、左视图)表达方案外,还可采用局部放大、多次旋转等表达方式。

③确定比例,选择图幅,布局视图。

④画视图。按画装配图的步骤进行,先画主视图,后画俯(左)视图;先画主体,后画附件;先画外件,后画内件;先定位置,后画形状,

⑤标注尺寸及焊缝代号,化工设备装配图上应标注外形、规格、装配、安装等尺寸。

⑥零部件及管口编序号,编写明细表和接管管口表。

⑦编写技术特性表,技术要求或制造检验主要数据表、标题栏等内容。

特别说明:由于化工设备等连续流程装备具有单元特性、交叉特性。因此,某一单元即便仅仅完成加热、蒸发功能,但其设备构成往往需要多个热交换器或加热室构成,呈现多部件组合的设备形式,且设备在组合中的装配图表达,往往要配合关联的其他单元、不同专业技术文件表达共同实现。

为早期了解工程技术领域这类技术文件,提高读者继续学习这类技术文件的表达兴趣,本章以人们日常生活都离不开的食盐为例,对盐卤提炼食盐的最基础过程——加热蒸发所涉及的设备Ⅰ效加热室(2 号部件图)进行绘制分析。图纸参见附录图 2,同时在阅读时对Ⅰ效加热室(2 号部件图)如何组合成Ⅰ效加热室,并与关联单元整合成Ⅰ效蒸发罐所需要的安装图进行简介,从中获得较全面的了解。

相关背景资料:真空蒸发制盐是根据盐卤沸点随压力减低而下降的特性,在压力递减的多效蒸发罐组中,用生蒸汽(工业锅炉直接生产的蒸汽)加热Ⅰ效罐的盐卤,使之沸腾蒸发,孕育发生二次蒸汽用作次效罐的热源,并按所设效数依次标示(Ⅱ效、Ⅲ效、Ⅳ效),屡次利用二次蒸汽,使各效罐的盐卤蒸发析盐。

(2)绘制分析(Ⅰ效加热室 2 号部件图)

Ⅰ效加热室(2 号部件图)见附录图 2。

该部件作为盐卤提炼食盐所需的热交换器核心部件,首先应确定换热器的换热面积,即换热器管道的数量及规格,相应管壳直径、连接法兰、各接管等。本次绘图,只按指定的规格、数量等参数示例绘制。

具体绘制操作:首先确定Ⅰ效加热室(2 号部件图)总体大小,合理选择绘图比例及图幅,预估明细栏分布,绘制部件主视图、俯视图的中心线,适当预留技术要求、管口表、技术特性表、个别部件的零星图样等绘制空间。绘制管壳等主体轮廓、布局换热器管道,绘制分布在不同部位的各类管道接口、挡板,根据需要绘制部分部件的局部样图等。检查、完善各零部件及各类焊接等特殊部位的表达,标注必备的装配图尺寸,进行零部件编号,填写技术要求、管口表、技术特性表等技术说明,最终完成Ⅰ效加热室(2 号部件图)的表达。

11.1.6　化工设备图的阅读

在读化工设备图的过程中,应着重注意化工设备图的表达特点、简化表示法、管口方位、技术要求等与机械图的区别。通过对化工设备图的阅读,应主要了解以下基本内容:

①设备的性能、作用和工作原理。

②各零部件之间的装配关系、装拆顺序和有关尺寸。

③零部件的主要结构形状、数量、材料及作用,进而了解整个设备的结构。

④设备的开口方位，以及在制造、检验和安装等方面的技术要求。

下面以盐卤制备食盐的Ⅰ效加热室（2号部件图）为例（见附录图2），介绍读化工设备图的方法和步骤。

（1）概括了解

通过标题栏及明细栏可概括了解到：其比例为1∶10，设备总体轮廓较图纸轮廓大10倍，总质量在4.48 t，制造过程、运输安装等必须有吊装设备配合。该设备的成套图纸有12张，本图纸为其中的第3张。该图纸是设备Ⅰ加热器中2号部件所需的制造技术文件。2号部件包含了21个零件，其材质均有防腐蚀要求。换热器管束外流动的是蒸汽介质，内部是盐卤。盐卤在管束内部流动换热，需通过分析判断或从其他图纸获取。为此，在对图纸概况了解过程中，要适当了解关联的图纸，获得图纸必需的相关技术背景。

（2）视图分析

主视图采用全剖视图，重点表达内部管束及所属零件位置，俯视图表达了管束的平面分布等，通过图纸可较直观地获得加热室所有管束的工作状况。视图配合多个局部放大图，对筒体纵环焊缝、接管焊接、管板与筒体连接、管板与换热板等细节作了明确表达，阅读能使读者理解这些细节如何对产品生产、质量保证形成直接制约。

（3）零部件分析

根据明细栏提供的零件名称、材质、数量等技术资料，该部件是盐卤提炼食盐所需的热交换器核心部件。换热器主要热量交换是通过329根直径38 mm、壁厚1.2 mm、长度6 000 mm的钢管进行，该钢管是钛钢材质TA10。换热管呈束状排列，管内流动的是盐卤，管外流动的是蒸汽，与蒸汽接触的各部分材质为316L。管束外安装有弓形隔板，使蒸汽在管束间流动的距离更长、换热效果更佳。上下管板及筒体构成蒸汽流动、换热的主要空间。

（4）归纳总结

2号部件图是对Ⅰ效加热室的核心部件进行制造的装配图。该部件在Ⅰ效加热室装配图中，仅有2号部件的外部轮廓。通过2号部件的持续换热工作，高温盐卤通过Ⅰ效加热室进入Ⅰ效蒸发室，并在此进行蒸发形成高浓度的盐液，其后再经专门的管路流出蒸发室，进入后续制盐工序。

2号部件作为蒸汽消耗的首要部件，其热交换效率、蒸汽梯级运用效果优劣都直接与其设计、制造密切相关。因此，其核心作用必须依靠装配图获得保证。

该图纸包含的其他技术知识，必须通过后续专业课学习得到进一步的掌握，在此不做进一步分析介绍。

11.2　焊接图

利用电弧或火焰对要连接的两金属零件的接缝处进行局部加热，当接缝处达到熔化或半熔化状态的同时往接缝中填充熔化的金属或施加压力，使被连接的两金属零件冷却后成为一个整体的连接方式，称为焊接。焊接是一种不可拆卸的连接形式，具有工艺简单、结构强度高、可靠性好、质量小等优点，被广泛用于工程和制造领域。

焊接的方法和种类很多，常见有电弧焊、氩弧焊、气焊及电渣焊等。焊接接头常见的形式有对接、角接、T形接及搭接等，如图11.24所示。

焊接后两金属件之间的熔接处,称为焊缝。在焊接件图样中,除了把焊接件的形状尺寸表达清楚外,还必须把焊缝的有关技术要求表示清楚。为使图样简化,焊缝一般采用符号来表示。

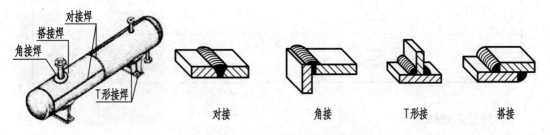

图 11.24　焊接接头形式

11.2.1　焊缝的图示方法

①用视图表示焊缝。当焊缝面(或带坡口的一面)处于可见时,焊缝用栅线(一系列细线)表示,此时表示两个被焊接件相接的轮廓线应保留。当焊缝面处于不可见时,表示焊缝的栅线省略不画,如图 11.25(a)、(b)所示。

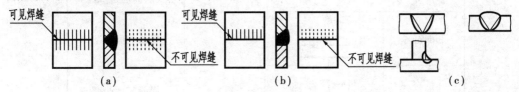

图 11.25　焊缝的图示表达

②在垂直于焊缝的断面或剖视中,当比例较大时,应按照规定的焊缝截面形状画出焊缝的断面并涂黑,如图 11.25(a)、(b)所示。

③用剖视、断面表示焊缝接头或坡口形状时,用粗实线表示熔焊区的焊缝轮廓,用细实线画出焊接前的接头或坡口形状,如图 11.25(c)所示。

11.2.2　焊缝的标注符号

(1)焊缝的基本符号

表示焊缝截面形状的符号,用粗实线绘出,见表 11.1。

表 11.1　常见焊缝基本符号

焊缝名称	焊缝形式	符号	焊缝名称	焊缝形式	符号
单边 V 形		V	点焊		○
钝边单边 V 形		Y	角焊		△
I 型		‖	U 型		Y

续表

焊缝名称	焊缝形式	符号	焊缝名称	焊缝形式	符号
V 形		∨	单边 U 型		⊬
钝边 V 形		Υ	封底焊		⏝

(2)焊缝的辅助符号

表示焊缝表面形状特征的符号,用粗实线绘制。不需要确切说明焊缝的表面形状,可不用辅助符号,见表11.2。

表 11.2　焊缝辅助符号

名称	示意图	符号	说　明
平面符号		—	焊缝表面平齐 (一般需通过加工)
凹面符号		⌣	焊缝表面凹陷
凸面符号		⌢	焊缝表面凸起

(3)焊缝补充符号

补充说明焊缝的某些特征,用粗实线绘出,见表11.3。

表 11.3　常见焊缝的补充符号

名称	示意图	符号	说明
带垫板符号		▭	表示焊缝底部有垫板
三面焊缝符号		⊏	表示三面有焊缝
周围焊缝符号		○	表示环绕工件周围有焊缝
现场符号		⚑	表示在现场或工地进行焊接
尾部符号		＜	参照 GB/T5185 标注焊接工艺方法等内容

11.2.3　焊缝的标注方法

（1）焊接符号

焊接符号如图11.26所示，各线代表的含义如图示注解。

图11.26　焊接标示基准线和焊接符号

（2）焊缝标注示例

焊缝标注示例见表11.4以及图11.27和图11.28所示。

表11.4　焊接标注示例

接头形式	焊缝形式	标注示例	说　明
对接接头			表示 V 形焊缝的坡口角度为 α，根部间隙为 b，有 n 段长度为 l 的焊缝
T 形接头			表示单面角焊缝，焊角高度为 K
			表示有 n 段长度为 l 的双面断续角焊缝，间隔为 e，焊角高为 K
			表示有 n 段长度为 l 的双面交错断续角焊缝，间隔为 e，焊角高为 K
角接接头			表示为双面焊接，上面为单边 V 形焊缝，下面为角焊缝
搭接接头			表示有 n 个焊点的点焊，焊核直径为 d，焊点的间隔为 e

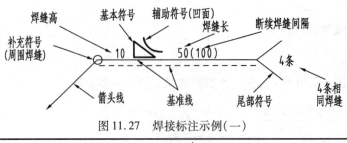

图 11.27　焊接标注示例(一)

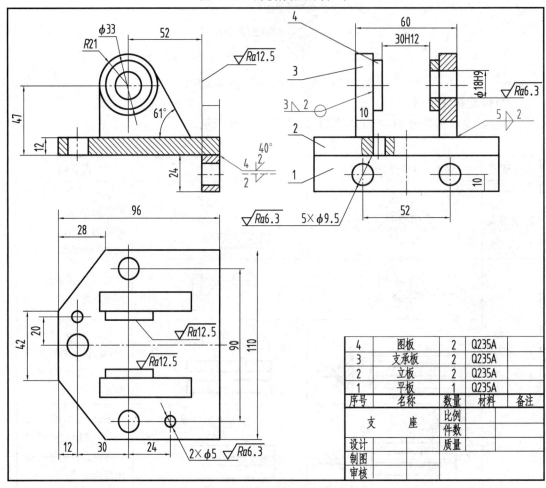

图 11.28　焊接标注示例(二)

11.3　展开图

　　由金属材料制成的薄壁产品,在机械工业中最常采用的是钣金工艺。本章主要针对钣金工艺介绍立体展开图的画法。把立体的表面按其实际形状和大小,依次连续地摊平在一个平面上,称为立体表面展开。立体表面展开得到的图形,称为立体展开图。在金属钣金件设计好后,首先必须获得其立体展开图,立体展开图可表达立体在折弯成型前每个面的真实形状和大小,为板材放样下料提供依据。如图 11.29、图 11.30 所示为长方体和圆柱体立体表面展开图的展成过程。

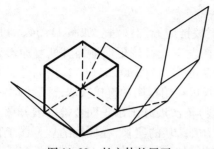

图 11.29 长方体的展开

图 11.30 圆柱体的展开

11.3.1 平面立体的表面展开

(1)棱柱的展开

正棱柱各个侧棱面都是矩形。如图 11.31 所示为正四棱柱。斜棱柱的侧棱面不全是矩形。如图 11.32 所示为斜四棱柱。

图 11.31 某一正四棱柱

图 11.32 某一斜四棱柱

下面以如图 11.33 所示的正四棱柱为例,介绍正棱柱展开图的画法。可手工或用计算机绘图软件创建棱柱的展开图。棱柱如要正确展开至少需要两个正投影视图,即一个视图反映棱柱顶面与底面的真实形状与大小,另一个视图则反映其高度。两视图一般优先选用主视图、俯视图来表达,如图 11.33(b)所示。正四棱柱前侧棱面为固定基面,其他表面依次展开到与前侧棱面共面的平面上,其他邻接表面的组合及展开方式有多种,本例选其中一种展开。其展开图的形式如图 12.33(c)所示。其中,细虚线表示弯折线,在细虚线外多留出了面域,以供折弯成形时表面黏结、焊接或其他联接用。

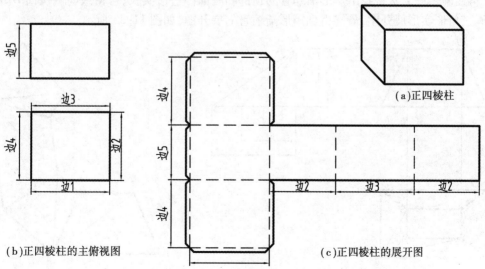

(a)正四棱柱

(b)正四棱柱的主俯视图

(c)正四棱柱的展开图

图 11.33 某一正四棱柱的表面展开

（2）棱锥的展开

棱锥可分为正棱锥与斜棱锥。本章只介绍正棱锥展开图画法。如图 11.34（a）所示为一正四棱锥切顶后变成矩形渐缩管,欲求其展开图。首先将该矩形渐缩管恢复原形得一完整正四棱锥,由主视图、俯视图可获取棱锥棱边 SB 的实长（图 11.34（b）采用的是直角三角形法,也可采用投影变换的方法）,表面的其余边长可在俯视图中直接获取;然后画出一个侧棱面 SAB 的真实形状,按相邻连接边线（即各棱线）依次展开画出正四棱锥的展开图。由主视图、俯视图可依次获取棱锥截切后棱边 AE,BF,CG,DH 的实长,在棱锥的展开图上依次量取并绘出,加粗展开图的轮廓线即可得到矩形渐缩管的展开图,如图 11.34（c）所示。

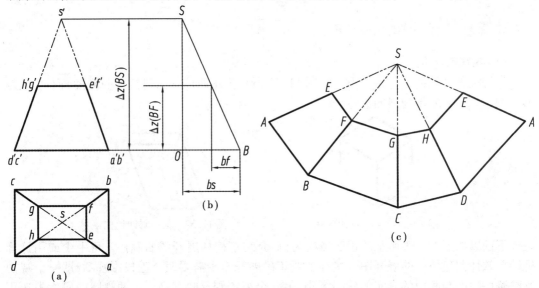

图 11.34　矩形渐缩管展开图

展开图作图过程中,对四边形平面的展开可充分利用其对角线在作图过程中的辅助作用,对角线可将四边形分割成两个相邻接的三角形,求出三角形的 3 边实长可直接作出其实形。对如图 11.35 所示的矩形渐缩管,在棱锥棱线和侧棱面四边形对角线的实长分别求出后,再在俯视图上直接找出矩形渐缩管的顶部和底部四边形实长,可由最前侧棱面 $DHEA$ 依次画三角形实形展开图,最终得到矩形渐缩管的展开图,如图 11.35 所示。

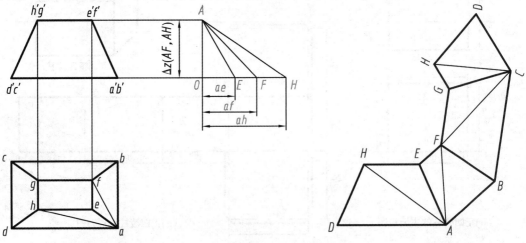

图 11.35　矩形渐缩管展开图的另一作法

（3）斜截棱柱的展开

如图 11.36 所示，一个正十棱柱被一平面斜截掉一部分，剩余立体做成一钣金折弯管，需绘制立体的侧棱面展开图。其作图步骤如下：

①将各侧棱线分别用 $1a1b,2a2b,3a3b,\cdots,10a10b$ 表示。

②按顺序将各侧棱面展开。首先绘制侧棱线 $1ab$，由俯视图按照侧棱面的真实宽度依次找到各侧棱线 $1a1b,2a2b,3a3b,\cdots$ 的位置，并由主视图量取各侧棱线的实长，找出各侧棱线的上端点 b，依次用直线连接相邻棱线的上端点，得到被截切后正十棱柱侧棱面的展开图，如图 11.36 所示。

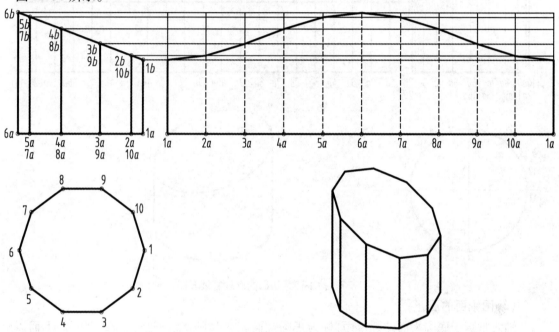

图 11.36　斜截正十棱柱的展开图

11.3.2　可展曲面立体的表面展开

通常构成可展曲面的素线为直线，因两相邻素线可构成一平面，故为可展曲面。工程中常见的可展曲面有圆柱面、圆锥面等。

（1）圆柱面的展开

圆柱面可分为正圆柱面与斜圆柱面。正圆柱面上直素线垂直于底面，斜圆柱面上直素线倾斜于底面。本节重点介绍正圆柱面的展开。圆柱面底圆可展开成一条直线，长度等于圆周长。因此，完整圆柱面展开图形是一个矩形。下面以如图 11.37 所示被平面截切后的圆柱管为例，绘制其展开图。

①首先将圆柱底圆分成若干等分（见图 11.37）（等分数越多作图越精确），在俯视图中标记出了等分点数字（20 等分）；然后过底圆上的等分点作圆柱面上的若干直素线，这些直素线的实长可由主视图直接量取。

②将底圆展开画出一条水平线，水平线长度为底圆圆周长。

③在水平线上按底圆各等分弧长依次截取出各等分点 $1a,2a,3a,\cdots,20a$。若精度要求不高或等分数较多，可用等分点之间的弦长代替弧长。

④过水平线上的这些等分点竖直向上画出它们对应圆柱面上的直素线，再根据主视图中各直素线的实长确定各直素线段的上端点。依次光滑连接这些端点，即可得到该截切后圆柱管的展开图，如图 11.37 所示。

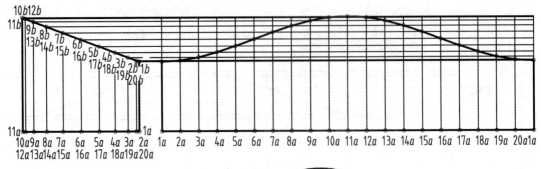

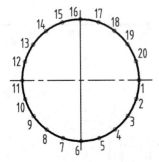
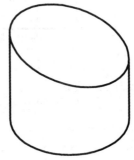

图 11.37 被平面截切后的圆柱管展开图

（2）圆锥面的展开

轴线垂直于底圆平面的圆锥面，称为正圆锥面。本章只介绍正圆锥面的展开。下面以如图 11.38 所示锥顶被截切后的圆锥面为例，介绍其展开图的作图方法。

①将原完整圆锥面展开。其具体做法为：先以圆锥面直素线的实长为半径画整圆，再在圆上以圆锥面的底圆圆周长截取与之等长的圆弧（或由底圆圆周长计算圆弧包角），由该圆弧获得的扇形即圆锥面的展开图。实际作图为方便作图，通常采用近似作图的方法。如图 11.38 所示，先在圆锥面底圆上取若干个等分点，再用直线依次连接两相邻的等分点，得到若干弦长小段。以各弦长小段依次在圆锥面展开图上截取点，得到圆锥面展开图形上的各等分点，由这些点最终获取的扇形区域来近似表示圆锥面的展开图。由此可知，圆锥面底圆上截取的等分点越多，作图就越精确。

②如图 11.38 所示，用直线连接锥顶与圆锥底圆上的各等分点，即可得到一组圆锥面上的直素线。这些素线向上延伸至截交线即形成一组直素线段，将这些线段的上端点用数字顺序标记 $1,2,3,\cdots$。由这些线段的正面投影即可求出其实长（作图方法为：过线段上端点的正面投影作水平线，求该线与圆锥面一侧转向线的交点，此交点至底圆的线段长度即为直素线段的实长）。

③如图 12.38 所示，由获取的圆锥面上各直素线段的实长，依次将它们在圆锥面展开图形上截取出来，再将这些线段的端点依次光滑连接起来，即可作出被截圆锥面的展开图。

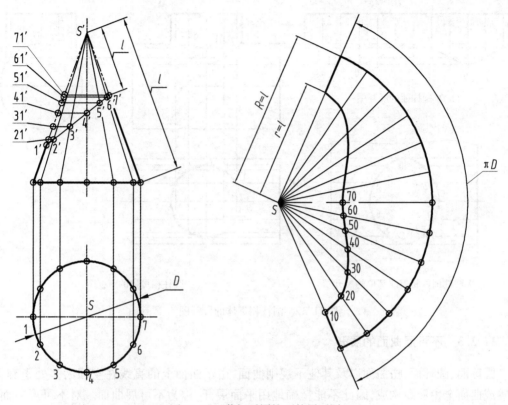

图 11.38 截切后圆锥面的展开图

(3)圆柱相贯体的展开

两圆柱相贯分为等径与不等径相贯，轴线相交、交叉、平行相贯，以及上述多种形式组合相贯。本章以常见的不等径圆柱正交相贯为例，说明相贯体展开图作图的一般过程。如图11.39(a)所示，水平圆柱为大圆柱，小圆柱由上向下与大圆柱正交相贯。其基本作图思路为：将两圆柱面分别展开得到各自的展开图。其中，由相贯线的投影视图绘制相贯线的展开图是圆柱面展开图作图关键，也是作图难点。展开图作图的过程按以下步骤进行：

①首先在小圆柱顶圆上作若干个等分点(本例为12个)，过这些等分点作出圆柱面上的一组直素线。这些直素线向下延伸到相贯线截止，从而形成一组直素线段，将这些线段的下端点分别用数字1，2，3，…，12表示。展开小圆柱面时，在圆周上用小弦长近似代替小弧长，由主视图量取各直素线段的实长，进而将这些线段随圆柱面依次展开。最后在展开图上将各直素线段的下端点由光滑曲线连接起来，得到小圆柱面的展开图，如图11.39(b)所示。

②前述相贯线上用数字表示的12个点，也可在大圆柱面展开时加以利用。首先要过这些点作出大圆柱面上的直素线，找出这些素线与大圆柱面底圆的交点，如图11.39(a)所示的俯视图、左视图，这些点也将大圆柱面底圆分成若干小弧段。按照圆柱面近似展开的基本方法展开大圆柱面，因相贯体主视图、俯视图能反映大圆柱面上直素线段的实长，将这些线段随圆柱面依次展开，最后用光滑曲线把直素线段的内端点连接起来，得到大圆柱面的展开图。如图11.39(c)所示为大圆柱面相贯线部位的展开图。

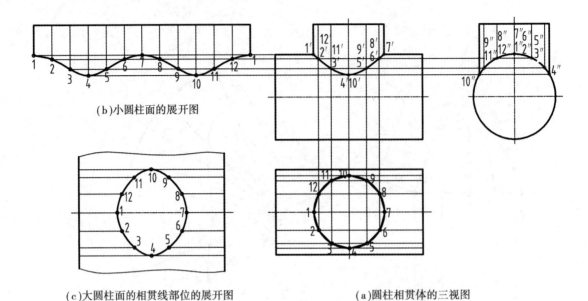

(b)小圆柱面的展开图

(c)大圆柱面的相贯线部位的展开图　　　　　　　(a)圆柱相贯体的三视图

图 11.39　圆柱相贯体的展开图

11.3.3　不可展曲面的展开

圆球面、圆环面、扭曲面以及其他不规则曲面,由于曲面上的直线在空间大多处于交叉位置或曲面全由曲线构成,因此不能精确地用平面展开,称为不可展曲面。对不可展曲面,在工程中只能近似展开。其基本做法是:将曲面分为若干小段,要设法使各小段逼近某种可展曲面,再按可展曲面展开方法依次展开。在碰到小圆弧段时,可用弦长来近似代替。圆弧段分割得越细,做出来的展开图越精确。

(1)圆球的展开

圆球面可用多个过球心的平面分割,为方便作图,球面的分割应均匀一致。如图 11.40(a)所示,将球面均匀分割成 10 部分。现取最左端的一部分展开,其具体做法如下:

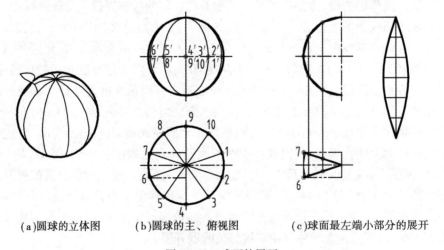

(a)圆球的立体图　　　　(b)圆球的主、俯视图　　　(c)球面最左端小部分的展开

图 11.40　球面的展开

①如图 11.40(b)所示,圆球俯视圆轮廓 10 等分点用数字 1,2,3,…,10 表示。对俯视所示的最左端小圆弧,用与圆弧最左象限点相切的小直线段来近似,则该小部分的俯视图形近似简化成等腰三角形。

②如图 11.40(c)所示,将最左端小部分简化后的主视图、俯视图图形分离出来,其所对应的空间曲面为圆柱面。同时,按圆柱面展开方法将其展开,形成一柳叶状展开图。

③将球面均匀分割的各部分依次用上述方法展开,即得球面展开图,如图 11.41 所示。

球面按不同部位的形状特征可用圆柱面、圆锥面近似分割,再按圆柱面和圆锥面依次展开得到球面的展开图。如图 11.42 所示的图例,小圆弧用直线近似代替后,1,7 部分为近似圆锥面,2,3,5,6 部分为近似圆锥台面,4 部分为近似圆柱面。其展开过程这里不再赘述。

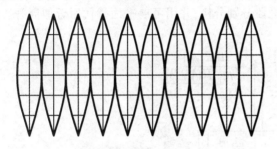

图 11.41　球面的展开图

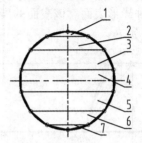

图 11.42　作圆球展开图的另一分割法

(2)圆环的面的展开图

圆环面在工程中应用广泛,如常用作管道的弯接头。圆环面的展开方法通常是首先将圆环面均匀分割成小段,然后用若干个小圆柱面近似代替各段圆环面,最后将各小圆柱面依次展开,近似得到圆环面的展开图。因各小圆柱面是将圆环面均匀分割获得的,其形状大小存在一致性,故作展开图时较方便、实用。下面以 90°弯曲圆环面为例,简要介绍其展开图的作图方法与步骤。

①如图 11.43(a)所示,将圆环面平均分割为 4 个部分,每部分对应的中心角度 β 等于 22.5°。

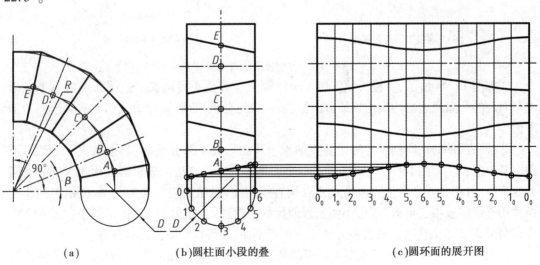

　(a)　　　　　　　　(b)圆柱面小段的叠　　　　　　(c)圆环面的展开图

图 11.43　矩形渐缩管展开图的另一作法

②将每段圆环面的内圆弧和外圆弧轮廓分别用过圆弧中点的外切直线段代替,即可得到各小段圆柱面。

③因这些小段圆柱面具有相同的截交线轮廓,故可将它们依次拼接成一个较高的圆柱,如图 11.43(b)所示。

④按照圆柱面展开的方法,将各小段圆柱依次展开在一个平面上,得到圆环面的近似展开图,如图 11.43(c)所示。

11.3.4 典型异形表面—方圆接头的展开

如图 11.44 所示,根据实际需求,方圆接头一侧接圆管,一侧接方管,其表面形状较复杂,是一种异形表面。该表面的展开应分区段分别分析,并用可展平面替代后近似展开。其展开过程如下:

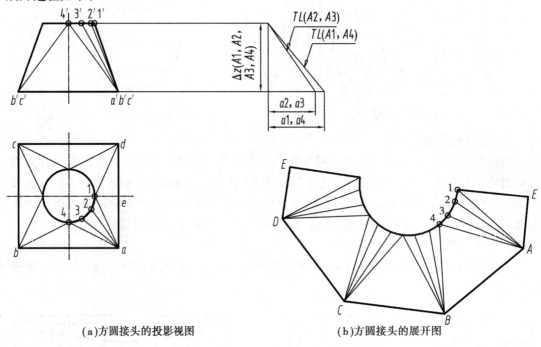

(a)方圆接头的投影视图   (b)方圆接头的展开图

图 11.44 方圆接头的表面展开

①如图 11.44 所示,将接头顶圆用 4 个象限点等分为 4 段圆弧。过圆弧上的每个象限点与对应的一条底边的两端点连线,即可构成一个三角形平面,则接头表面共有 4 个三角形平面。

②接头顶部的 4 段圆弧与底边对应的 4 个顶点形成 4 部分曲面,其形状大小一致。下面取其中之一。如图 11.44 所示右前部分曲面阐述其展开方法。先将圆弧用 4 个等分点等分为 3 段,再将各等分点与底边定点 A 点用直线相连,对曲面进行均匀分割,分割出的小曲面片用直线围成小三角形(即用小弦长近似代替小圆弧)。如图 11.44 所示的小曲面 A12 用小三角形 A12 近似代替。依次展开各小三角形平面,即可得到曲面的展开图。

③如图 11.44 所示,将组成接头表面的各三角形平面和各曲面依次展开,并将曲面展开后得到的直线端点用光滑曲线连接起来,最终得到接头表面的展开图。

　　本章结合实例阐述了立体表面展开的基本概念和展开图作图的基本方法和步骤。还对不可展曲面及其他复杂表面讲授了作近似展开图的基本思想。目前,产品日趋多样化,而且结构也变得越来越复杂,许多钣金件产品的曲线、曲面轮廓难以用尺寸精确表达,利用功能强大、日趋成熟的三维 CAD 软件对产品进行数字化设计后,已能非常精确而快速地获取产品复杂表面的展开图。三维 CAD 软件是现代设计制造中重要的技术工具。

附 录

附录1 常用工程材料及热处理

附表1 常用的热处理方法（GB/T 7232 和 JB/T 8555）

热处理方法	解　释	应　用
退火	退火是将钢件（或钢坯）加热到适当温度,保温一段时间,然后再缓慢地冷却下来(一般是用炉冷)	用来消除铸锻件的内应力和组织不均匀及晶粒粗大等现象。消除冷轧坯件的冷硬现象和内应力,降低硬度以便切削
正火	正火是将坯件加热到相变点以上 30 ~ 50 ℃,保温一段时间,然后用空气冷却,冷却速度比退火快	用来处理低碳和中碳结构钢件及渗碳机件,使其组织细化,增强强度和韧性,减少内应力,改善低碳钢的切削性能
淬火	淬火是将钢件加热到相变点以上某一温度,保温一段时间,然后在水、盐水或油中(个别材料在空气中)急冷下来,使其得到高硬度	用来提高钢的硬度和强度,但淬火时会引起内应力使钢变脆,故淬火后必须回火
表面淬火 高频表面淬火	表面淬火是使零件表面获得高硬度和耐磨性,而心部则保持塑性和韧性 利用高频感应电流使钢件表面迅速加热,并立即喷水冷却,淬火表面具有高的机械性能,淬火时不易氧化及脱碳,变形小,淬火操作及淬火层易实现精确的电控制与自动化,生产效率高	对于各种在动负荷及摩擦条件下工作的齿轮、凸轮轴、曲轴及销子等,都要经过这种处理 表面淬火必须采用含碳量高于 0.35% 的钢,因为含碳量低淬火后增加硬度不大,一般都是淬透性较低的碳钢及合金钢(如 45,40Cr,40Mn2,9CrSi 等)
回火	回火是将淬硬的钢件加热到相变点以下的某一温度后,保温一段时间,然后在空气中或油中冷却下来	用来消除淬火后的脆性和内应力,提高钢的冲击韧性
调质	淬火后高温回火,称为调质	用来使钢获得高的韧性和足够的强度,很多重要零件都要经过调制处理

热处理方法	解 释	应 用
渗碳	渗碳是向钢表面层渗碳,一般渗碳温度900~930℃,使低碳钢或低碳合金钢表面含碳量增高到0.8%~1.2%,经过适当热处理,表面层得到高的硬度和耐磨性,提高疲劳强度	为保证心部的高塑性和韧性,通常采用含碳量为0.08%~0.25%的低碳钢和低碳合金钢,如齿轮、凸轮及活塞等
氮化	氮化是向钢的表面层渗氮,目前常用气体氮化法,即利用氨气加热时分解的活性氮原子渗入钢中	氮化后不再进行热处理,用于某种含铬、钼或铝的特种钢,以提高硬度和耐磨性,提高疲劳强度和抗腐蚀能力
氰化	氰化是同时向钢的表面渗碳和渗氮,常用液体碳化法处理,不仅比渗碳处理有较高的硬度和耐磨性,而且兼有一定的耐腐蚀和较高的抗疲劳能力。在工艺上比渗碳或渗氮时间短	增加表面硬度、耐磨性、疲劳强度和耐腐蚀性。用于要求硬度高、耐磨的中小型及薄片零件和刀具等
发黑(发蓝)	使钢的表面形成氧化膜的方法,称为发黑(发蓝)	钢铁的氧化处理(发黑、发蓝)可用来提高其表面抗腐蚀能力和使外表美观,但其抗腐蚀能力并不理想,一般只用于空气干燥及密闭的场所

附表2　常用的黑色金属材料

名 称	牌 号	牌号说明	材料性能及应用举例
普通碳素钢	Q215(A2,A2F)	Q 表示普通碳素钢;215,235 表示材料的抗拉强度。括号内为对应的旧牌号	金属结构件、拉杆、套圈、铆钉、螺栓、短轴、心轴、凸轮(载荷不大)、吊环、垫圈,渗碳零件及焊接件
	Q235(A3)		金属结构件,心部强度要求不高的渗碳或氰化零件,吊环、拉杆、套圈、车钩、汽缸、齿轮、螺栓、螺母、连杆、轮轴、楔、盖及焊接件

续表

名　称	牌　号	牌号说明	材料性能及应用举例
优质碳素钢	15	牌号的两位数字表示材料平均含碳量，如45号钢，即平均含碳量为0.45%。含锰量较高的钢，需加注化学元素符号"Mn"。含碳量不高于0.25%为低碳钢（渗碳钢），高于0.6%为高碳钢，介于中间的是中碳钢（调质钢）	塑性、韧性、焊接性和冷冲性良好，但强度较低。用于制造受力不大但韧性要求较高的零件、紧固件、冲模锻件及不要热处理的低负荷零件，如螺栓、螺钉、拉条、法兰盘及化工储器、蒸汽锅炉等
	45		用于强度要求较高的零件，如汽轮机的叶轮、压缩机、泵的零件等
	65Mn		强度高，淬渗性较大，离碳倾向小，但有过热敏感性，易产生淬火裂纹，并有回火脆性。宜作大尺寸的各种扁、圆弹簧，如座板簧、弹簧发条等
低合金钢	16Mn	普通碳钢中加总量低于3%的合金元素以提高其综合性能	桥梁、造船、厂房结构、储油罐、压力容器、机车车辆、起重设备、矿山机械及其他代替A3的焊接结构
合金结构钢	15Cr	钢中加一定量合金元素以提高机械性能和耐磨性、淬透性等，保证金属在较大截面上获得较高的机械性能	船舶主机用螺栓、活塞销、凸轮、凸轮轴、汽轮机套环以及机车用小零件等，用于心部韧性较高的渗碳零件
	35SiMn		耐磨、耐疲劳性均佳，适用于做轴、齿轮及工作在430 ℃以下的重要紧固件和减速机齿轮等，供渗碳处理
耐热钢	1Cr18Ni9Ti	耐酸，在600 ℃以下耐热，在1 000 ℃以下不起皮	用于化工设备的各种锻件，航空发动机排气系统的喷管及集合器等零件
铸钢	ZG45	ZG是铸钢代号，45为其名义万分含碳量	各种形状的机件，如联轴器、轮、汽缸、齿轮、齿轮圈及重负荷机器的机架

名　称	牌　号	牌号说明	材料性能及应用举例
灰铸铁	HT150	HT 是灰铸铁的代号，后面的数字代表抗拉强度。如 HT150 表示抗拉强度为 150 MPa 的灰铸铁	用于制造端盖、汽轮泵体、轴承座、阀壳、管子及管路附件、手轮，一般机器底座、床身、滑座、工作台等
	HT200		用于制造汽缸、齿轮、底架、机体、飞轮、齿条、衬筒。一般机床铸有导轨的床身及中等压力的液压筒、液压泵和阀体等
球墨铸铁	QT500-15 QT450-5 QT400-17	QT 是球墨铸铁的代号，后面的数字代表强度和延伸率的大小	具有较高的强度、耐磨性和韧性，广泛应用于机械制造业中受磨损和受冲击的零件中，如曲轴、齿轮、汽缸套、活塞环、摩擦片、中低压阀门、千斤顶座、轴承座等
可锻铸铁	KTH300-06	KTH，KTB，KTZ 分别是黑心、白心、珠光体可锻铸铁的代号，数字是抗拉强度和延伸率	用于受冲击、振动等零件，如汽车零件、农机零件、机床零件以及管道配件等
	KTB350-04 KTZ500-04		韧性较低，强度大，耐磨性好，加工性能良好，可用于要求较高强度和耐磨性的重要零件，如曲轴、连杆、齿轮、凸轮轴等

附表3　常用的有色金属材料

名　称	牌　号	牌号说明	材料性能及应用举例
普通黄铜	H62	H 表示黄铜，数字表示含铜量为 62% 左右	适用于各种深拉伸和折弯制造的受力零件，如销钉、垫圈、螺母、导管、弹簧、铆钉等
黄铜	ZCuZn38	Z 表示铸铜	用于散热器、垫圈、弹簧、各种网、螺钉及其他零件

续表

名　称	牌　号	牌号说明	材料性能及应用举例
锡青铜	ZCuSn3Zn8Pb6Ni1	含锡(2%~4%)、锌(6%~9%)、铅(4%~7%)、硅(0.5%~1%)等元素的铜	用于受中等冲击负荷和在液体或半液体润滑及耐腐蚀条件下工作的零件,如轴承、轴瓦、蜗轮、螺母等
铝青铜	ZCuAl10Fe3	含有铝(8%~11%)、铁(2%~4%)等元素的铜	强度高、减磨性、耐蚀性、受压、铸造性能均良好。用于在蒸汽和海水条件下工作的零件及受磨损和腐蚀的零件,如蜗轮衬套等
铸造铝合金	ZL102 ZL202	ZL表示铸铝,数字代表含不同元素及含量	耐磨性中上等,用于制造负荷不大的薄壁零件
硬铝	2A11,2A12 (LY11,LY12)	含铜、镁、锰的硬铝,括号内为旧牌号	适用于制作中等强度的零件,焊接性能好

附表4　常用的非金属材料

名　称	牌　号	牌号说明	材料性能及应用举例
普通橡胶板	1613		中等硬度,较好的耐磨性和弹性,适于制作具有耐磨、耐冲击及缓冲性能良好的垫圈、密封条、垫板等
耐油橡胶板	3707 3807		较高硬度,较好的耐熔剂膨胀性,可在 -30~100 ℃的机油、汽油等介质中工作,可制作垫圈用于密封
工业用毛毡	细、半细毛粗毡	厚度1.5~2.5 mm	防漏油、防震、缓冲衬垫等
聚四氟乙烯	SPT-1,SPT-2 SPT-3,SPT-4		稳定性好,高耐热耐寒性,自润滑好,用于耐腐、耐高温密封件、填料、衬垫、轴承、导轨、密封圈等

附录2 螺 纹

附表5　普通螺纹的直径与螺距/mm(摘自 GB/T 193)

公称直径 d,D			螺距 P		公称直径 d,D			螺距 P	
第一系列	第二系列	第三系列	粗牙	细牙	第一系列	第二系列	第三系列	粗牙	细牙
3			0.5	0.35			(28)		2,1.5,1
	3.5		(0.6)		30			3.5	(3),2,1.5,(1),(0.75)
4			0.7	0.5			(32)		2,1.5
	4.5		(0.75)			33		3.5	(3),2,1.5,1,(0.75)
5			0.8				35		(1.5)
		5.5			36			4	3,2,1.5,(1)
6	7		1	0.75(0.5)			(38)		1.5
8			1.25	1,0.75,(0.5)		39		4	3,2,1.5,(1)
	9		(1.25)				40		(3),(2),1.5
10			1.5	1.25,1,0.75,(0.5)	42	45		4.5	(4),3,2,1.5,(1)
	11		(1.5)	1,0.75,(0.5)	48			5	
12			1.75	1.5,1.25,1,(0.75),(0.5)			50		(3),(2),1.5
	14		2	1.5,(1.25),1,(0.75),(0.5)		52		5	(4),3,2,1.5,(1)
		15		1.5,(1)		55			(4),(3),2,1.5
16			2	1.5,1,(0.75),(0.5)	56			5.5	4,3,2,1.5,(1)
		17		1.5,(1)		58			(4),(3),2,1.5
20	18		2.5	2,1.5,1,(0.75),(0.5)		60		(5.5)	4,3,2,1.5,(1)
	22					62			(4),(3),2,1.5
24			3	2,1.5,1,(0.75)	64			6	4,3,2,1.5,(1)
	25			2,1.5,(1)	65				(4),(3),2,1.5
	(26)			1.5	68			6	4,3,2,1.5,(1)
	27		3	2,1.5,1,(0.75)	70				(6),(4),(3),2,1.5

注:1.优先选用第一系列,其次是第二系列,第三系列尽可能不用。

2.M14×1.25 仅用于火花塞;M35×1.5 仅用于滚动轴承锁紧螺母。

3.括号内的螺距应尽可能不用。

附表6　梯形螺纹(摘自 GB/T 5796.3)

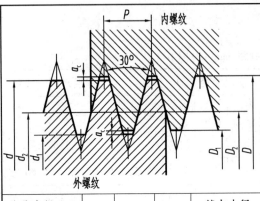

D—内螺纹基本大径;d—外螺纹基本大径;D_2—内螺纹基本中径;d_2—外螺纹基本中径;D_1—内螺纹基本小径;d_1—外螺纹基本小径;P—螺距;a_c—牙顶间隙

标记示例:

Tr40×7—7H

(单线梯形螺纹,公称直径 d = 40 mm,螺距 P = 7 mm,右旋,中径公差带代号为7H,中等旋合长度)

Tr60×18(P9)LH—8e—L

(双线梯形外螺纹,公称直径 d = 60 mm,导程为 18 mm,螺距 P = 9 mm,左旋,中径公差带代号为8e,长旋合长度)

公称直径 d,D 第一系列	第二系列	螺距 P	基本中径 $d_2=D_2$	基本大径 D	基本小径 d_1	D_1
8		1.5	7.25	8.30	6.20	6.50
	9	1.5	8.25	9.30	7.20	7.50
	9	2	8.00	9.50	6.50	7.00
10		1.5	9.25	10.30	8.20	8.50
10		2	9.00	10.50	7.50	8.00
	11	2	10.00	11.50	8.50	9.00
	11	3	9.50	11.50	7.50	8.00
12		2	11.00	12.50	9.50	10.00
12		3	10.50	12.50	8.50	9.00
	14	2	13.00	14.50	11.50	12.00
	14	3	12.50	14.50	10.50	11.00
16		2	15.00	16.50	13.50	14.00
16		4	14.00	16.50	11.50	12.00
	18	2	17.00	18.50	15.50	16.00
	18	4	16.00	18.50	13.50	14.00
20		2	19.00	20.50	17.50	18.00
20		4	18.00	20.50	15.50	16.00
	22	3	20.50	22.50	18.50	19.00
	22	5	19.50	22.50	16.50	17.00
	22	8	18.00	23.00	13.00	14.00
24		3	22.50	24.50	20.50	21.00
24		5	21.50	24.50	18.50	19.00
24		8	20.00	25.00	15.00	16.00
	26	3	24.50	26.50	22.50	23.00
	26	5	23.50	26.50	20.50	21.00
	26	8	22.00	27.00	17.00	18.00
28		3	26.50	28.50	24.50	25.00
28		5	25.50	28.50	22.50	23.00
28		8	24.00	29.00	19.00	20.00
	30	3	28.50	30.50	26.50	27.00
	30	6	27.00	31.00	23.00	24.00
	30	10	25.00	31.00	19.00	20.00
32		3	30.50	32.50	28.50	29.00
32		6	29.00	33.00	25.00	26.00
32		10	27.00	33.00	21.00	22.00
	34	3	32.50	34.50	30.50	31.00
	34	6	31.00	35.00	27.00	28.00
	34	10	29.00	35.00	23.00	24.00
36		3	34.50	36.50	32.50	33.00
36		6	33.00	37.00	29.00	30.00
36		10	31.00	37.00	25.00	26.00
	38	3	36.50	38.50	34.50	35.00
	38	7	34.50	39.00	30.00	31.00
	38	10	33.00	39.00	27.00	28.00
40		3	38.50	40.50	36.50	37.00
40		7	36.50	41.00	32.00	33.00

注:D 为内螺纹,d 为外螺纹。

附表 7　非密封管螺纹（摘自 GB/T 7307）

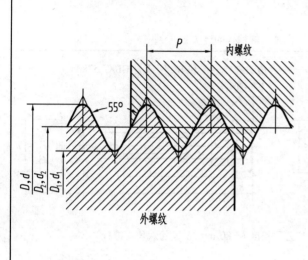

螺纹的公差等级代号:对外螺纹分 A,B 两级;对内螺纹则不作标记。

$1\frac{1}{2}$ 非螺纹密封的管螺纹标记如下:

G1 $\frac{1}{2}$ 　内螺纹

G1 $\frac{1}{2}$ A　A 级外螺纹

G1 $\frac{1}{2}$ B　B 级外螺纹

内、外螺纹装配在一起,斜线左边表示内螺纹,右边表示外螺纹,例如:

G1 $\frac{1}{2}$/G1 $\frac{1}{2}$A, G1 $\frac{1}{2}$/G1 $\frac{1}{2}$B　右旋螺纹

G1 $\frac{1}{2}$/G1 $\frac{1}{2}$A—LH　左旋螺纹

尺寸名称	每 25.4 mm 中的螺纹牙数	螺距 P/mm	螺纹直径	
			大径 D,d/mm	小径 D_1,d_1/mm
1/8	28	0.907	9.728	8.566
1/4	19	1.337	13.157	11.445
3/8			16.662	14.950
1/2	14	1.814	20.955	18.631
5/8			22.911	20.587
3/4			26.441	24.117
7/8			30.201	27.877
1	11	2.309	33.249	30.291
1/8			37.897	34.939
1 $\frac{1}{4}$			41.910	38.952
1 $\frac{1}{2}$			47.803	44.845
1 $\frac{3}{4}$			53.746	50.788
2			59.514	56.656
2 $\frac{1}{4}$			65.710	62.752
2 $\frac{1}{2}$			75.184	72.226
2 $\frac{3}{4}$			81.534	78.576

附录3　常用标准件

附表8　六角头螺栓/mm

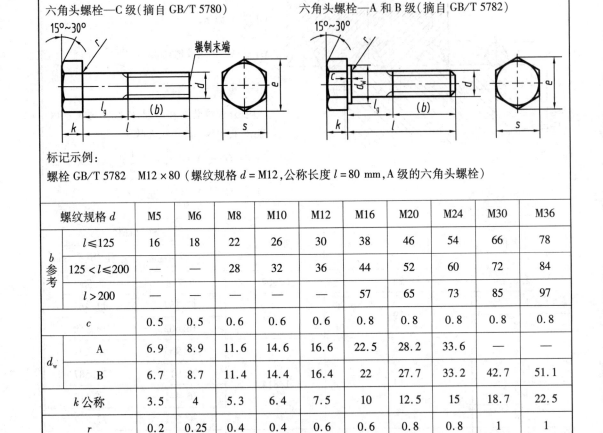

六角头螺栓—C 级(摘自 GB/T 5780)　　　　六角头螺栓—A 和 B 级(摘自 GB/T 5782)

标记示例:

螺栓 GB/T 5782　M12×80(螺纹规格 d = M12,公称长度 l = 80 mm,A 级的六角头螺栓)

螺纹规格 d		M5	M6	M8	M10	M12	M16	M20	M24	M30	M36
b 参考	$l \leqslant 125$	16	18	22	26	30	38	46	54	66	78
	$125 < l \leqslant 200$	—	—	28	32	36	44	52	60	72	84
	$l > 200$	—	—	—	—	—	57	65	73	85	97
c		0.5	0.5	0.6	0.6	0.6	0.8	0.8	0.8	0.8	0.8
d_w	A	6.9	8.9	11.6	14.6	16.6	22.5	28.2	33.6	—	—
	B	6.7	8.7	11.4	14.4	16.4	22	27.7	33.2	42.7	51.1
k 公称		3.5	4	5.3	6.4	7.5	10	12.5	15	18.7	22.5
r		0.2	0.25	0.4	0.4	0.6	0.6	0.8	0.8	1	1
e	A	8.79	11.05	14.38	17.77	20.03	26.75	33.53	39.98	—	—
	B	8.63	10.89	14.20	17.59	19.85	26.17	32.95	39.55	50.85	60.79
s 公称		8	10	13	16	18	24	30	36	46	55
l		25~50	30~60	35~80	40~100	45~120	50~160	65~200	80~240	90~300	110~360
l_g		$l_g = l - b$									
l(系列)		25,30,35,40,45,50,(55),60,(65),70,80,90,100,110,120,130,140,150,160,180,200,220,240,260,280,300,320,340,360									

注:1.括号内的规格尽可能不采用。

　　2.A 级用于 $d \leqslant 24$ 和 $l \leqslant 10\ d$ 或 $l \leqslant 150$ mm(按较小值)的螺栓;B 级用于 $d > 24$ 和 $l > 10\ d$ 或 $l > 150$ mm(按较小值)的螺栓。

附表9 双头螺柱/mm

$b_\mathrm{m} = 1d(\text{GB }897)$ $b_\mathrm{m} = 1.5d(\text{GB }899)$

$b_\mathrm{m} = 1.25d(\text{GB }898)$ $b_\mathrm{m} = 2d(\text{GB }900)$

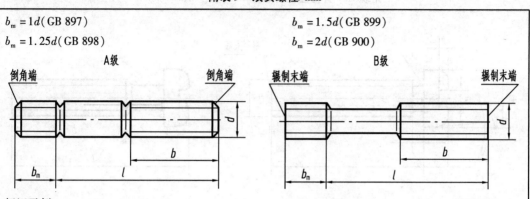

标记示例:

螺柱 GB 900 M10×50

(两端均为粗牙普通螺纹,$d = \text{M10 mm}$,公称长度 $l = 50$ mm,性能等级为4.8级,不经表面处理,B型,$b_\mathrm{m} = 2d$ 的双头螺柱)

螺柱 GB 900 AM10—同 10×1×50

(旋入机体的一端为粗牙普通螺纹,旋入螺母端为螺距 $P = 1$ mm 的细牙普通螺纹,$d = \text{M10 mm}$,公称长度 $l = 50$ mm,性能等级为4.8级,不经表面处理,A型,$b_\mathrm{m} = 2d$ 的双头螺柱)

螺纹规格 d	b_m				l/b
	GB/T 897	GB/T 898	GB/T 899	GB/T 900	
M4	—	—	6	8	$\dfrac{16\sim22}{8}, \dfrac{25\sim40}{14}$
M5	5	6	8	10	$\dfrac{16\sim22}{10}, \dfrac{25\sim50}{16}$
M6	6	8	10	12	$\dfrac{20\sim22}{10}, \dfrac{25\sim30}{14}, \dfrac{32\sim75}{18}$
M8	8	10	12	16	$\dfrac{20\sim22}{12}, \dfrac{25\sim30}{16}, \dfrac{32\sim90}{22}$
M10	10	12	15	20	$\dfrac{25\sim28}{14}, \dfrac{30\sim38}{16}, \dfrac{40\sim120}{26}, \dfrac{130}{32}$
M12	12	15	18	24	$\dfrac{25\sim30}{16}, \dfrac{32\sim40}{20}, \dfrac{45\sim120}{30}, \dfrac{130\sim180}{36}$
M16	16	20	24	32	$\dfrac{30\sim38}{20}, \dfrac{40\sim55}{30}, \dfrac{60\sim120}{38}, \dfrac{130\sim200}{44}$
M20	20	25	30	40	$\dfrac{35\sim40}{25}, \dfrac{45\sim65}{35}, \dfrac{70\sim120}{46}, \dfrac{130\sim200}{52}$
(M24)	24	30	36	48	$\dfrac{45\sim50}{30}, \dfrac{55\sim75}{45}, \dfrac{80\sim120}{54}, \dfrac{130\sim200}{60}$
(M30)	30	38	45	60	$\dfrac{60\sim65}{40}, \dfrac{70\sim90}{50}, \dfrac{95\sim120}{60}, \dfrac{130\sim200}{72}, \dfrac{210\sim250}{85}$
l(系列)	12,(14),16,(18),20,(22),25,(28),30,(32),35,(38),40,45,50,55,60,(65),70,(75),80,(85),90,(95),100~260(10 进位),280,300				

注:1.尽可能不用括号内的规格。

2.$b_\mathrm{m} = 1d$ 一般用于钢;$b_\mathrm{m} = (1.25\sim1.5)d$ 一般用于钢对铸铁;$b_\mathrm{m} = 2d$ 一般用于钢对铝合金的联接。

附表 10　开槽圆柱头螺钉/mm（摘自 GB/T 65）

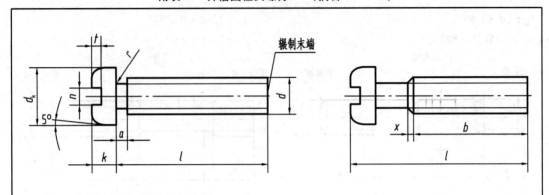

标记示例:

　螺钉 GB/T 65　M5×20

　（螺纹规格 d = M5,公称长度 l = 20 mm,性能等级为 4.8 级,不经表面处理的开槽圆柱头螺钉）

螺纹规格 d	M1.6	M2	M2.5	M3	M4	M5	M6	M8	M10
P(螺距)	0.35	0.4	0.45	0.5	0.7	0.8	1	1.25	1.5
a_{max}	0.7	0.8	0.9	1	1.4	1.6	2	2.5	3
b_{min}	25	25	25	25	38	38	38	38	38
d_{kmax}	3.2	4	5	5.6	8	9.5	12	16	20
k_{max}	1	1.3	1.5	1.8	2.4	3	3.6	4.8	6
$n_{公称}$	0.4	0.5	0.6	0.8	1.2	1.2	1.6	2	2.5
r_{min}	0.1	0.1	0.1	0.1	0.2	0.2	0.25	0.4	0.4
t_{min}	0.35	0.5	0.6	0.7	1	1.2	1.4	1.9	2.4
x_{max}	0.9	1	1.1	1.25	1.75	2	2.5	3.2	3.8
公称长度 l	2~16	2.5~20	3~25	4~30	5~40	6~50	8~60	10~80	12~80
L(系列)	2,2.5,3,4,5,6,8,10,12,(14),16,20,25,30,35,40,45,50,(55),60,65,70,(75),80								

注:1. 括号内的规格尽可能不采用。

　2. M1.6—M3 公称长度在 30 mm 以内的螺钉,制出全螺纹;M4—M10 公称长度在 40 mm 以内的螺钉,制出全螺纹。

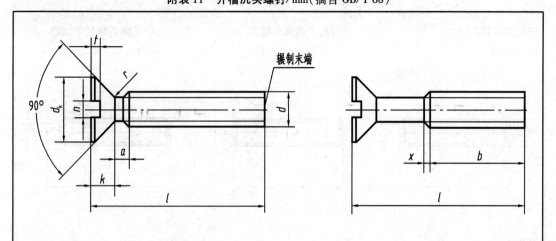

附表 11　开槽沉头螺钉/mm(摘自 GB/T 68)

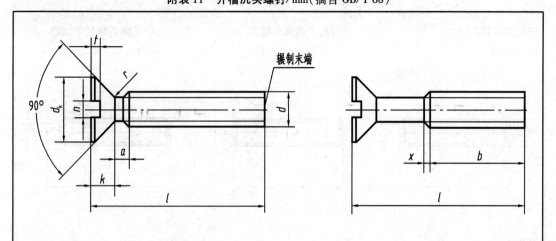

标记示例:

　　螺钉 GB/T 68　　M5×20

　　(螺纹规格 d = M5,公称长度 l = 20 mm,性能等级为 4.8 级,不经表面处理的开槽沉头螺钉)

螺纹规格 d	M1.6	M2	M2.5	M3	M4	M5	M6	M8	M10
P(螺距)	0.35	0.4	0.45	0.5	0.7	0.8	1	1.25	1.5
a_{max}	0.7	0.8	0.9	1	1.4	1.6	2	2.5	3
b_{min}	25	25	25	25	38	38	38	38	38
d_{kmax}	3	3.8	4.7	5.5	8.4	9.3	11.3	15.8	18.3
k_{max}	1	1.2	1.5	1.65	2.7	2.7	3.3	4.65	5
$n_{公称}$	0.4	0.5	0.6	0.8	1.2	1.2	1.6	2	2.5
r_{min}	0.4	0.5	0.6	0.8	1	1.3	1.5	2	2.5
t_{max}	0.5	0.6	0.75	0.85	1.3	1.4	1.6	2.3	2.6
x_{max}	0.9	1	1.1	1.25	1.75	2	2.5	3.2	3.8
公称长度 l	2.5~16	3~20	4~25	5~30	6~40	8~50	8~60	10~80	12~80
L(系列)	2.5,3,4,5,6,8,10,12,(14),16,20,25,30,35,40,45,50,(55),60,65,70,75								

注:1.括号内的规格尽可能不采用。

　　2.M1.6—M3 公称长度在 30 mm 以内的螺钉,制出全螺纹;M4—M10 公称长度在 40 mm 以内的螺钉,制出全螺纹。

附表 12　开槽紧定螺钉/mm

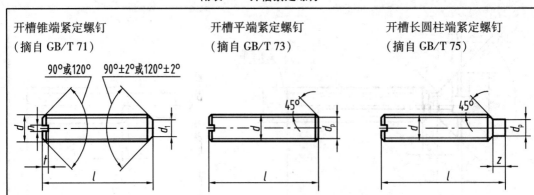

开槽锥端紧定螺钉
（摘自 GB/T 71）

开槽平端紧定螺钉
（摘自 GB/T 73）

开槽长圆柱端紧定螺钉
（摘自 GB/T 75）

标记示例：

螺钉 GB/T 71　M5×12—14H

（螺纹规格 d = M5，公称长度 l = 12 mm，性能等级为 14H 级的开槽锥端紧定螺钉）

螺纹规格 d		M1.6	M2	M2.5	M3	M4	M5	M6	M8	M10	M12
P(螺距)		0.35	0.4	0.45	0.5	0.7	0.8	1	1.25	1.5	1.75
n		0.25	0.25	0.4	0.4	0.6	0.8	1	1.2	1.6	2
t		0.74	0.84	0.95	1.05	1.42	1.63	2	2.5	3	3.6
d_1		0.16	0.2	0.25	0.3	0.4	0.5	1.5	2	2.5	3
d_p		0.8	1	1.5	2	2.5	3.5	4	5.5	7	8.5
z		1.05	1.25	1.25	1.75	2.25	2.75	3.25	4.3	5.3	6.3
l	GB/T 71—2018	2~8	3~10	3~12	4~16	6~20	8~25	8~30	10~40	12~50	14~60
	GB/T 73—2017	2~8	2~10	2.5~12	3~16	4~20	5~25	6~30	8~40	10~50	12~60
	GB/T 75—2018	2.5~8	3~10	4~12	5~16	6~20	8~25	8~30	10~40	12~50	14~60
l(系列)		2,2.5,3,4,5,6,8,10,12,(14),16,20,25,30,35,40,45,50,(55),60									

注:1.括号内的规格尽可能不采用。

2.螺纹公差:6g;力学性能等级:14H,22H。

附表 13　1 型六角螺母/mm

1 型六角螺母—A 级和 B 级（摘自 GB/T 6170）

1 型六角螺母—细牙—A 级和 B 级（摘自 GB/T 6171）

1 型六角螺母—C 级（摘自 GB/T 41）

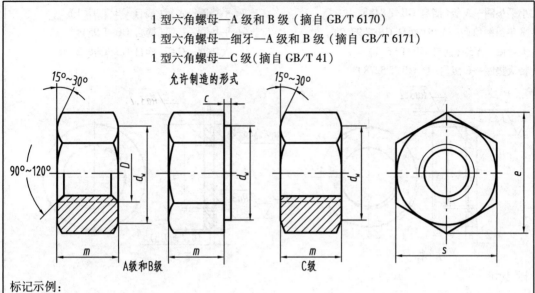

允许制造的形式

标记示例：

螺母 GB/T 41　M12

（螺纹规格 D = M12, 性能等级为 5 级, 不经表面处理, C 级的 1 型螺母）

螺母 GB/T 6171　M24×2

（螺纹规格 D = M24, 螺距 P = 2 mm, 性能等级为 10 级, 不经表面处理, B 级的 1 型细牙螺母）

螺纹规格 D	D	M4	M5	M6	M8	M10	M12	M16	M20	M24	M30	M36	M42	M48
	$D×P$	—	—	—	M8×1	M10×2	M12×1.5	M16×1.5	M20×2	M24×2	M30×2	M36×3	M42×3	M48×3
	c	0.4	0.5		0.6				0.8				1	
	$S_{公称}$	7	8	10	13	16	18	24	30	36	46	55	65	75
e_{min}	A, B 级	7.66	8.79	11.05	14.38	17.77	20.03	26.75	32.95	39.55	50.58	60.79	72.02	82.6
	C 级	—	8.63	10.89	14.2	17.59	19.85	26.17	32.95	39.55	50.85	60.79	72.02	82.6
m_{max}	A, B 级	3.2	4.7	5.2	6.8	8.4	10.8	14.8	18	21.5	25.6	31	34	38
	C 级	—	5.6	6.1	7.9	9.5	12.2	15.9	18.7	22.3	26.4	31.5	34.9	38.9
d_{wmax}	A, B 级	5.9	6.9	8.9	11.6	14.6	16.6	22.5	27.7	33.2	42.7	51.1	60.6	69.4
	C 级	—	6.9	8.7	11.5	14.5	16.5	22	27.7	33.2	42.7	51.1	60.6	69.4

注：1. P—螺距。

2. A 级用于 $D≤16$ 的螺母; B 级用于 $D≥16$ 的螺母; C 级用于 $D≥5$ 的螺母。

3. 螺纹公差：A, B 级为 6H, C 级为 7H。力学性能等级：A, B 级为 6, 8, 10 级; C 级为 4, 5 级。

附表 14　垫圈/mm

小平垫圈—A 级(摘自 GB/T 848)　　　　　　平垫圈—A 级(摘自 GB/T 97.1)

平垫圈倒角型—A 级(摘自 GB/T 97.2)　　　平垫圈—C 级(摘自 GB/T 95)

大垫圈—A 级(摘自 GB/T 96.1)　　　　　　大垫圈—C 级(摘自 GB/T 96.2)

特大垫圈—C 级(摘自 GB/T 5278)

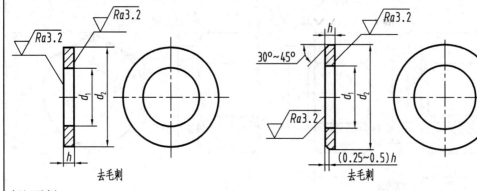

标记示例:

　　垫圈 GB/T 95　8

　　(标准系列,公称尺寸 $d = 8$ mm,由钢制造的硬度等级为 200HV 级,不经表面处理,产品等级为 A 级的平垫圈)

公称尺寸(螺纹规格 d)	标准系列									特大系列			大系列			小系列		
	GB/T 95(C 级)			GB/T 97.1 (A 级)			GB/T 97.2 (A 级)			GB/T 5287 (C 级)			GB/T 96 (A,C 级)			GB/T 848 (A 级)		
	d_1 min	d_2 max	h	d_1 min	d_2 max	h	d_1 min	d_2 max	h	d_1 min	d_2 max	h	d_1 min	d_2 max	h	d_1 min	d_2 max	h
4	—	—	—	4.3	9	0.8	—	—	—	—	—	—	4.3	12	1	4.3	8	0.5
5	5.5	10	1	5.3	10	1	5.3	10	1	5.5	18	2	5.3	15	1.2	5.3	9	1
6	6.6	12	1.6	6.4	12	1.6	6.4	12	1.6	6.6	22	2	6.4	18	1.6	6.4	11	1.6
8	9	16	1.6	8.4	16	1.6	8.4	16	1.6	9	28	3	8.4	24	2	8.4	15	1.6
10	11	20	2	10.5	20	2	10.5	20	2	11	34	3	10.5	30	2.5	10.5	18	1.6
12	13.5	24	2.5	13	24	2.5	13	24	2.5	13.5	44	4	13	37	3	13	20	2
14	15.5	28	2.5	15	28	2.5	15	28	2.5	15.5	50	4	15	44	3	15	24	2.5
16	17.5	30	3	17	30	3	17	30	3	17.5	56	5	17	50	3	17	28	2.5
20	22	37	3	21	37	3	21	37	3	22	72	5	22	60	4	21	34	3
24	26	44	4	25	44	4	25	44	4	26	85	6	26	72	5	25	39	4
30	33	56	4	31	56	4	31	56	4	33	105	6	33	92	6	31	50	4
36	39	66	5	37	66	5	37	66	5	39	125	8	39	110	8	37	60	5

注:1. C 级垫圈没有 $Ra3.2$ μm 和去毛刺的要求。

　　2. A 级适用于精装配系列,C 级适用于中装配系列。

　　3. GB/T 848 主要用于圆柱头螺钉,其他用于标准六角头螺栓、螺钉、螺母。

附表 15　标准型弹簧垫圈/mm(摘自 GB 93)

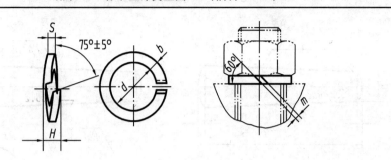

标记示例:

　　垫圈 GB/T 93　16

　　(公称尺寸 $d = 16$ mm,材料为 65Mn,表面氧化处理的标准型弹簧垫圈)

规　格 (螺纹大径)	4	5	6	8	10	12	16	20	24	30	36	42	48
d_{min}	4.1	5.1	6.1	8.1	10.2	12.2	16.2	20.2	24.5	30.5	36.5	42.5	48.5
$S = b_{公称}$	1.1	1.3	1.6	2.1	2.6	3.1	4.1	5	6	7.5	9	10.5	12
$m \leqslant$	0.55	0.65	0.8	1.05	1.3	1.55	2.05	2.5	3	3.75	4.5	5.25	6
H_{max}	2.75	3.25	4	5.25	6.5	7.75	10.25	12.5	15	18.75	22.5	26.25	30

注:m 应大于零。

附表 16　圆柱销/mm(摘自 GB/T 119.1)

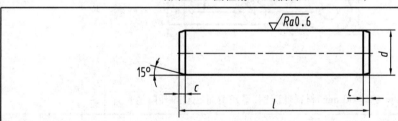

标记示例:

　　销 GB/T 119.1　6m6 × 30

　　(公称直径 $d = 6$ mm,公称长度 $l = 30$ mm,公差为 m6,材料为钢,不经淬火,不经表面处理的圆柱销)

d(公称)	2	3	4	5	6	8	10	12	16	20	25
$c \approx$	0.35	0.5	0.63	0.8	1.2	1.6	2.0	2.5	3.0	3.5	4.0
l 范围	6~20	8~30	8~40	10~50	12~60	14~80	18~95	22~140	26~180	35~200	50~200
l 公称长度系列	2,3,4,5,6~32(2 进位),35~100(5 进位),120~200(20 进位)										

注:1. 公称长度大于 20 mm,按 20 mm 递增。

　　2. 公差 m6:$Ra \leqslant 0.8$ μm;公差 h6:$Ra \leqslant 1.6$ μm。

附表 17　圆锥销/mm(摘自 GB/T 117)

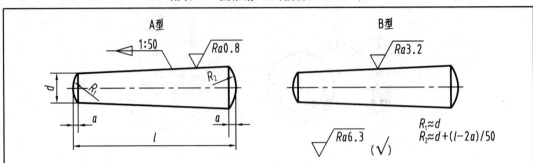

标记示例:

销 GB/T 117　A10×60

(公称直径 $d = 10$ mm,公称长度 $l = 60$ mm,材料 35 钢,热处理硬度 28～38HRC,表面氧化处理的 A 型圆锥销)

d(公称)	2	2.5	3	4	5	6	8	10	12	16	20	25
$a \approx$	0.25	0.3	0.4	0.5	0.63	0.8	1.0	1.2	1.6	2.0	2.5	3.0
l 范围	10～35	10～30	12～45	14～55	18～60	22～90	22～120	26～160	32～180	40～200	45～200	50～200
l 公称长度系列	2,3,4,5,6～32(2 进位),35～100(5 进位),120～200(20 进位)											

附表 18　开口销/mm(摘自 GB/T 91)

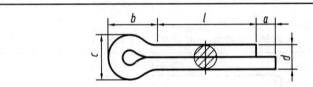

标记示例:

销 GB/T 91　5×50

(公称直径 $d = 5$ mm,长度 $l = 50$ mm,材料低碳钢,不经表面处理的开口销)

	公称	0.8	1	1.2	1.6	2	2.5	3.2	4	5	6.3	8	10	12
d	max	0.7	0.9	1	1.4	1.8	2.3	2.9	3.7	4.6	5.9	7.5	9.5	11.4
	min	0.6	0.8	0.9	1.3	1.7	2.1	2.7	3.5	4.4	5.7	7.3	9.3	11.1
c_{max}		1.4	1.8	2	2.8	3.6	4.6	5.8	7.4	9.2	11.8	15	19	24.8
$b \approx$		2.4	3	3	3.2	4	5	6.4	8	10	12.6	16	20	26
a_{max}		1.6			2.5			3.2		4			6.3	
l 范围		5～16	6～20	8～26	8～32	10～40	12～50	14～65	18～80	22～100	30～120	40～160	45～200	70～200
l 公称长度系列		4,5,6～32(2 进位),36,40～100(5 进位),120～200(20 进位)												

注:销孔的公称直径等于 $d_{公称}$,$d_{min} \leqslant$(销的直径)$\leqslant d_{max}$。

附表 19　平键和键槽的剖面尺寸/mm（摘自 GB/T 1095—1096）

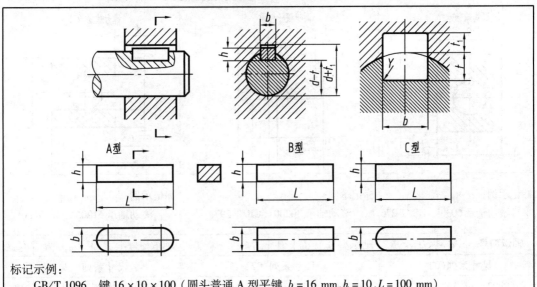

A型　　　　　B型　　　　　C型

标记示例：

GB/T 1096　键 $16 \times 10 \times 100$（圆头普通 A 型平键，$b = 16$ mm，$h = 10$，$L = 100$ mm）

GB/T 1096　键 B$16 \times 10 \times 100$（圆头普通 B 型平键，$b = 16$ mm，$h = 10$，$L = 100$ mm）

GB/T 1096　键 C$16 \times 10 \times 100$（圆头普通 C 型平键，$b = 16$ mm，$h = 10$，$L = 100$ mm）

轴	键		键　槽											
			宽度 b						深　度				半径 r	
公称直径 d	公称尺寸 $b \times h$	长度 L	公称尺寸 b	极限偏差					轴 t		毂 t_1			
				较松键联接		一般键联接		较紧键联接						
				轴 H9	毂 D10	轴 N9	毂 JS9	轴和毂 P9	公称	偏差	公称	偏差	最小	最大
自 6~8	2×2	6~20	2	+0.025 0	+0.060 +0.020	−0.004 −0.029	±0.012 5	−0.006 −0.031	1.2	+0.1 0	1	+0.1 0	0.08	0.16
>8~10	3×3	6~36	3						1.8		1.4			
>10~12	4×4	8~45	4	+0.030 0	+0.078 +0.030	0 −0.030	±0.015	−0.012 −0.042	2.5		1.8			
>12~17	5×5	10~56	5						3.0		2.3			
>17~22	6×6	14~70	6						3.5		2.8			
>22~30	8×7	18~90	8	+0.036 0	+0.098 +0.040	0 −0.036	±0.018	−0.015 −0.051	4.0		3.3		0.16	0.25
>30~38	10×8	22~110	10						5.0		3.3			
>38~44	12×8	28~140	12	+0.043 0	+0.120 +0.050	0 −0.043	±0.021 5	−0.018 −0.061	5.0	+0.2 0	3.3	+0.2 0	0.25	0.40
>44~50	14×9	36~160	14						5.5		3.8			
>50~58	16×10	45~180	16						6.0		4.3			
>58~65	18×11	50~200	18						7.0		4.4			
>65~75	20×12	56~220	20	+0.052 0	+0.149 +0.065	0 −0.052	±0.026	−0.022 −0.074	7.5		4.9		0.40	0.60

注：1. $(d-t)$ 和 $(d+t_1)$ 两组组合尺寸的极限偏差按相应的 t 和 t_1 的极限偏差选取，但 $(d-t)$ 极限偏差应取负号（−）。

2. L 系列：6，8，10，12，14，16，18，20，22，25，28，32，36，40，45，50，56，63，70，80，90，100，110，125，140，160，180，200，220，250，280，320，330，400，450。

附表 20　滚动轴承

深沟球轴承	圆锥滚子轴承	推力球轴承

标记示例：

滚动轴承 60308　GB/T 276　　　滚动轴承 30200　GB/T 297　　　滚动轴承 51205　GB/T 301

轴承型号	d	D	B	轴承型号	d	D	B	C	T	轴承型号	d	D	H	d_{1min}
尺寸系列(02)				尺寸系列(02)						尺寸系列(12)				
60202	15	35	11	30203	17	40	12	11	13.25	51202	15	32	12	17
60203	17	40	12	30204	20	47	14	12	15.25	51203	17	35	12	19
60204	20	47	14	30205	25	52	15	13	16.25	51204	20	40	14	22
60205	25	52	15	30206	30	62	16	14	17.25	51205	25	47	15	27
60206	30	62	16	30207	35	72	17	15	18.25	51206	30	52	16	32
60207	35	72	17	30208	40	80	18	16	19.75	51207	35	62	18	37
60208	40	80	18	30209	45	85	19	16	20.75	51208	40	68	19	42
60209	45	85	19	30210	50	90	20	17	21.75	51209	45	73	20	47
60210	50	90	20	30211	55	100	21	18	22.75	51210	50	78	22	52
60211	55	100	21	30212	60	110	22	19	23.75	51211	55	90	25	57
60212	60	110	22	30213	65	120	23	20	24.75	51212	60	95	26	62
尺寸系列(03)				尺寸系列(03)						尺寸系列(13)				
60302	15	42	13	30302	15	42	13	11	14.25	51304	20	47	18	22
60303	17	47	14	30303	17	47	14	12	15.25	501305	25	52	18	27
60304	20	52	15	30304	20	52	15	13	16.25	51306	30	60	21	32
60305	25	62	17	30305	25	62	17	15	18.25	51307	35	68	24	37
60306	30	72	19	30306	30	72	19	16	20.75	51308	40	78	25	42
60307	35	80	21	30307	35	80	21	18	22.75	51309	45	85	28	47
60308	40	90	23	30308	40	90	23	20	25.25	51310	50	95	31	52
60309	45	100	25	30309	45	100	25	22	27.25	51311	55	105	35	57
60310	50	110	27	30310	50	110	27	23	29.25	51312	60	110	35	62
60311	55	120	29	30311	55	120	29	25	31.5	51313	65	115	36	67
60312	60	130	31	30312	60	130	31	26	33.5	51314	70	125	40	72
60313	65	140	33	30313	65	140	33	28	36.0	51315	75	135	44	77

附录4　极限与配合

附表21　常用及优先用途轴的极限偏差/μm

公称尺寸/mm 大于	至	a 11	b 11	b 12	c 9	c 10	c (11)	d 8	d ⑨	d 10	d 11	e 7	e 8	e 9
—	3	−270 / −330	−140 / −200	−140 / −240	−60 / −85	−60 / −100	−60 / −120	−20 / −34	−20 / −45	−20 / −60	−20 / −80	−14 / −24	−14 / −28	−14 / −39
3	6	−270 / −345	−140 / −215	−140 / −260	−70 / −100	−70 / −118	−70 / −145	−30 / −48	−30 / −60	−30 / −78	−30 / −105	−20 / −32	−20 / −38	−20 / −50
6	10	−280 / −370	−150 / −240	−150 / −300	−80 / −116	−80 / −138	−80 / −170	−40 / −62	−40 / −49	−40 / −98	−40 / −130	−25 / −40	−25 / −47	−25 / −61
10	14	−290 / −400	−150 / −260	−150 / −330	−95 / −138	−95 / −165	−95 / −205	−50 / −77	−50 / −93	−50 / −120	−50 / −160	−32 / −50	−32 / −59	−32 / −75
14	18													
18	24	−300 / −430	−160 / −290	−160 / −370	−110 / −162	−110 / −194	−110 / −240	−65 / −98	−65 / −117	−65 / −149	−65 / −195	−40 / −61	−40 / −73	−40 / −92
24	30													
30	40	−310 / −470	−170 / −330	−170 / −420	−120 / −182	−120 / −220	−120 / −280	−80 / −119	−80 / −142	−80 / −180	−80 / −240	−50 / −75	−50 / −89	−50 / −112
40	50	−320 / −480	−180 / −340	−180 / −430	−130 / −192	−130 / −230	−130 / −290							
50	65	−340 / −530	−190 / −380	−190 / −490	−140 / −214	−140 / −260	−140 / −330	−100 / −146	−100 / −174	−100 / −220	−100 / −290	−60 / −90	−60 / −106	−60 / −134
65	80	−360 / −550	−200 / −390	−200 / −500	−150 / −224	−150 / −270	−150 / −340							
80	100	−380 / −600	−200 / −440	−220 / −570	−170 / −257	−170 / −310	−170 / −390	−120 / −174	−120 / −207	−120 / −260	−120 / −340	−72 / −109	−72 / −126	−72 / −159
100	120	−410 / −630	−240 / −460	−240 / −590	−180 / −267	−180 / −320	−180 / −400							
120	140	−460 / −710	−260 / −510	−260 / −660	−200 / −300	−200 / −360	−200 / −450	−145 / −208	−145 / −245	−145 / −305	−145 / 395	−85 / −125	−85 / −148	−85 / −185
140	160	−520 / −770	−280 / −530	−280 / −680	−210 / −310	−210 / −370	−210 / −460							
160	180	−580 / −830	−310 / −560	−310 / −710	−230 / −330	−230 / −3 920	−230 / −480							
180	200	−660 / −950	−340 / −630	−340 / −800	−240 / −355	−240 / −425	−240 / −530	−170 / −242	−170 / −285	−170 / −460	−170 / −460	−100 / −146	−100 / −172	−100 / −215
200	225	−740 / −1 030	−380 / −670	−380 / −840	−260 / −375	−260 / −445	−260 / −550							
225	250	−820 / −1 110	−420 / −710	−420 / −880	−280 / −395	−280 / −465	−280 / −570							
250	280	−920 / −1 240	−780 / −800	−480 / −1 000	−300 / −430	−300 / −510	−300 / −620	−190 / −271	−190 / −320	−190 / −400	−190 / −510	−110 / −162	−110 / −191	−110 / −240
280	315	−1 050 / −1 370	−540 / −860	−540 / −1 060	−330 / −460	−330 / −540	−330 / −650							
315	355	−1 200 / −1 560	−600 / −960	−600 / −1 170	−360 / −500	−360 / −590	−360 / −720	−210 / −299	−210 / −350	−210 / −440	−210 / −570	−125 / −214	−125 / −214	−125 / −265
355	400	−1 350 / −1 710	−680 / −1 040	−680 / −1 250	−400 / −540	−400 / −630	−400 / −760							

续表

公称尺寸/mm		常用及优先公差带														
		f					g			h							
大于	至	5	6	⑦	8	9	5	⑥	7	5	⑥	⑦	8	⑨	10	(11)	12
—	3	−6 −10	−6 −12	−6 −16	−6 −20	−6 −31	−2 −6	−2 −8	−2 −12	0 −4	0 −6	0 −10	0 −14	0 −25	0 −40	0 −60	0 −110
3	6	−10 −15	−10 −18	−10 −22	−10 −28	−10 −40	−4 −9	−4 −12	−4 −16	0 −5	0 −8	0 −12	0 −18	0 −30	0 −48	0 −75	0 −120
6	10	−13 −19	−13 −22	−13 −28	−13 −35	−13 −49	−5 −11	−5 −14	−5 −20	0 −6	0 −9	0 −15	0 −22	0 −36	0 −58	0 90	0 −150
10	14	−16 −24	−16 −27	−16 −34	−16 −43	−16 −59	−6 −14	−6 −17	−6 −24	0 −8	0 −11	0 −18	0 −27	0 −43	0 −70	0 −110	0 −180
14	18																
18	24	−20 −29	−20 −33	−20 −41	−20 −53	−20 −72	−7 −16	−7 −20	−7 −28	0 −9	0 −13	0 −21	0 −33	0 −52	0 −84	0 −130	0 −210
24	30																
30	40	−25 −36	−25 −41	−25 −50	−25 −64	−25 −87	−9 −20	−9 −25	−9 −34	0 −11	0 −16	0 −25	0 −39	0 −62	0 −100	0 −160	0 −250
40	50																
50	65	−30 −43	−30 −49	−30 −60	−30 −76	−30 −104	−10 −23	−10 −29	−10 −40	0 −13	0 −19	0 −30	0 −46	0 −74	0 −120	0 −190	0 −300
65	80																
80	100	−36 −51	−36 −58	−36 −71	−36 −90	−36 −123	−12 −27	−12 −34	−12 −47	0 −15	0 −22	0 −35	0 −54	0 −87	0 −140	0 −220	0 −350
100	120																
120	140	−43 −61	−43 −68	−43 −83	−43 −106	−43 −143	−14 −32	−14 −39	−14 −54	0 −18	0 −25	0 −40	0 −63	0 −100	0 −160	0 −250	0 −400
140	160																
160	180																
180	200	−50 −70	−50 −79	−50 −96	−50 −122	−50 −165	−15 −35	−15 −44	−15 −61	0 −20	0 −29	0 −46	0 −72	0 −115	0 −185	0 −290	0 −460
200	225																
225	250																
250	280	−56 −79	−56 −88	−56 −108	−56 −137	−56 −186	−17 −40	−17 −49	−17 −69	0 −23	0 −32	0 −52	0 −81	0 −130	0 −210	0 −320	0 −520
280	315																
315	355	−62 −87	−62 −98	−62 −119	−62 −151	−62 −202	−18 −43	−18 −54	−18 −75	0 −25	0 −36	0 −57	0 −89	0 −140	0 −230	0 −360	0 −570
355	400																

（带圈者为优先公差带）

	Js			k			m			n			p	
5	⑥	7	5	⑥	7	5	6	7	5	⑥	7	5	⑥	7
±2	±3	±5	+4 0	+6 0	+10 0	+6 +2	+8 +2	+12 +2	+8 +4	+10 +4	+14 +4	+10 +6	+12 +6	+16 +6
±2.5	±4	±6	+6 +1	+9 +1	+13 +1	+9 +4	+12 +4	+16 +4	+13 +8	+16 +8	+20 +8	+17 +12	+20 +12	+24 +12
±3	±4.5	±7	+7 +1	+10 +1	+16 +1	+12 +6	+15 +6	+21 +6	+16 +10	+19 +10	+25 +10	+21 +15	+24 +15	+30 +15
±4	±5.5	±9	+9 +1	+12 +1	+19 +1	+15 +7	+18 +7	+25 +7	+20 +12	+23 +12	+30 +12	+26 +18	+29 +18	+36 +18
±4.5	±6.5	±10	+11 +2	+15 +2	+23 +2	+17 +8	+21 +8	+29 +8	+24 +15	+28 +15	+36 +15	+31 +22	+35 +22	+43 +22
±5.5	±8	±12	+13 +2	+18 +2	+27 +2	+20 +9	+25 +9	+34 +9	+28 +17	+33 +17	+42 +17	+37 +26	+42 +26	+51 +26
±6.5	±9.5	±15	+15 +2	+21 +2	+32 +2	+24 +11	+30 +11	+41 +11	+33 +20	+39 +20	+50 +20	+45 +32	+51 +32	+62 +32
±7.5	±11	±17	+18 +3	+25 +3	+38 +3	+28 +13	+35 +13	+48 +13	+38 +23	+45 +23	+58 +23	+52 +37	+59 +37	+72 +37
±9	±12.5	±20	+21 +3	+28 +3	+43 +3	+33 +15	+40 +15	+55 +15	+45 +27	+52 +27	+67 +27	+61 +43	+68 +43	+83 +43
±10	±14.5	±23	+24 +4	+33 +4	+50 +4	+37 +17	+46 +17	+63 +17	+51 +31	+60 +31	+77 +31	+70 +50	+79 +50	+96 +50
±11.5	±16	±26	+27 +4	+36 +4	+56 +4	+43 +20	+52 +20	+72 +20	+57 +34	+86 +34	+86 +34	+79 +56	+88 +56	+108 +56
±12.5	±18	±28	+29 +4	+40 +4	+61 +4	+46 +21	+57 +21	+78 +21	+62 +37	+94 +37	+94 +37	+87 +62	+98 +62	+119 +62

续表

| 公称尺寸/mm | | 常用及优先公差带(带圈者为优先公差带) | | | | | | | | | | | | | | |
大于	至	r5	r6	r7	s5	s⑥	s7	t5	t6	t7	u⑥	u7	v6	x6	y6	z6
—	3	+14/+10	+16/+10	+20/+10	+18/+14	+20/+14	+24/+14	—	—	—	+24/+18	+28/+18	—	+26/+20	—	+32/+26
3	6	+20/+15	+23/+15	+27/+15	+24/+19	+27/+19	+31/+19				+31/+23	+35/+23		+36/+28		+43/+35
6	10	+25/+19	+28/+19	+34/+19	+29/+23	+32/+23	+38/+23				+37/+28	+43/+28		+43/+34		+51/+42
10	14	+31/+23	+34/+23	+41/+23	+36/+28	+39/+28	+46/+28	—	—	—	+44/+33	+51/+33	—	+51/+40	—	+61/+50
14	18												+50/+39	+56/+45		+71/+60
18	24	+37/+28	+41/+28	+49/+28	+44/+35	+48/+35	+56/+35	—	—	—	+54/+41	+62/+41	+60/+47	+67/+54	+76/+63	+86/+73
24	30							+50/+41	+54/+41	+62/+41	+61/+48	+69/+48	+68/+55	+77/+64	+88/+75	+101/+88
30	40	+45/+34	+50/+34	+59/+34	+54/+43	+59/+43	+68/+43	+59/+48	+64/+48	+73/+48	+76/+60	+85/+60	+84/+68	+96/+80	+110/+94	+128/+112
40	50							+65/+54	+70/+54	+79/+54	+86/+70	+95/+70	+97/+81	+113/+97	+130/+114	+152/+136
50	65	+54/+41	+60/+41	+71/+41	+66/+53	+72/+53	+83/+53	+79/+66	+85/+66	+96/+66	+106/+87	+117/+87	+121/+102	+141/+122	+169/+144	+191/+172
65	80	+56/+43	+62/+43	+73/+43	+72/+59	+78/+59	+89/+59	+88/+75	+94/+75	+105/+75	+121/+102	+132/+102	+139/+120	+165/+146	+193/+174	+229/+210
80	100	+66/+51	+73/+51	+86/+51	+86/+71	+93/+71	+106/+71	106/+91	+113/+91	+126/+91	+146/+124	+159/+124	+168/+146	+200/+178	+236/+214	+280/+258
100	120	+69/+54	+76/+54	+89/+54	+94/+79	+101/+79	+114/+79	+119/+104	+126/+104	+139/+104	+166/+144	+179/+144	+194/+172	+232/+210	+276/+254	+332/+310
120	140	+81/+63	+88/+63	+103/+63	+110/+92	+117/+92	+132/+92	+140/+122	+147/+122	+162/+122	+195/+170	+210/+170	+227/+202	+273/+248	+325/+300	+390/+365
140	160	+83/+65	+90/+65	+105/+65	+118/+100	+125/+100	+140/+100	+152/+134	+159/+134	+174/+134	+215/+190	+230/+190	+253/+228	+305/+280	+365/+340	+440/+415
160	180	+86/+68	+93/+68	+108/+68	+126/+108	+133/+108	+148/+108	+164/+146	+171/+146	+186/+146	+235/+210	+250/+210	+277/+252	+335/+310	+405/+380	+490/+465
180	200	+97/+77	+106/+77	+123/+77	+142/+122	+151/+122	+168/+122	+186/+166	+195/+166	+212/+166	+265/+236	+282/+236	+313/+284	+379/+350	+454/+425	+549/+520
200	225	+100/+80	+109/+80	+126/+80	+150/+130	+159/+130	+176/+130	+200/+180	+209/+180	+226/+180	+287/+258	+304/+258	+339/+310	+414/+385	+499/+470	+604/+575
225	250	+104/+84	+113/+84	+130/+84	+160/+140	+169/+140	+186/+140	+216/+196	+225/+196	+242/+196	+313/+284	+330/+284	+369/+340	+454/+425	+549/+520	+669/+640
250	280	+117/+94	+126/+94	+146/+94	+181/+158	+190/+158	+210/+158	+241/+218	+250/+218	+270/+218	+347/+315	+367/+315	+417/+385	+507/+475	+612/+580	+742/+710
280	315	+121/+98	+130/+98	+150/+98	+193/+170	+202/+170	+222/+170	+263/+240	+272/+240	+292/+240	+382/+350	+402/+350	+457/+425	+557/+525	+682/+650	+822/+790
315	355	+133/+108	+144/+108	+165/+108	+215/+190	+226/+190	+247/+190	+293/+268	+304/+268	+325/+268	+426/+390	+447/+390	+511/+475	+626/+590	+766/+730	+936/+900
355	400	+139/+114	+150/+114	+171/+114	+233/+208	+244/+208	+265/+208	+319/+294	+330/+294	+351/+294	+471/+435	+492/+435	+566/+530	+696/+660	+856/+820	+1 036/+1 000

附表 22　常用及优先用途孔的极限偏差/μm

| 公称尺寸/mm | | 常用及优先公差带（带圈者为优先公差带） | | | | | | | | | | | | | |
大于	至	A 11	B 11	B 12	C (11)	D 8	D ⑨	D 10	D 11	E 8	E 9	F 6	F 7	F ⑧	F 9
—	3	+330 / +270	+200 / +140	+240 / +140	+120 / +60	+34 / +20	+45 / +20	+60 / +20	+80 / +20	+28 / +14	+39 / +14	+12 / +6	+16 / +6	+20 / +6	+31 / +6
3	6	+345 / +270	+215 / +140	+260 / +140	+145 / +70	+48 / +30	+60 / +30	+78 / +30	+150 / +30	+38 / +20	+50 / +20	+18 / +10	+22 / +10	+28 / +10	+40 / +10
6	10	+370 / +280	+240 / +150	+300 / +150	+170 / +80	+62 / +40	+76 / +40	+98 / +40	+130 / +40	+47 / +25	+61 / +25	+22 / +13	+28 / +13	+35 / +13	+49 / +13
10	14	+400 / +290	+260 / +150	+330 / +150	+205 / +95	+77 / +50	+93 / +50	+120 / +50	+160 / +50	+59 / +32	+75 / +32	+27 / +16	+34 / +16	+43 / +16	+59 / +16
14	18	+400 / +290	+260 / +150	+330 / +150	+205 / +95	+77 / +50	+93 / +50	+120 / +50	+160 / +50	+59 / +32	+75 / +32	+27 / +16	+34 / +16	+43 / +16	+59 / +16
18	24	+430 / +300	+290 / +160	+370 / +160	+240 / +110	+98 / +65	+117 / +65	+149 / +65	+195 / +65	+73 / +40	+92 / +40	+33 / +20	+41 / +20	+53 / +20	+72 / +20
24	30	+430 / +300	+290 / +160	+370 / +160	+240 / +110	+98 / +65	+117 / +65	+149 / +65	+195 / +65	+73 / +40	+92 / +40	+33 / +20	+41 / +20	+53 / +20	+72 / +20
30	40	+470 / +310	+330 / +170	+420 / +170	+280 / +120	+119 / +80	+142 / +80	+180 / +80	+240 / +80	+89 / +50	+112 / +50	+41 / +25	+50 / +25	+64 / +25	+87 / +25
40	50	+480 / +320	+340 / +180	+430 / +180	+290 / +130	+119 / +80	+142 / +80	+180 / +80	+240 / +80	+89 / +50	+112 / +50	+41 / +25	+50 / +25	+64 / +25	+87 / +25
50	65	+530 / +340	+380 / +190	+490 / +190	+330 / +150	+146 / +100	+170 / +100	+220 / +100	+290 / +100	+106 / +60	+134 / +60	+49 / +30	+60 / +30	+76 / +30	+104 / +30
65	80	+550 / +360	+390 / +200	+500 / +200	+340 / +150	+146 / +100	+170 / +100	+220 / +100	+290 / +100	+106 / +60	+134 / +60	+49 / +30	+60 / +30	+76 / +30	+104 / +30
80	100	+600 / +380	+400 / +220	+570 / +220	+390 / +170	+174 / +120	+207 / +120	+260 / +120	+340 / +120	+126 / +72	+159 / +72	+58 / +36	+71 / +36	+90 / +36	+123 / +36
100	120	+630 / +410	+460 / +240	+590 / +240	+400 / +180	+174 / +120	+207 / +120	+260 / +120	+340 / +120	+126 / +72	+159 / +72	+58 / +36	+71 / +36	+90 / +36	+123 / +36
120	140	+710 / +460	+510 / +260	+660 / +260	+450 / +200	+208 / +145	+245 / +145	+305 / +145	+395 / +140	+148 / +85	+185 / +85	+68 / +43	+83 / +43	+106 / +43	+143 / +43
140	160	+770 / +520	+530 / +280	+680 / +280	+460 / +210	+208 / +145	+245 / +145	+305 / +145	+395 / +140	+148 / +85	+185 / +85	+68 / +43	+83 / +43	+106 / +43	+143 / +43
160	180	+830 / +580	+560 / +310	+710 / +310	+480 / +230	+208 / +145	+245 / +145	+305 / +145	+395 / +140	+148 / +85	+185 / +85	+68 / +43	+83 / +43	+106 / +43	+143 / +43
180	200	+950 / +660	+630 / +340	+800 / +340	+530 / +240	+242 / +170	+285 / +170	+355 / +170	+460 / +170	+172 / +100	+215 / +100	+79 / +50	+96 / +50	+122 / +50	+165 / +50
200	225	+1 030 / +740	+670 / +380	+840 / +380	+550 / +260	+242 / +170	+285 / +170	+355 / +170	+460 / +170	+172 / +100	+215 / +100	+79 / +50	+96 / +50	+122 / +50	+165 / +50
225	250	+1 110 / +820	+710 / +420	+880 / +420	+570 / +280	+242 / +170	+285 / +170	+355 / +170	+460 / +170	+172 / +100	+215 / +100	+79 / +50	+96 / +50	+122 / +50	+165 / +50
250	280	+1 240 / +920	+800 / +480	+1 000 / +480	+620 / +300	+271 / +190	+320 / +190	+400 / +190	+510 / +190	+191 / +110	+240 / +110	+88 / +56	+108 / +56	+137 / +56	+186 / +56
280	315	+1 370 / +1 050	+860 / +540	+1 060 / +540	+650 / +330	+271 / +190	+320 / +190	+400 / +190	+510 / +190	+191 / +110	+240 / +110	+88 / +56	+108 / +56	+137 / +56	+186 / +56
315	355	+1 560 / +1 200	+960 / +600	+1 170 / +600	+720 / +360	+299 / +210	+350 / +210	+440 / +210	+570 / +210	+214 / +125	+265 / +125	+98 / +62	+119 / +62	+151 / +62	+202 / +62
355	400	+1 710 / +1 350	+1 040 / +680	+1 250 / +680	+760 / +400	+299 / +210	+350 / +210	+440 / +210	+570 / +210	+214 / +125	+265 / +125	+98 / +62	+119 / +62	+151 / +62	+202 / +62

续表

公称尺寸/mm		常用及优先公差带																	
		G		H							JS			K			M		
大于	至	6	⑦	6	⑦	⑧	⑨	10	⑪	12	6	7	8	6	⑦	8	6	7	8
—	3	+8/+2	+12/+2	+6/0	+10/0	+14/0	+25/0	+40/0	+60/0	+100/0	±3	±5	±7	0/-6	0/-10	0/-14	-2/-8	-2/-12	-2/-16
3	6	+12/+4	+16/+4	+8/0	+12/0	+18/0	+30/0	+48/0	+75/0	+120/0	±4	±6	±9	+2/-6	+3/-9	+5/-13	-1/-9	0/-12	+2/-16
6	10	+14/+5	+20/+5	+9/0	+15/0	+22/0	+36/0	+58/0	+90/0	+150/0	±4.5	±7	±11	+2/-7	+5/-10	+6/-16	-3/-12	0/-15	+1/-21
10	14	+17/+6	+24/+6	+11/0	+18/0	+27/0	+43/0	+70/0	+110/0	+180/0	±5.5	±9	±13	+2/-9	+6/-12	+8/-19	-4/-15	0/-18	+2/-25
14	18	+17/+6	+24/+6	+11/0	+18/0	+27/0	+43/0	+70/0	+110/0	+180/0	±5.5	±9	±13	+2/-9	+6/-12	+8/-19	-4/-15	0/-18	+2/-25
18	24	+20/+7	+28/+7	+13/0	+21/0	+33/0	+52/0	+84/0	+130/0	+210/0	±6.5	±10	±16	+2/-11	+6/-15	+10/-23	-4/-17	0/-21	+4/-29
24	30	+20/+7	+28/+7	+13/0	+21/0	+33/0	+52/0	+84/0	+130/0	+210/0	±6.5	±10	±16	+2/-11	+6/-15	+10/-23	-4/-17	0/-21	+4/-29
30	40	+25/+9	+34/+9	+16/0	+25/0	+39/0	+62/0	+100/0	+160/0	+250/0	±8	±12	±19	+3/-13	+7/-18	-12/-27	-4/-20	0/-25	+5/-34
40	50	+25/+9	+34/+9	+16/0	+25/0	+39/0	+62/0	+100/0	+160/0	+250/0	±8	±12	±19	+3/-13	+7/-18	-12/-27	-4/-20	0/-25	+5/-34
50	65	+29/+10	+40/+10	+19/0	+30/0	+46/0	+74/0	+120/0	+190/0	+300/0	±9.5	±15	±23	+4/-13	+9/-21	+14/-32	-5/-24	0/-30	+5/-41
65	80	+29/+10	+40/+10	+19/0	+30/0	+46/0	+74/0	+120/0	+190/0	+300/0	±9.5	±15	±23	+4/-13	+9/-21	+14/-32	-5/-24	0/-30	+5/-41
80	100	+34/+12	+47/+12	+22/0	+35/0	+54/0	+87/0	+140/0	+220/0	+350/0	±11	±17	±27	+4/-15	+10/-25	+16/-38	-6/-28	0/-35	+6/-48
100	120	+34/+12	+47/+12	+22/0	+35/0	+54/0	+87/0	+140/0	+220/0	+350/0	±11	±17	±27	+4/-15	+10/-25	+16/-38	-6/-28	0/-35	+6/-48
120	140	+39/+14	+54/+14	+25/0	+40/0	+63/0	+100/0	+160/0	+250/0	+400/0	±12.5	±20	±31	+4/-18	+12/-28	+20/-43	-8/-33	0/-40	+8/-55
140	160	+39/+14	+54/+14	+25/0	+40/0	+63/0	+100/0	+160/0	+250/0	+400/0	±12.5	±20	±31	+4/-18	+12/-28	+20/-43	-8/-33	0/-40	+8/-55
160	180	+39/+14	+54/+14	+25/0	+40/0	+63/0	+100/0	+160/0	+250/0	+400/0	±12.5	±20	±31	+4/-18	+12/-28	+20/-43	-8/-33	0/-40	+8/-55
180	200	+44/+15	+61/+15	+29/0	+46/0	+72/0	+115/0	+185/0	+290/0	+460/0	±14.5	±23	±36	+4/-21	+13/-33	+22/-50	-8/-37	0/-46	+9/-63
200	225	+44/+15	+61/+15	+29/0	+46/0	+72/0	+115/0	+185/0	+290/0	+460/0	±14.5	±23	±36	+4/-21	+13/-33	+22/-50	-8/-37	0/-46	+9/-63
225	250	+44/+15	+61/+15	+29/0	+46/0	+72/0	+115/0	+185/0	+290/0	+460/0	±14.5	±23	±36	+4/-21	+13/-33	+22/-50	-8/-37	0/-46	+9/-63
250	280	+49/+17	+69/+17	+32/0	+52/0	+81/0	+130/0	+210/0	+320/0	+520/0	±16	±26	±40	+5/-24	-16/-36	+25/-56	-9/-41	0/-52	+9/-72
280	315	+49/+17	+69/+17	+32/0	+52/0	+81/0	+130/0	+210/0	+320/0	+520/0	±16	±26	±40	+5/-24	-16/-36	+25/-56	-9/-41	0/-52	+9/-72
315	355	+54/+18	+75/+18	+36/0	+57/0	+89/0	+140/0	+230/0	+360/0	+570/0	±18	±28	±44	+7/-29	+17/-40	+28/-61	-10/-46	0/-57	+11/-78
355	400	+54/+18	+75/+18	+36/0	+57/0	+89/0	+140/0	+230/0	+360/0	+570/0	±18	±28	±44	+7/-29	+17/-40	+28/-61	-10/-46	0/-57	+11/-78

（带圈者为优先公差带）

N			P		R		S		T		U
6	⑦	8	6	⑦	6	7	6	⑦	6	7	⑦
−4 −10	−4 −14	−4 −18	−6 −12	−6 −16	−10 −16	−10 −20	−14 −20	−14 −24	—	—	−18 −28
−5 −13	−4 −16	−9 −20	−9 −17	−8 −20	−12 −20	−11 −23	−16 −24	−15 −27	—	—	−19 −31
−7 −16	−4 −19	−3 −25	−12 −21	−9 −24	−16 −25	−13 −28	−20 −29	−17 −32	—	—	−22 −37
−9 −20	−5 −23	−3 −30	−15 −26	−11 −29	−20 −31	−16 −34	−25 −35	−21 −39			−26 −44
−11 −24	−7 −28	−3 −36	−18 −31	−14 −35	−24 −37	−20 −41	−31 −44	−27 −48	—	—	−33 −54
									−37 −50	−33 −54	−40 −61
−12 −28	−8 −33	−3 −42	−21 −37	−17 −42	−29 −45	−25 −50	−38 −54	−34 −59	−43 −59	−39 −64	−51 −76
					−35 −54	−30 −60	−47 −66	−42 −72	−49 −65	−45 −70	−61 −86
−14 −33	−9 −39	−4 −50	−26 −45	−21 −51	−37 −56	−32 −62	−53 −72	−48 −78	−60 −79	−55 −85	−76 −106
					−44 −66	−38 −73	−64 −86	−58 −93	−69 −88	−64 −94	−91 −121
−16 −38	−10 −45	−4 −58	−30 −52	−24 −59	−47 −69	−41 −76	−72 −94	−66 −101	−84 −106	−78 −113	−111 −146
					−56 −81	−48 −88	−85 −110	−77 −117	−97 −119	−91 −126	−131 −166
					−58 −83	−50 −90	−93 −118	−85 −125	−115 −140	−107 −147	−155 −195
−20 −45	−12 −52	−4 −67	−36 −61	−28 −68	−61 −86	−53 −93	−101 −126	−93 −133	−127 −152	−119 −159	−175 −215
					−68 −97	−60 −106	−113 −142	−105 −151	−139 −164	−131 −171	−195 −235
					−71 −100	−68 −109	−121 −150	−113 −159	−157 −186	−149 −195	−219 −265
−22 −51	−14 −60	−5 −77	−41 −70	−33 −79	−75 −104	−67 −113	−131 −160	−123 −169	−171 −200	−163 −209	−241 −287
					−85 −117	−74 −126	−149 −181	−138 −190	−187 −216	−179 −225	−267 −313
−25 −57	−14 −66	−5 −86	−47 −79	−36 −88	−89 −121	−78 −130	−161 −193	−150 −202	−209 −241	−198 −250	−295 −347
									−231 −263	−220 −272	−330 −382
−26 −62	−16 −73	−5 −94	−51 −87	−41 −98	−97 −133	−87 −144	−179 −215	−169 −226	−257 −293	−247 −304	−369 −426
					−103 −139	−93 −150	−197 −233	−187 −244	−283 −319	−273 −330	−414 −471

附录5　中望 CAD 简介

中望 CAD 机械版是广州中望龙腾软件股份有限公司在中望 CAD 平台上进行的二次开发且完全拥有自主的知识产权的产品。得益于中望 CAD 平台的高效与稳定和中望 CAD 机械版开发设计团队长期对机械设计行业的深入了解及实践,使得中望 CAD 机械版成为最专业、最适合机械设计的 CAD 软件。

(1)中望 CAD 机械版基本简介

1)中望 CAD 机械版界面简介

中望 CAD 机械版界面各区域名称见附图1。

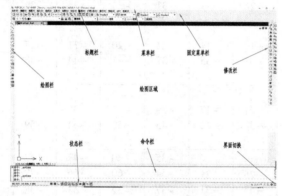

附图1　中望 CAD 机械版界面各区域名称

2)工作空间切换

中望 CAD 机械版提供"二维草图与注释"与"ZWCAD 经典"两种工作空间,单击右下角的"设置工作空间",可切换两种不同的工作空间,见附图2。

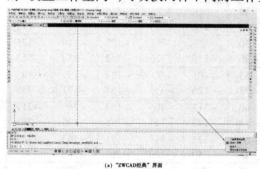

(a)"ZWCAD经典"界面　　　　　　　　　　(b)"二维草绘与注释"界面

附图2　两种工作空间界面

(2)绘制联接轴零件图举例

联接轴零件图见附图3。

绘制过程见附表23。

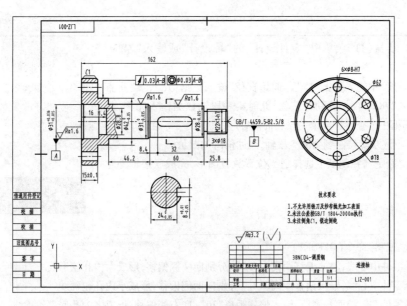

附图3　联接轴零件图

附表23　联接轴零件图绘制

1	1. 单击"机械(J)"菜单中"图纸"下的"图幅设置",或输入"TF"空格,或按"Enter"键,弹出图幅设置对话框 2. 选择图幅大小为"A3",选择绘图比例为"1∶1",单击"确定" 3. 此时,命令提示行出现"请选择新的绘图区域中心及更新比例的图形"。在绘图环境中选择适当位置作为图框的初始位置(若直接按"Enter"键,图框将会生成在坐标原点处),此时图幅即设置完毕,结果如图示	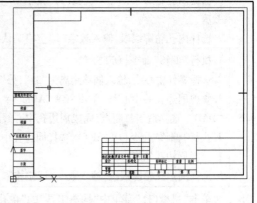
2	1. 单击"格式"菜单中的"图层" 2. 选择"1 轮廓实线层",单击"线宽",设置线宽0.5 mm,同理为"2 细线层""9 双点画线层"设置线宽为0.25 mm 3. 选择"1 轮廓实线层",单击"√",将其置为当前层	
3	1. 单击"格式"菜单中的"文字样式" 2. 单击"新建"创建"汉字"文字样式,"宽度因子"修改为"0.7",文本字体中"名称"修改为"仿宋"	

续表

4	1.单击"机械(J)"菜单中"零件设计"的"轴设计"或输入"ZWM-SHAFT" 2.在"长度"中输入数据"15","起始直径"输入数据"78","终止直径"输入"78",单击"添加"按钮,此时第一段轴数据输入完毕,在"预览"框中可查看形成第一段轴的内容 3.按照上述步骤绘制剩余的5段轴,尺寸信息如图示 4.单击"确定",在图纸中选择适当位置放置图形,完成联接轴外轮廓绘制	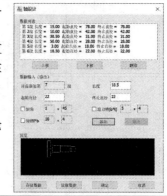
5	1.执行"偏移"命令(OFFSET) 2.选择零件中心线,输入偏移距离"15.5",分别向两侧偏移,形成大内孔轮廓线 3.选择零件中心线,输入偏移距离"12",分别向两侧偏移,形成小内孔轮廓线 4.选择零件左侧端面轮廓线,输入偏移距离"16",向右侧偏移,形成大内孔底部轮廓线 5.选择零件左侧端面轮廓线,输入偏移距离"23",向右侧偏移,形成小内孔底部轮廓线 6.修剪内孔轮廓线:单击"机械(J)"菜单中"构造工具"的"修剪"或输入"TR";对多余的线段进行裁剪 7.选择内孔轮廓线段,输入数字"1"空格确认,将内孔线段切换到"1 轮廓实线层"中	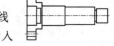
6	1.执行"偏移"命令(OFFSET) 2.选择零件中心线,输入偏移距离为"31",分别向两侧偏移,形成周边孔的中心线 3.修剪周边孔的中心线:单击"ZWCADM"菜单中"构造工具"的"打断"或输入"DAD";选择适当打断点,完成周边孔中心线绘制 4.执行"偏移"命令(OFFSET),选择周边孔中心线,输入偏移距离"4",分别向周边孔中心线两侧偏移绘制周边孔轮廓 5.选择周边孔轮廓线段,输入数字"1"空格确认,将周边孔轮廓线切换到"1 轮廓实线层"中,如图示	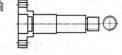
7	1.单击"机械(J)"菜单中"构造工具"的"单孔"或输入"DK";出现提示后,输入 H,然后"输入螺纹直径:22" 2.移动鼠标利用极轴方式放置点与主视图轴线对齐,如图示	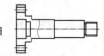
8	1.单击"绘图(D)"菜单中"样条曲线" 2.在左端第三段轴 ϕ31 轴段上连续点击鼠标左键绘制样条曲线,裁剪第二段轴 ϕ42 轴段右端面线,如图示	
9	1.单击"机械(J)"菜单中"构造工具"的"单孔"或输入"DJ" 2.出现提示后,输入 S,弹出对话框,选择"轴倒角模式",设定倒角长度或倒角角度,如图示 3.设定完毕后,单击"确定"进行绘制 4.选择零件左端 ϕ78 轴段的上边作为第一对象,选择零件左端 ϕ78 轴段的下边作为第二对象;选择零件左端 ϕ78 轴段的左侧端面,零件左端倒角绘制完毕,结果如图示,因为剖切,需删去一条竖直倒角线。同理,可完成其余4处倒角	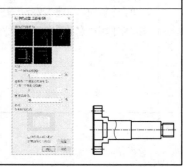

10	1.单击"绘图(D)"菜单中"图案填充(H)"或输入"H",弹出设置页面 2."图案(P)"选择"ANSI31",单击"添加:拾取点(K)" 3.在图中需要填充区域单击鼠标左键,按空格键确认选择完成 4.软件自动切换到"填充"对话框,单击"确定",完成剖面线填充
11	1.单击"机械(J)"菜单中"构造工具"的"孔轴投影"或输入"TY",弹出设置页面,创建方式勾选"手动",投影方式勾选"正常",单击"确定" 2.出现提示"请选择轴线",选择零件中心线 3.出现提示"请选择特征投影点",依次选择零件上的特征点作为投影点,选择完毕后右键结束选择 4.出现提示"输入位置点",选择在零件中心线的右侧作为投影的插入位置点。此时,完成零件左视图轮廓绘制
12	1.单击"机械(J)"菜单中"构造工具"的"孔阵"或输入"KZ",弹出设置页面,在设置页面中,选择"圆周阵列",输入数量为"6",分布直径为"62",圆孔直径为"8",勾选"中心线径向分布",单击"确定" 2.出现提示"指定阵列基点",选择零件左视图的中心点,完成周边孔的绘制,如图示 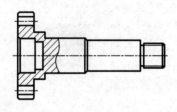 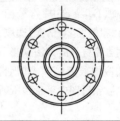
13	1.单击"机械(J)"菜单中"尺寸标注"的"智能标注"或输入"D" 2.出现提示后,选择零件轮廓上的两个点,点 A 和点 B。此时,尺寸线的位置将跟随鼠标进行移动,指定位置后将弹出"增强尺寸标注"对话框,在"文字"处单击"ϕ"符号,为尺寸添加直径符号,选择"添加公差",上偏差输入"0.036",下偏差输入"0.015",如图示 3.同理,可完成主视图中其余尺寸的标注 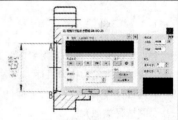
14	1.继续对零件的其他部分进行尺寸标注,如对左视图中圆进行半径标注,继续执行"智能标注" 2.出现提示后,输入"S",然后选择左视图中的最大圆 $\phi78$ 3.出现提示后,输入"0",弹出"半径/直径标注选项"对话框,选择需要的直径、半径标注样式 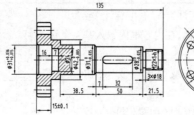 

续表

15	1. 单击"机械(J)"菜单中"尺寸标注"的"引线标注"或输入"YX",弹出"引线标注"对话框,在对话框的"引线标注内容"中可添加"线上文字"和"线下文字",同时也可单击"符号"按钮添加符号内容,单击左下角"设置",可进入引线标注符号设置 2. 在"设置"中,可设定引线标注的引线箭头样式、大小、颜色,以及文字的高度、颜色等内容。设置完毕后,单击"确定" 3. 出现提示"选择要附着的对象或引出点、选择需要进行引线标注的位置",完成零件右端中心孔标注,如图示	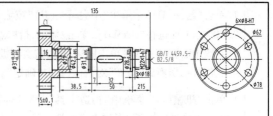
16	1. 单击"机械(J)"菜单中"尺寸标注"的"倒角标注"或输入"DB" 2. 出现提示"选择倒角线",鼠标左键点击其中一个倒角斜边 A 3. 出现提示"选择基线",选择与倒角线相邻的直线段 B 4. 出现提示"选择另一条倒角斜边"D 5. 按"Enter"键确认,单击鼠标左键选择放置位置,如图示	
17	单击"机械(J)"菜单中"符号标注"的"粗糙度"或输入"CC",弹出"粗糙度"对话框,选取"基本符号"中的"表面粗糙度是用去除材料的方法获得",在 C′输入或在下拉列表中选取相应的数值(若在其他部分也可进行这样的操作)。此时,在预览图中可看到所需粗糙度符号的图形,如图示	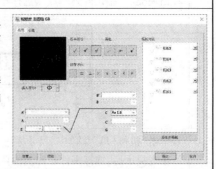
18	1. 出现提示"选择要附着的对象",这里选择零件主视图中内轮廓作为目标。此时,粗糙度符号可沿所选目标移动,也可进行方向的选择(其他符号标注时情况类似) 2. 出现提示"指定插入点或[按 CTRL 键增加引线/配置(C)]〈配置(C)〉"。此时,可进行最终位置的选择,按提示内容,按"Ctrl"键将从选中点出现一条引线,选择适当位置标注。同理,可完成其他粗糙度标注,标注完成后,如图示	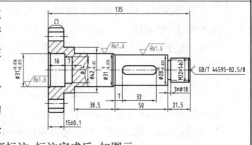
19	1. 单击"机械(J)"菜单中"符号标注"的"基准标注"或输入"JZ",弹出"基准标注"对话框,在内容框内输入基准字母 B 2. 出现提示"选择要附着的对象或引出点或[退出(X)]",单击需要放置的位置 3. 出现提示"选择角度或[配置(C)]〈配置(C)〉",按"Enter"键确认	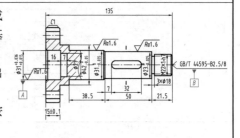

续表

20	1. 单击"机械(J)"菜单中"符号标注"的"形位公差"或输入"XW"，弹出"形位公差"对话框，根据图纸需要输入形位公差符号、公差数值以及基准符号，如图示 2. 出现提示后，选择形位公差放置位置，然后输入"R"选项，单击鼠标左键进行放置，结果如图示 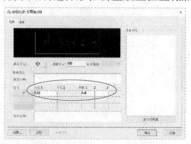 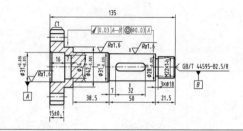
21	1. 单击"机械(J)"菜单中"partBuilder"的"出库"或输入"XL" 2. 弹出"系列化零件设计开发系统"对话框，在零件库中选择"键"→"键槽"→"普通平键槽(轴)"。在右侧参数栏中修改直径"28"，勾选尺寸标注，单击"绘制零件"。放置到主视图剖切符号下边，结果如图示 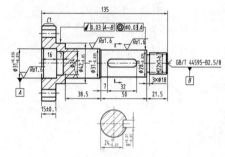
22	1. 单击"机械(J)"菜单中"文字处理"的"技术要求"或输入"TJ" 2. 弹出"技术要求"对话框，在输入栏中录入技术要求内容，勾选自动编号，选择文字设置，文字样式修改为"汉字"，单击"确定"，在图中合适位置放置

参考文献

［1］李学京. 机械制图和技术制图国家标准学用指南［M］. 北京：中国质检出版社，2013.

［2］赵建国. 画法几何及机械制图［M］. 北京：机械工业出版社，2019.

［3］范冬英，刘小年. 机械制图［M］. 北京：高等教育出版社，2017.

［4］何铭新，钱可强，徐祖茂. 机械制图［M］. 北京：高等教育出版社，2016.

［5］丁一，李奇敏. 机械制图［M］. 北京：高等教育出版社，2020.

［6］李杰，王致坚，陈华江. 机械制图［M］. 成都：电子科技大学出版社，2020.

［7］丁一，王健. 工程图学基础［M］. 北京：高等教育出版社，2018.